高职高专面向就业导向实践教程系列

电子装配工艺实践教程

主　编　林修杰　黄祥本
副主编　刘映群　骆雪汇
参　编　黄鸿彬　胡　洋
主　审　陈海涛

机械工业出版社

本书采用项目和任务的形式编写，每个项目为一个独立的学习内容，每个任务为一个学习单元。本书强调电子装配工艺要求，具有操作性强等特点，以装配工艺为主线，以实际电子产品为载体，突出焊接工艺、装配工艺、调试等技能，以满足当前职业教育的需要。部分重点内容配有操作演示视频，读者可以直接扫描对应二维码（建议 Wi-Fi 环境下）进行播放，便于教学和自学。

本书选取内容按学生的认识规律，由简单到复杂，由低频电路到数字电路再到高频电路，由直插式安装到贴片式安装，浅显易懂，适合不同层次读者的阅读需要。全书包括 5 个项目：安全教育、焊接工艺实践、红外遥控器的装配、循环彩灯控制器的装配和贴片收音机的装配。

本书可作为高职高专电子信息、电气自动化、机电一体化、应用电子技术、计算机应用技术等专业“电子装配工艺”课程的教学用书，也可供从事电子工程技术人员或电子技术爱好者参考。

为方便教学，本书各章均配备有电子课件、授课计划等立体化教学资源。凡选用本书作为教材的教师均可登录机械工业出版社教育服务网 www.cmpedu.com 免费下载。如有问题请致信 cmpgaozhi@sina.com，或致电 010-88379543 联系营销人员。

图书在版编目（CIP）数据

电子装配工艺实践教程／林修杰，黄祥本主编．—北京：机械工业出版社，2017.3（2025.8 重印）
ISBN 978-7-111-56193-4

Ⅰ．①电…　Ⅱ．①林…②黄…　Ⅲ．①电子设备—装配（机械）—高等职业教育—教材　Ⅳ．①TN805

中国版本图书馆 CIP 数据核字（2017）第 039270 号

机械工业出版社（北京市百万庄大街 22 号　邮政编码 100037）
策划编辑：刘子峰　责任编辑：刘子峰　曲世海　张利萍
责任校对：樊钟英　封面设计：陈　沛
责任印制：张　博
北京建宏印刷有限公司印刷
2025 年 8 月第 1 版第 11 次印刷
184mm×260mm · 13.75 印张 · 331 千字
标准书号：ISBN 978-7-111-56193-4
定价：42.00 元

电话服务	网络服务
客服电话：010-88361066	机　工　官　网：www.cmpbook.com
010-88379833	机　工　官　博：weibo.com/cmp1952
010-68326294	金　　书　　网：www.golden-book.com
封底无防伪标均为盗版	机工教育服务网：www.cmpedu.com

高职高专面向就业导向实践教程系列
编委会名单

序

“高职高专面向就业导向实践教程系列”是2013年广东省教育厅立项课题《面向大学生就业能力的实践教学质量评价体系研究与构建》的研究成果，自编写以来，得到了许多高等院校和职业技术院校领导的关心与厚爱，也获得了广大师生的支持和认可。在此，首先对所有关心、帮助过本系列教材编写的人表示深深的敬意。

所谓“就业导向”不只是一个简单的概念，而是包含了深刻的哲理。学习的目的，特别是对于未来想从事工程师职业的学生而言，不仅仅是学习某一门特定的学科知识，而是应该更进一步，获得如何利用这些知识去解决生产实际问题的能力，也就是动手能力。同时，实践教学的内容是面向就业导向的研究前提与基础，也是建设国家示范性高职院校的重点内容之一，是高职人才培养的方式与定位建设的重要内容，是提高教学质量的核心，也是教学改革的重点和难点。面向就业导向的实践教学主要内容是为了根据就业岗位中的实际需求，帮助学生了解并掌握岗位技能，解决岗位实际问题，而这种解决问题的能力只有从实践中才能获得。当然，单纯地实践也无法获得真正的能力，关键是如何从实践的经验和体会中归纳出共性的知识，建立起知识体系，然后再将这些知识重新应用到新的实践当中去。这也是我们在未来实际工作中所必须采取的学习和工作方法。因此，如何在大学几年的学习中，掌握自我学习和提高的方法，是本系列教材编写的根本目的。

为了使高职院校建立一套完整的具有高等职业教育特色的就业导向实践教学体系，以培养出适合企业需要的紧缺高技术人才，本课题研究组在吸取其他高职院校建设经验的同时，消化吸收国内外各类高职课程改革与建设成果，建立了一套符合高职教学理念、适合自身特点的实践教学课程体系。本系列教材，就是将这套研究理论有机地融入其中，并按照未来学习和工作的方法编写而成的。做到了这一点，才是真正实践了就业导向的哲学理念：实践、归纳、推理和再实践。

项目总策划　胡洋

2017年5月于广州

出版说明

随着“互联网+”战略的逐步推进，大数据、云平台等互联网信息技术的迅猛发展，各类移动设备及其应用也呈现出快速和多样化的发展趋势，特别是移动通信设备信息传输速度的提升及其可视化、互动性等功能的增强，使人们不受时间和地域的限制，可随时随地搜集、获取和处理各种信息。新一代信息技术与经济社会各领域、各行业逐渐深度跨界融合，成为全球新一轮科技革命和产业变革的核心内容。

在“互联网+”的大背景下，信息化教学越来越受到重视，也得到了长足的发展，呈现出了微课、慕课、翻转课堂等基于网络信息技术的教学方式，推动了教育教学方式的改革，丰富和创新了教学手段，为提高教学质量和效率提供了很好的条件，顺应了信息技术在教育领域发展的趋势。

为贯彻落实《教育信息化十年发展规划（2011－2020年）》《教育部关于加快推进职业教育信息化发展的意见》等文件关于信息化教学的要求，机械工业出版社也在积极开发“互联网+”数纸融合创新型教材，将基于信息技术的数字化教学资源以嵌入二维码等形式融入纸质教材，丰富和扩展教材内容表现形式，实现线上线下教学内容深度融合，学习内容可以实现动静结合，教学环节能够更加生动活泼，进一步调动学生的学习积极性，提高教学质量和效率。

“互联网+”数纸融合创新型教材融入的数字化教学资源，可以是静态的图文资料，也可以是动态的仿真演示、动画视频资源，还可以是深入讲解知识点的综合型微课，真正意义上实现了教材的全方位、多维度立体化建设，学生可以通过手机等移动通信设备扫码获取课程相关学习资源，也为教师组织多种形式的教学活动提供了便利的条件。

“互联网+”数纸融合创新型教材的出版是在教育信息化发展的大趋势下，对教材形式创新的改革和尝试，希望这些教材的出版能够对课堂教学和课程改革、对提升人才培养质量以及创新教学模式起到积极的推动作用。同时，我们也欢迎更多的老师和行业企业专家与我们一起共同开发利用信息技术的“互联网+”创新型教材，为我国的教育信息化发展贡献一份力量。

机械工业出版社

前　言

现代电子技术的发展日新月异，新技术、新工艺、新器件不断涌现，电子产品装配工艺要求越来越高，对技术人员的要求也相应提高，如何焊接、如何识别电路图、如何识别元器件、如何安装元器件等是从事电子专业人员必备的一项基本技能。职业教育向来注重学生动手能力的培养，几乎所有职业院校的电类专业都开设了“电子装配工艺”实训课程或相似课程，但该类课程的教材不是偏向于理论的介绍、操作性差，就是只讲操作步骤，缺乏理论支撑。为此，作者结合在企业的经验和多年一线教学实践，根据高职院校学生的特点，采用基于行动导向的教学理念，对“电子装配工艺”课程的教学内容、教学模式重新进行设计，将电子工艺所涉及的知识点分解到各个项目中，实现理实合一的教学目的。通过动手实践，读者能够很容易掌握电子装配工艺的技能。

本书选取3个典型电路，由简单到复杂、由低频电路到数字电路再到高频电路，由直插式安装到贴片式安装，浅显易懂，适合不同层次读者的阅读需要。全书共分为5个项目及3个附录：

项目1 安全教育。通过用电安全学习、实验室安全学习和危险品安全学习，提高安全意识，掌握基本安全常识，在以后的实践操作中注意安全。

项目2 焊接工艺实践。介绍焊接的基本知识，结合实际焊接操作，掌握手工焊接的基本技能。

项目3 红外遥控器的装配。通过装配一个红外遥控器，讲解了电阻、二极管、晶体管、开关等元器件的识别和检测方法，介绍印制电路板的手工制作方法，训练电子装配工艺技能，介绍调试方法。

项目4 循环彩灯控制器的装配。通过装配一个循环彩灯控制器，讲解电容、电位器、集成电路的识别和检测方法，介绍 PCB 图的绘制，继续训练电子装配工艺技能。

项目5 贴片收音机的装配。通过装配一台收音机，讲解了各类常见贴片元器件的识别和检测方法，介绍贴片元器件焊接工艺，训练贴片元器件的装配技能，介绍收音机的调试方法。

附录 A 任务工作单。每一个任务对应一张任务工作单，在任务学习完后填写。

附录 B 常用电子仪表与电工工具的使用。主要介绍在电子工艺装配中常用到的一些电子仪表和电工工具的使用方法和注意事项。

附录 C 实用电子电路图例。该附录为读者提供一些常见的实用电子电路，供读者业余时间选用制作参考。

本书中每个项目为一个独立的学习内容，每个任务为一个学习单元，内容上注重知识的连贯性、广泛性、实用性和先进性，由浅入深、先简单后复杂，符合学生的认知规律，充分体现了项目教学、以任务驱动的特点。在任务学习当中穿插了知识拓展栏目，可供读者拓展阅读，为选学内容。每个任务相应设计了任务工作单，让学生在完成任务后可以及时进行小结，反映任务完成情况。相对传统教材，该教材具有操作性强的特点，以装配工艺为主线，以实际电子产品为载体，突出焊接工艺、装配工艺、调试等技能，对学生进行规范化的训练。

本书建议学习课时为40学时，每一个任务为1~2学时，各个学校可根据自身的实际情况，选取合适的项目合理安排课时进行教学。

本书由林修杰、黄祥本担任主编，刘映群、骆雪汇担任副主编，黄鸿彬、胡洋参与编写，全书由陈海涛教授担任主审。

由于编者水平有限，书中难免存在不足和错误之处，恳请广大读者及同行专家批评指正。

编　者

目　　录

项 目 1

安 全 教 育

项目要求

本项目通过用电安全、实验室安全和危险品安全三项学习任务的实施，让学生掌握基本安全常识。在教、学、做的基础上，提高学生安全意识。了解相关法律、法规，熟悉各种安全警示标志。确保在生活和工作中养成良好的职业习惯，充分保障人身安全和财产安全。

【知识要求】

(1) 了解用电安全、实验室安全和危险品安全的相关规定。

(2) 熟悉各种安全警示标志。

【能力要求】

(1) 能自觉按照相关安全规定约束自己的行为。

(2) 能提醒和帮助他人自觉执行安全规定。

(3) 能在紧急状态下开展自救和互救。

【学习方法】

(1) 对相关安全规定展开学习和讨论。

(2) 在教师指导下进行一些安全指标的测量。

(3) 在教师指导下进行一些安全措施的实施。

(4) 完成各项任务并填写任务工作单。

任务 1.1　用电安全学习

在日常生活中，我们一般常用到 220V 交流电，有时也称为市电。这种交流电如果使用不当，会造成对人体的伤害，直至危及生命。为保证人身安全和财产安全，国家制定了“用电安全导则”，每个行为人都必须遵守。保证用电安全也是文明社会、和谐社会的基本体现。

1.1.1 用电安全基本常识

1. 中华人民共和国国家标准“用电安全导则”

中华人民共和国国家标准“用电安全导则”30条基本要求见表1-1。

表1-1 中华人民共和国国家标准“用电安全导则”30条基本要求

1	用电单位应视具体情况制定用电安全规程及岗位责任制
2	用电单位应对使用者进行用电安全教育和培训
3	电气装置使用前，应经国家指定的检验机构检验合格
4	电气装置使用前，应确认符合环境使用要求
5	电气装置使用前，应认真阅读使用说明书
6	用电单位或个人不得擅自更改电气装置或延长电气线路
7	任何电气装置都不应超负荷运行或带故障运行
8	用电设备周围留有足够安全通道和工作空间
9	电气线路有足够的绝缘强度、机械强度和导电能力
10	软电缆的绿/黄双色线在任何情况下只能用作保护线
11	移动配电箱的电源线应采用多股铜芯橡胶护套软电缆，带剩余电流断路器
12	插座的保护地必须与保护线可靠连接，不能与工作中性线连接
13	在儿童活动场所不应使用低位置插座
14	在拔去插头时人体不应接触导电极
15	浴室、蒸汽房、游泳池等潮湿场所不应使用可移动的插座
16	使用可移动的设备时，应确认其金属外壳可靠接地
17	产生飞溅火花、灼热飞屑的用电设备应远离易燃物质
18	手提式和局部照明灯具选用安全电压或双重绝缘结构，灯头螺纹端接中性线
19	电炉、电熨斗放置在隔热底座上
20	临时用电经有关部门批准，专人管理，限期拆除
21	用电设备暂停或停止使用应及时切断电源
22	保护装置动作后，先查明原因，确认正常后恢复工作，更换熔体注意规格
23	电气装置外壳损坏应立即停止使用，及时修复或更换
24	禁止擅自设置电网、电围栏或用电具捕鱼
25	露天使用的电气设备应防雨、防雪、防雾、防灰尘
26	禁止使用大地做工作中性地
27	禁止将暖气管、煤气管、自来水管作为保护线使用
28	自备发电装置应与供电电网隔离，不得擅自并入电网
29	发生触电事故应立即切断电源，禁止直接接触触电人员
30	发生电气火灾应立即切断电源，采用专用消防器材灭火

2. 常用部件及工具

(1) 交流电源插座

交流电相线（俗称火线）通过人体电阻导电，容易对人造成伤害；严重时电流流经心脏到大地，直接致人死亡。电气设备相线均采用红色连接线，以提醒注意。

中性线一般又称为零线，与相线一起共同完成对电气设备的供电。在正常连接的情况下，中性线对人体不会造成伤害。中性线一般以蓝色多见。

保护线是连接电气装置外壳使之到大地的连接线，除保护人身安全之外，还能消除电气装置之间的相互干扰。国家标准强制要求保护线为黄绿色。

常用交流电源插座外形如图 1-1 所示。

（2）试电笔

试电笔也叫测电笔，简称“电笔”。它是一种电工工具，用来测试导体是否带电。笔体中有一个氖管，测试时如果氖管发光，说明导线有电，或者为通路的相线。试电笔中笔尖、笔尾为金属材料制成，笔杆为绝缘材料制成。使用试电笔时，一定要用手触及试电笔尾端的金属部分，否则，因带电体、试电笔、人体与大地没有形成回路，试电笔中的氖管不会发光，易造成误判，认为带电体不带电。

试电笔外形如图 1-2 所示。

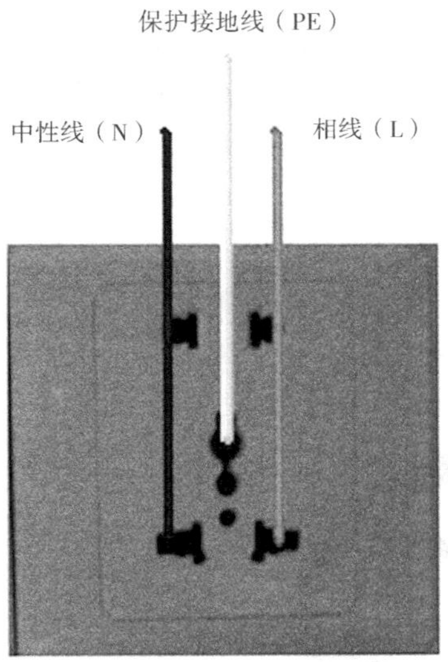

图 1-1　常用交流电源插座外形

图 1-2　试电笔外形

（3）万用表

万用表又叫多用表、三用表、复用表，是一种多功能、多量程的测量仪表。一般万用表可测量直流电流、直流电压、交流电压、电阻和音频电平等，有的还可以测交流电流、电容量、电感量及半导体的一些参数（如放大倍数 β）等。

万用表分为指针式万用表和数字万用表，外形如图 1-3 所示。

（4）护目镜

护目镜是用来保护眼睛的。它用以避免辐射光，同时在电子装配时，防止元器件意外炸裂对眼睛造成的伤害。尤其是不带近视眼镜的操作者，在进行电子装配时更需要佩戴。

护目镜外形如图 1-4 所示。

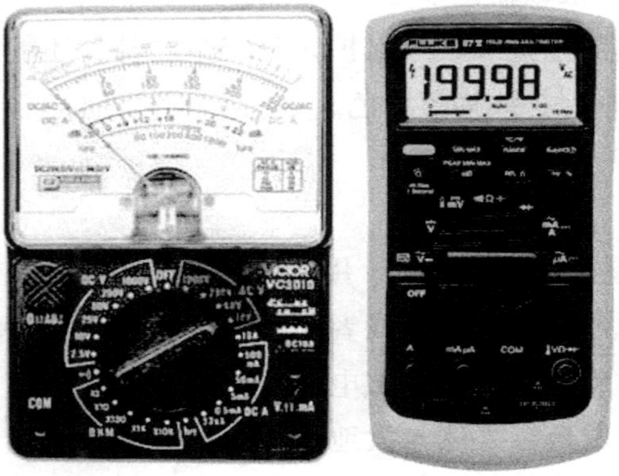

图 1-3　万用表外形

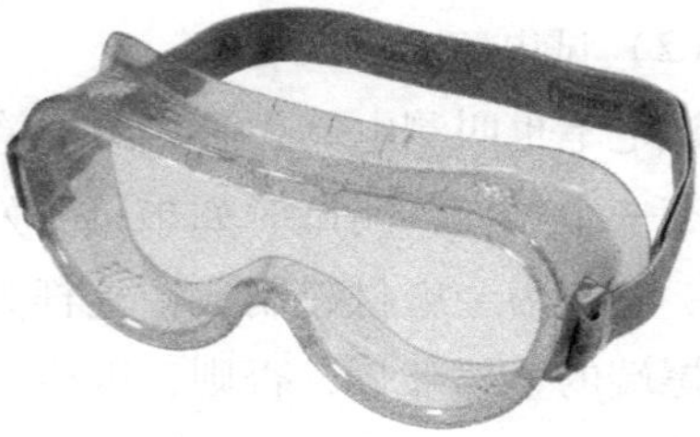

图 1-4　护目镜外形

（5）防静电手镯

静电对电子元器件可能造成影响。为了保护电子设备正常加工和维护必须佩戴防静电手镯。操作者佩戴防静电手镯之后，各种干扰和影响通过手镯传输到大地，从而保障了设备的安全。

防静电手镯外形如图 1-5 所示。

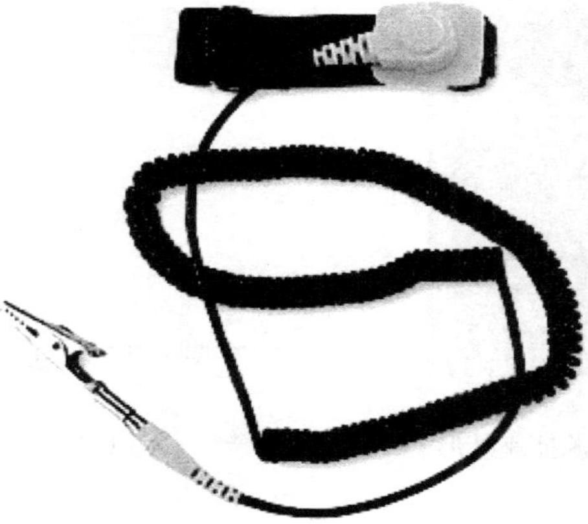

图 1-5　防静电手镯外形

知识拓展

◆ 学会看安全用电标志

明确统一的标志是保证用电安全的一项重要措施。统计表明，不少电气事故是由于标志不统一造成的。例如由于导线的颜色不统一，误将相线接设备的机壳，而导致机壳带电，酿成触电伤亡事故。

标志分为颜色标志和图形标志。颜色标志常用来区分各种不同性质、不同用途的导线，或用来表示标志位置的安全程度。图形标志一般用来告诫人们不要去接近有危险的场所。为保证安全用电，必须严格按有关标准使用颜色标志和图形标志。我国安全色标采用的标准，基本上与国际标准草案（ISD）相同。一般采用的安全色有以下几种：

1）红色：用来标志禁止、停止和消防，如信号灯、信号旗、机器上的紧急停机按钮等都是用红色来表示“禁止”的信息。

2）黄色：用来标志注意危险，如“当心触电”“注意安全”等。

3）绿色：用来标志安全无事，如“在此工作”“已接地”等。

4）蓝色：用来标志强制执行，如“必须戴安全帽”等。

5）黑色：用来标志图像、文字符号和警告标志的几何图形。

按照规定，为便于识别，防止误操作，确保运行和检修人员的安全，采用不同颜色来区别设备特征。如电气母线，A相为黄色，B相为绿色，C相为红色，明敷的接地线涂为黑色。在二次系统中，交流电压回路用黄色，交流电流回路用绿色，信号和警告回路用白色。常见的安全用电标志见表1-2。

表1-2　安全用电标志

禁止				
警告	当心触电	当心静电	静电防护区	当心电缆
指令	必须戴防护手套	必须接地	必须拔出插头	配电室
提示	紧急出口	避险处	应急避难场所	可动火区

◆ 安全用电的注意事项

随着生活水平的不断提高，生活中用电的地方越来越多。因此，我们有必要掌握以下最基本的安全用电常识：

1）进行电气设备检查维修，一定要由持证的电气专业人员进行，其余人一律不得随意进行电气设备和设施维修。

2）电气设备不得带故障运行，一定要查明故障原因，采取相应措施后再进行通电。

3）挂有电气维修牌的开关，绝对不允许闭合。

4）认识了解电源总开关，学会在紧急情况下关断总电源。

5）不用手或导电物（如铁丝、钉子、别针等金属制品）去接触、探试电源插座内部。

6）不用湿手触摸电器，不用湿布擦拭电器；设备进行清理时，严禁用水冲刷电气设施。

7）电器使用完毕后应拔掉电源插头；插拔电源插头时不要用力拉拽电线，以防止电线的绝缘层受损造成触电；电线的绝缘皮剥落，要及时更换新线或者用绝缘胶布包好。

8）发现有人触电时要设法及时关断电源；或者用干燥的木棍等物品将触电者与带电的电器分开，不要用手去直接救人；年龄小的同学遇到这种情况，应呼喊成年人相助，不要自己处理，以防触电。

9）不随意拆卸、安装电源线路、插座、插头等。哪怕安装灯泡等简单的事情，也要先关断电源，并在家长的指导下进行。

10）停电后必须切断电源总开关。

1.1.2 触电的基本常识

1. 触电危害

触电泛指人体触及带电体。触电时电流会对人体造成各种不同程度的伤害。触电对人体危害主要有电伤和电击两种。

（1）电伤

电伤是指电流的热效应、化学效应或机械效应对人体造成的伤害，导致人体外表创伤，通常有以下三种。

① 电灼伤。电灼伤也叫电弧烧伤。它是由于电流的热效应而灼伤人体皮肤、皮下组织、肌肉，甚至神经。电灼伤会引起皮肤发红、起泡、烧焦、坏死。

② 电烙伤。当载流导体较长时间接触人体时，因电流的化学效应和机械效应作用，造成人体触电部位的外部伤痕，通常是皮肤表面的肿块。

③ 皮肤金属化。由于电流或电弧作用（熔化或蒸发）产生的金属微粒渗入人体皮肤表层而引起，使皮肤变得粗糙坚硬并呈青黑色或褐色。

（2）电击

所谓电击，是指电流通过人体时所造成的内部伤害，它会破坏人的心脏、呼吸系统及神经系统的正常工作，甚至会危及生命。低压系统在通电电流不大且时间不长的情况下，电流会引起人的心室颤动。当通电电流时间较长时，会造成人窒息而死亡，这是电击致死的主要原因。绝大部分触电死亡事故都是由电击造成的。日常所说的触电事故，基本上多指电击。

电击可分为直接电击与间接电击两种。直接电击是指人体直接触及正常运行的带电体所发生的电击。间接电击则是指电气设备发生故障后，人体触及该意外带电部分所发生的电击。直接电击多数发生在误接触相线、刀开关或其他设备的带电部分。间接电击一般发生在设备绝缘损坏，相线触及设备外壳，电器短路，保护接零及保护接地损坏等情况。违反操作规程是造成触电的最大隐患。

2. 触电原因

人之所以会感到触电，是因为有电流从人体通过。但不是所有大小的电流都能使人感觉到触电，一般要大于1mA的电流才能使人有所感觉。通过人体的电流越大，人体的生理反应就越明显，感应就越强烈，引起心室颤动所需的时间就越短，致命的危害就越大。

电流对人体的作用见表1-3。

表1-3　电流对人体的作用

电流/mA	对人体的作用
<0.7	无感觉
1	有轻微感觉
1~3	有刺激感，一般电疗仪器取此电流
3~10	感到痛苦，但可以自行摆脱
10~30	引起肌肉痉挛，短时间无危险，长时间有危险
30~50	强烈痉挛，时间超过60s即有生命危险
50~250	产生心脏室性纤维性颤动，丧失知觉，严重危害生命
>250	短时间内（1s以上）造成心脏骤停，体内造成电灼伤

不同的电流种类对人体损伤也不同。直流电一般引起电伤，而交流电则电伤与电击同时发生，特别是40~100Hz交流电对人体最危险。不幸的是人们日常使用的工频市电（我国为50Hz）正是在这个危险的频段。当交流电频率达到20000Hz时，对人体危害很小，用于理疗的一些仪器采用的就是这个频段。

根据欧姆定律 $I=U/R$ 可知，通过人体的电流取决于外加电压和人体电阻。而人体是一个不确定的电阻。皮肤干燥时电阻可呈现100kΩ以上，而一旦潮湿，电阻可降到1kΩ以下。

人体还是一个非线性电阻，随着电压升高，电阻值减小。表1-4给出了人体电阻值随电压的变化而变化的情况。

表 1-4　人体电阻值随电压的变化

电压/V	1.5	12	31	62	125	220	380	1000
电阻/kΩ	>100	16.5	11	6.24	3.5	2.2	1.47	0.64
电流/mA	忽略	0.8	2.8	10	35	100	268	1560

由表 1-3 和表 1-4 可知，30V 左右的电压对人体的危害很小，因此可视为安全。国家规定 36V 以下的电压为安全电压，对人体不会造成危害。但在潮湿的环境中，因人体电阻的降低，即便接触 36V 的电压也会有生命危险，所以安全电压在 24V，甚至 12V 以下。

3. 几种触电的形式

（1）单相触电

当人站在地面上或其他接地体上，人体的某一部位触及一相带电体时，电流通过人体流入大地（或中性线），称为单相触电，如图 1-6 所示。图 1-6a 为电源中性点接地运行方式时，单相的触电电流途径。图 1-6b 为中性点不接地的单相触电情况。一般情况下，接地电网里的单相触电比不接地电网里的危险性大。

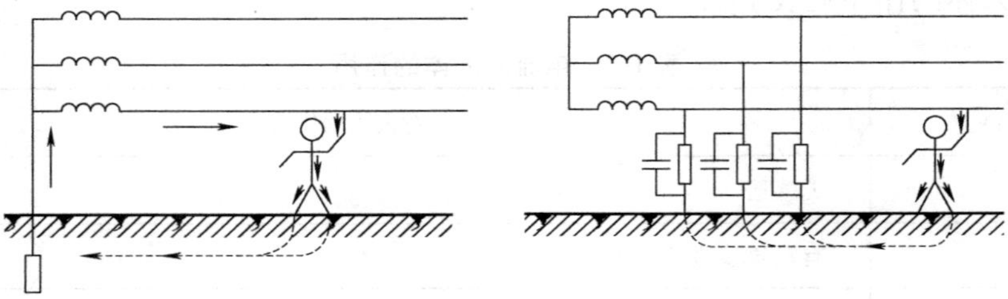

a)　　b)

图 1-6　单相触电示意图

a）中性点直接接地　b）中性点不直接接地

因此，要避免单相触电，操作时必须穿上电工绝缘胶鞋或站在干燥的木凳上，如图 1-7所示。

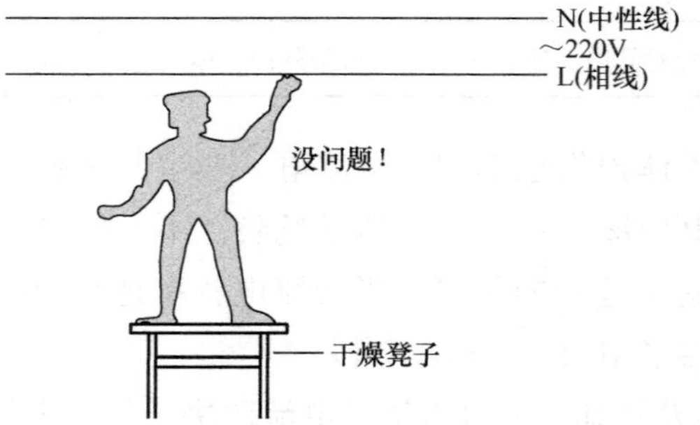

图 1-7　避免单相触电示意图

（2）两相触电

人体同时接触电网的两根相线发生的触电称为两相触电，如图 1-8 所示。这种触电，危险性比单相触电大，同时大都在带电工作时发生，而且一般保护措施都不起作用。两相触电加在人体上的电压为线电压，因此不论电网的中性点接地与否，其触电的危险性都很大。

当发生两相触电时，此时通过人体的电流较大，人体难于摆脱电线，最好的救护办法就是断开电网。

（3）跨步电压触电

当高压带电体碰地有电流流入大地，或雷击电流经设备接地体流入大地时，在该接地体附近的大地表面具有不同数值的电位。人体进入上述范围，两脚之间形成跨步电压而引起的触电事故叫跨步电压触电，如图 1-9 所示。

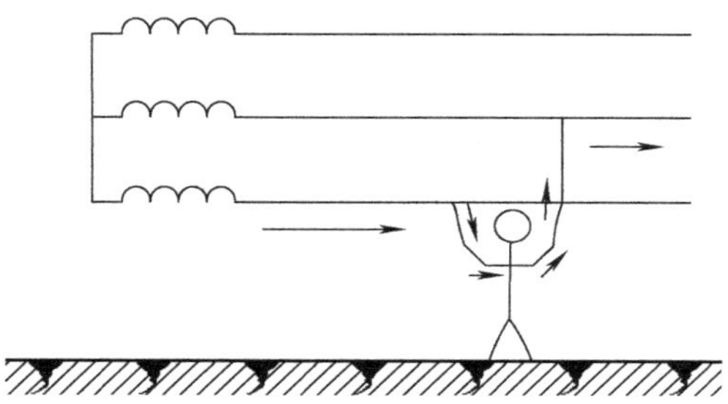

图 1-8　两相触电示意图

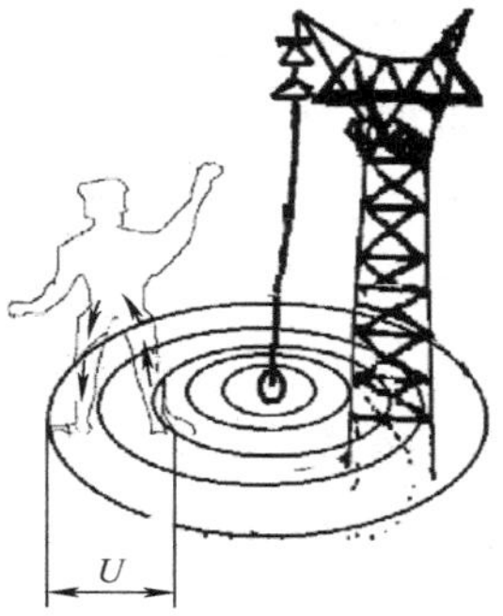

图 1-9　跨步电压触电示意图

高压故障接地处，或有大电流流过的接地装置附近，都可能出现较高的跨步电压。离接地点越近、两脚距离越大，跨步电压值就越大。一般 10m 以外就没有危险了。

因此，如果碰到高压电线折断接地，不能用双脚跑步离开，否则会产生跨步电压触电。此时，最好的办法是单步跳跃，远离接地点，并通知当地电力部门以排除故障。

（4）高压电弧触电

高压电弧触电是指高压带电体对人体进行放电而产生的电弧对人体造成的触电现象，如图 1-10 所示。此触电危害主要表现为电击，严重时可以将人打晕。

图 1-10　高压电弧触电

因此，为了安全，我们必须远离高压带电体，如高压电线、高压电力变压器、高压变电站等。

(5) 静电触电

静电触电又称剩余电荷触电，是指当人触及带有剩余电荷的设备时，带有电荷的设备对人体放电造成的触电事故。

在检修电器或科研工作中有时发生电器设备已断开电源，但在接触设备某些部分时发生触电，这在一部分有高压大容量电容器的情况下有一定危险。特别是质量好的电容器能长期存储电荷，容易被忽略。例如，在维修电视机时，由于电视机线路含有高压线包，使用时它会对线路上的电容进行充电，即使断开了电源，其板上电压都有几百伏到上千伏，此时，触及电路板，便会产生触电。因此，在维修电视机之前，要先打开开关，让其放电几分钟，再拆机维修。

静电触电，在我们日常生活当中也是很常见的，如冬天，我们脱衣服的时候，产生噼里啪啦的“闪光”，偶尔还会觉得手臂麻痹，那是由于身体产生的静电在放电所致。此种触电感觉较轻，是由于人体衣服都是带电体，电位较高，放电电动势差较低。但如果此时触及外界尖端金属物体，便会有强烈的刺痛感。

知识拓展

◆如何防范触电

随着社会经济的发展，电器设备越来越多地进入了大众家庭，给人们的生产生活带来了极大的便利，但是人们每天在接触大量电器设备的同时，由于不按规章要求操作或者粗心大意，就会造成触电事故越来越多。每年因为用电不当造成的触电事故及灾害，给人们的生命财产造成了重大的损失。为了避免造成这些损失，人们在生活中使用电器设备的时候，要严格按照安全用电原则进行操作。为了防止触电应注意以下事项：

1) 使用电器设备的时候严格按照操作规程进行操作。

2) 对于可能送电到检修设备的各电源侧及可能产生感应电压的地方都要装设接地线。

3) 使用电器设备时，注意电源导线绝缘皮是否破损，如果破损应及时进行处理。

4) 电器设备进行检修时，应尽量断电进行，如果要带电操作，要严格按照操作规程进行。

5) 不要用湿手触碰电器设备及拔插插头。

6) 老旧电器设备应尽快进行淘汰，不要超期使用。

1.1.3 常见用电事故

以下列举几种常见用电事故的例子，希望能引起大家的注意。以便在日常生活和工作中提高警惕，防止触电或其他用电事故。

1. 粗心大意，忽视安全用电

这种情况都是由于不小心，触及相线，而引起触电。或是带电操作时，不按用电安全要求，乱接乱摸而导致触电，如图1-11所示。

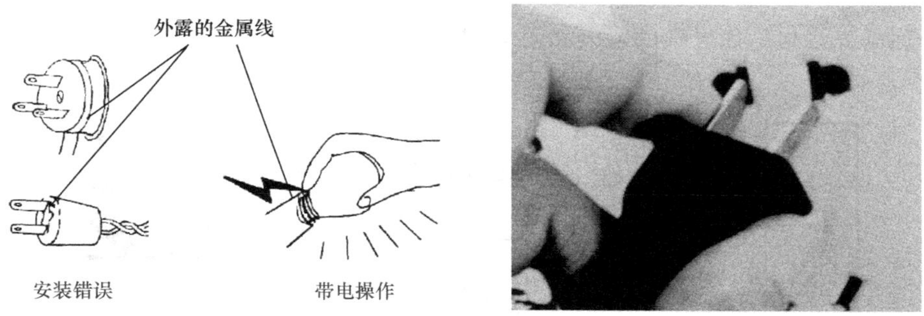

图1-11　粗心大意导致的触电

2. 绝缘破损，导致触电

电器设备使用时间过长产生绝缘破损，容易造成触电，如图1-12所示。

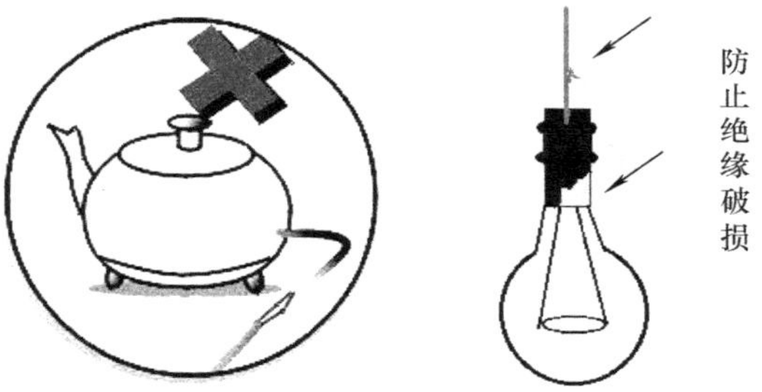

图1-12　绝缘破损容易导致触电

3. 湿手触摸电器或拔插插座，导致触电

由于水具有导电能力，因此湿手触摸电器容易导致触电，如图1-13所示。

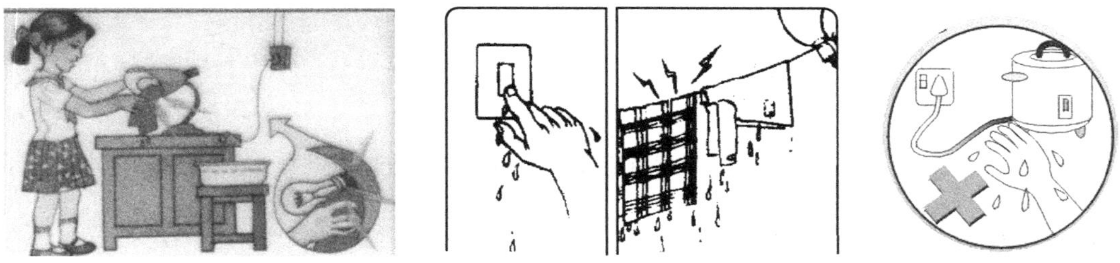

图1-13　湿手触摸电器导致触电

4. 金属外壳没接地，使用时漏电而导致触电

金属外壳没有接地或接地不好，使电器设备的漏电不能通过接地线进入大地，会造成触电事故。因此，使用金属外壳的家用电器必须保证外壳接地良好，插头、插座必须

是三孔。插座必须接专用地线，详见“1.2.2 实验室安全技术”中的“3. 接地防护技术”。

金属外壳没接地而导致的触电如图 1-14 所示。

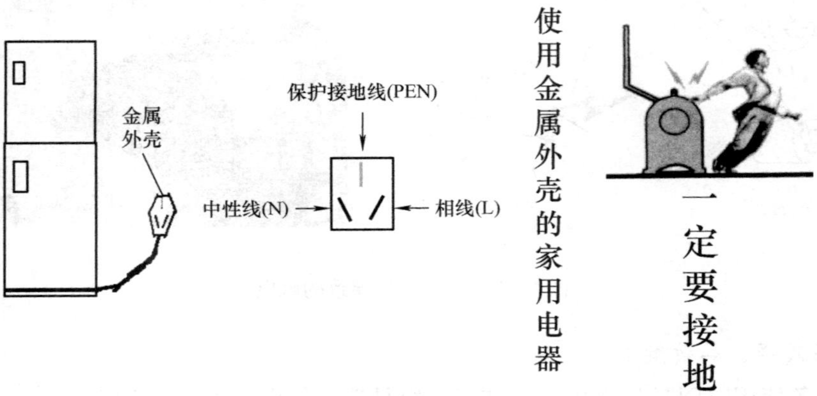

图 1-14　金属外壳没接地而导致的触电

5. 电器负荷过重，不但容易触电，还可能引起火灾

电器负荷过重，使塑料熔化，不但容易触电，还可能引起火灾。因此，选用电器一定要考虑负荷够用。为安全起见，插头、插座和电线的选用就高不就低。

电器负荷过重示意图如图 1-15 所示。

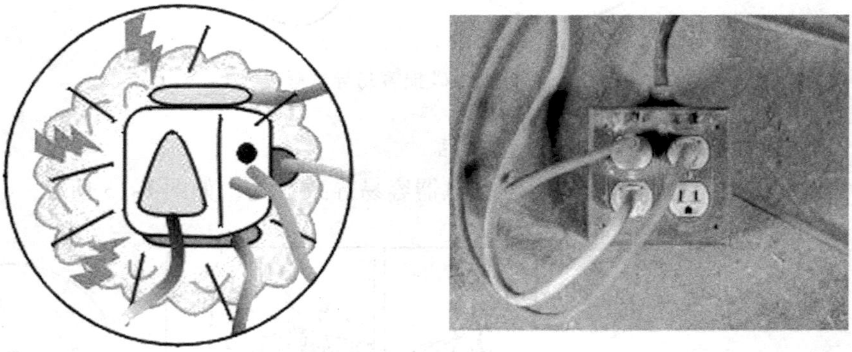

图 1-15　电器负荷过重容易触电和引起火灾

1.1.4　触电急救

1. 迅速脱离电源

人触电后，可能由于失去知觉或超过自身的能力而无法脱离电源。此时，抢救人员不要惊慌，要在保护自己不被触电的情况下使触电者迅速脱离电源。

1）如果接触电器触电，应立即断开近处的电源。可就近拔掉插头，断开开关或打开熔断器盒。

2）如果碰到破损的电线而触电，附近又找不到开关，可用干燥的木棒、竹竿、手杖等绝缘工具把电线挑开，也可用带绝缘柄的钢丝钳等切断电源。挑开的电线要放置好，不要使人再触碰到。

3）如一时不能实行上述方法，触电者又趴在电器上，可隔着干燥的衣物将触电者拉开。

4）在脱离电源过程中，如触电者在高处，要防止脱离电源后跌伤而造成二次受伤。

5）在使触电者脱离电源的过程中，抢救者要防止自身触电。

2. 脱离电源后的判断

触电者脱离电源后，应迅速判断其症状，根据其受电流伤害的不同程度，采用不同的急救方法。

1）判断触电者有无知觉。

2）判断呼吸是否停止。

3）判断脉搏是否跳动。

4）判断瞳孔是否散大。

触电后的简单判断如图1-16所示。

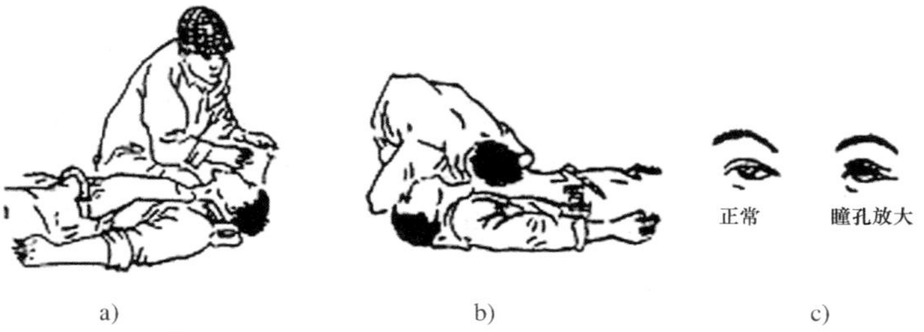

图1-16 触电后的简单判断
a）检查呼吸 b）检查心跳 c）检查瞳孔

3. 触电的急救方法

（1）口对口人工呼吸法

如果触电人伤害较严重，失去知觉，停止呼吸，但心脏有跳动，就应采用口对口的人工呼吸法。具体做法如下：

① 使触电者仰卧，解开衣领和裤带。

② 使触电者头偏向一侧，张开其嘴，用手指清除口腔中的假牙、血块等异物，使呼吸道畅通。

③ 抢救者在病人一边，一手捏紧触电者鼻子，另一只手托在触电者颈后，将颈部上抬。然后深吸一口气，用嘴紧贴触电者嘴，大口吹气。接着放松捏鼻子的手，让气体从触电者肺部排出。如此反复进行，以每5s吹气一次。坚持连续进行，不可中断。直到触电者苏醒为止。口对口人工呼吸法步骤如图1-17所示。

采用口对口的人工呼吸法要牢牢记住以下口诀：

张口捏鼻手抬颌，深吸缓吹口对紧；张口困难吹鼻孔，5s一次坚持吹。

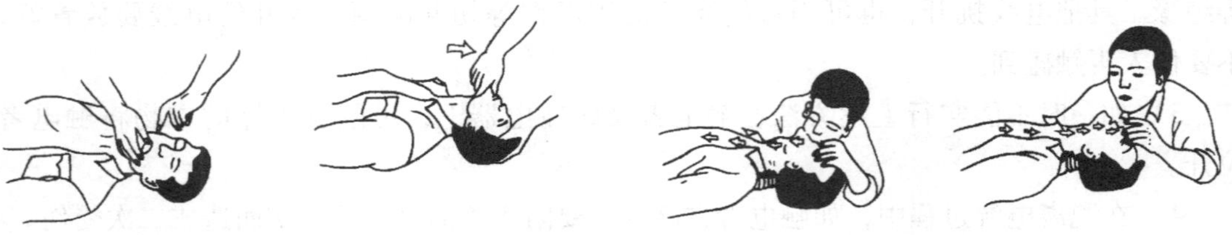

a) b) c) d)

图 1-17 口对口（鼻）人工呼吸法

（2）人工胸外心脏挤压法

若触电人伤得相当严重，心跳和呼吸都已停止，人完全失去知觉，则需同时采用口对口人工呼吸和人工胸外挤压两种方法。如果现场仅有一个人抢救，可交替使用这两种方法。先胸外挤压心脏 4 ~6 次，然后口对口呼吸 2 ~3 次，再挤压心脏，反复循环进行操作。人工胸外挤压心脏的具体操作步骤如下：

① 解开触电人的衣裤，清除口腔内异物，使其胸部能自由扩张。

② 使触电人仰卧，姿势与口对口吹气法相同，但背部着地处的地面必须牢固。

③ 救护人员位于触电人一边，最好是跨跪在触电人的腰部。将一只手的掌根放在心窝稍高一点的地方（掌根放在胸骨下三分之一部位），中指指尖对准锁骨间凹陷处边缘，如图 1-18a、b 所示，另一只手压在那只手上，呈两手交叠状（对儿童可用一只手）。

④ 救护人员找到触电人的正确压点，自上而下，垂直均衡地用力挤压，如图 1-18c、d 所示，压出心脏里面的血液，注意用力适当。

⑤ 挤压后，掌根迅速放松（但手掌不要离开胸部），使触电人胸部自动复原，心脏扩张，血液又回到心脏。

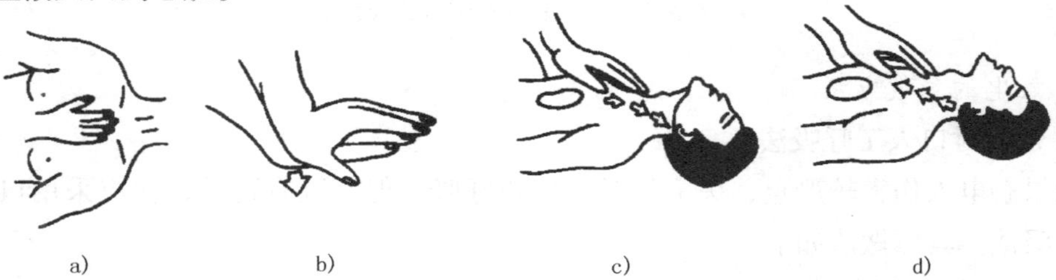

a) b) c) d)

图 1-18 心脏挤压法

采用人工胸外心脏挤压法要牢牢记住以下口诀：

掌根下压不冲击，突然放松手不离；手腕略弯压一寸，1s 一次较适宜。

1.1.5 任务小结

1. 任务工作单的填写

【填写要求】

回顾本任务所介绍的主要内容，检查学习效果。请认真完成任务工作单 1-1（见附录 A）各项内容的填写。其中，学生自评分为优、良、中、差四个等级。填写完毕后请交指导老师评定签字，作为期末成绩评定参考的依据。

2. 巩固提高

（1）说出用试电笔测不出相线的各种原因。

（2）一台2000W的电气装置至少需要多大电流的开关？

（3）画出控制一盏白炽灯工作的连线图。

（4）比较电话线、网线、交流电源线的特性。

（5）负载太大时电源线和插头、插座会出现什么现象？

任务1.2　实验室安全学习

实验室是学生进行实验实训的公共场所，参加人数多，实验设备价格昂贵，安全尤为重要。通过实验室安全学习，学生可以自觉遵守各项规定。在确保人身安全和财产安全的前提下，完成各项实验实训任务。这种素质的提高，对日后走向社会、贡献社会从而实现自我价值是非常需要的。

1.2.1　实验室安全的基本要求

1. 常规实验室安全制度

这里所指的常规实验室包括电工基础、模拟电路、数字电路、高频电子等实验室，其安全制度见表1-5。

表1-5　常规实验室安全制度

1	学生每次都要在考勤表上签到，按指定座位号就座
2	禁止将食物和饮料带进实验室，禁止大声喧哗和追逐打闹
3	不准做与实验、实训无关的事情
4	实验、实训前后都必须仔细清查仪器设备
5	严格执行实验室的设备操作规程，不准随意搬弄与调换仪器设备及配件
6	认真预习实验、实训指导书，完成实验实训报告
7	实验、实训完成后仪器设备摆放整齐，桌面保持干净
8	实验室仪器、仪表及工具对学生一律不外借
9	电烙铁不用时，必须切断其电源，杜绝空烧现象
10	万用表不用时，必须拨至空档，或拨至交流最大量程档，以确保其安全。数字万用表还必须关闭电源
11	仪器、仪表不用时，必须切断其电源
12	切断电源不是用软开关，而是用硬开关
13	开启电源由总开关到分开关逐个实施，切断电源过程相反
14	不允许出现只关闭总开关就走人的现象

进入高档次实验室还需要佩戴防静电手镯、穿防静电鞋等。

2. 实验室工作流程

到实验室做实验，工作流程如图1-19所示。

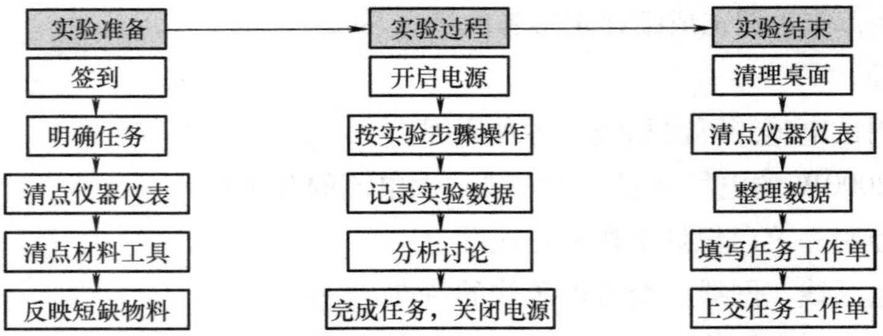

图 1-19　实验室工作流程

1.2.2　实验室安全技术

1. 实验室三级配电

（1）总配电柜

总配电柜一般安装在进门内墙面 1.3 ~ 1.6m 高处，内含各个分路开关及剩余电流断路器（通常也称为漏电保护器），便于控制整个实验室的用电安全。

总配电柜采用的各种开关外形如图 1-20 所示。

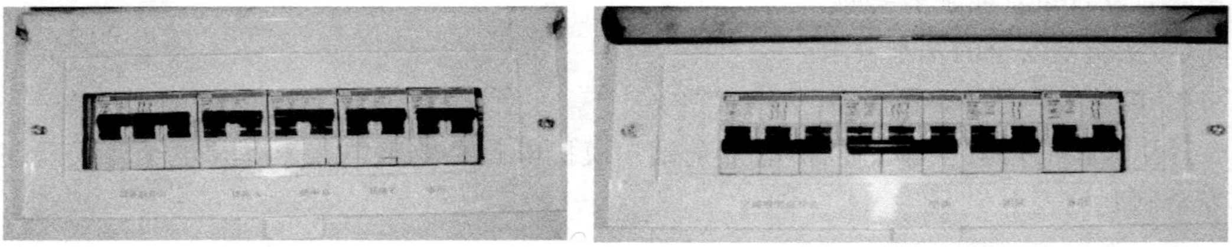

图 1-20　常用交流电源总配电柜

（2）实验台强制保险开关

实验室中的实验台用于支撑各种实验仪器、仪表，为防止实验突然出现意外，来不及关闭总配电开关，在实验台上安装了一个强制保险开关，可立即切断电源。实验台强制保险开关外形如图 1-21 所示。

图 1-21　实验台上的强制保险开关

（3）桌面配电

桌面配电板主要为方便操作者使用，有足够的插口和良好的接地线。每个插口均有发光二极管显示，大多数配电板是多个插口共用一个熔断器。

桌面配电板外形如图 1-22 所示。

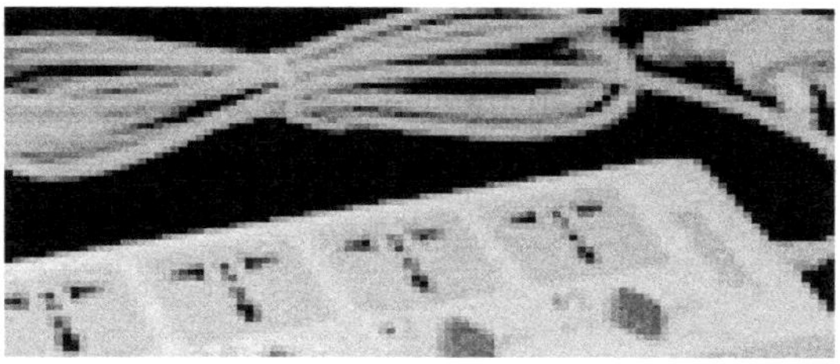

图1-22　桌面配电板

2. 漏电防护技术

漏电防护技术是采用剩余电流断路，当发生触电或漏电，且电流达到保护器所限定的动作电流值时，在超短时间内自动断开电源进行保护的技术。常见的剩余电流断路外形如图1-23所示。

图1-23　常见的剩余电流断路器

剩余电流断路器是近年来推广采用的一种新的防止触电的保护装置。当电气设备中发生漏电或接地故障而人体尚未触及时，剩余电流保护装置立即切断电源；或者当人体已触及带电体时，剩余电流断路器能在非常短的时间内切断电源，减轻对人体的危害。

剩余电流断路器的实现有多种方式，这里介绍目前应用较多的晶体管放大式剩余电流断路器。晶体管放大式剩余电流断路器的组成及工作原理如图1-24所示，由零序电流互感器、输入电路、放大电路、执行电路、整流电源等构成。

剩余电流断路器是一种电流动作型漏电保护。它适用于电源变压器中性点接地系统，也适用于对地电容较大的某些中性点不接地的系统（对相-相触电不适用）。

剩余电流断路器工作原理：三相线A、B、C和中性线N穿过零序电流互感器。在正常情况下（无触电或漏电故障发生），三相线和中性线的电流相量和等于零，即

$$\dot{I}_a + \dot{I}_b + \dot{I}_c + \dot{I}_n = 0$$

因此，当正常工作时，各相线电流在零序电流互感器铁心中所产生的磁通相量和为零，即

$$\dot{\Phi}_a + \dot{\Phi}_b + \dot{\Phi}_c + \dot{\Phi}_n = 0$$

晶体管放大式剩余电流保护电路工作过程如下：

电源正常供电时，零序电流互感器一次侧中没有零序电流流过，在其二次侧的感

应电动势为零。因此，VT_1 管无信号输入，保持静态，使 VT_2 管的基极保持高电位，VT_2 管截止，继电器 KA 不动作，其常闭触点闭合，接触器 KM 线圈保持通电，电源供电正常。

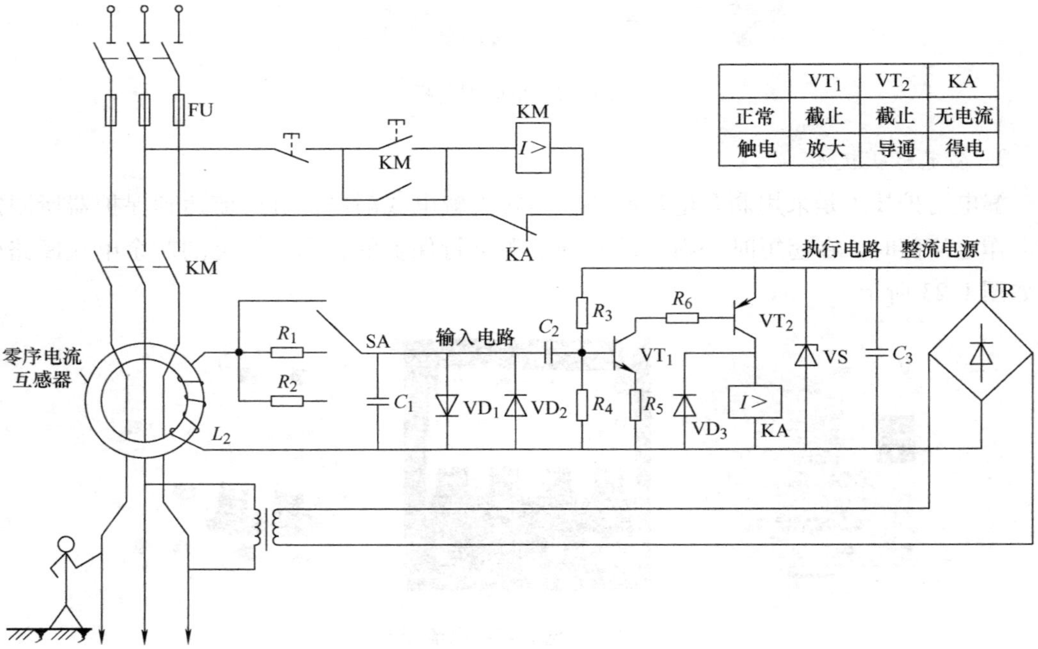

图 1-24　晶体管放大式剩余电流断路器原理图

当有人触电或出现漏电故障时，即出现漏电电流，这时通过零序电流互感器的一次电流相量和不再为零，即

$$\dot{I}_a + \dot{I}_b + \dot{I}_c + \dot{I}_n \neq 0$$

零序电流互感器一次侧中有零序电流流过，在其二次侧产生感应电动势。该电动势加到输入电路，放大管 VT_1 得到输入电压后，进入放大区，VT_1 管的集电极电流在 R_6 上产生电压降，使执行管 VT_2 的基极电压下降，VT_2 管发射结正偏，使 VT_2 管饱和导通，继电器 KA 流过电流启动，其常闭触点断开，接触器 KM 线圈失电，切断电源。

必须注意的是：无论是单相负荷还是三相与单相的混合负荷，相线与中性线均应穿过零序互感器。安装剩余电流断路器时，一定要注意线路中中性线 N 的正确接法，即工作零线一定要穿过零序互感器，而保护地线 PE 决不能穿过零序互感器。

按照国家标准规定，电流型剩余电流断路器电流与时间的乘积为≤30mA · s。实际产品一般额定动作电流 30mA，动作时间为 0.1s。如果是在潮湿等恶劣环境，可选取动作电流更小的规格。另外还有一个额定不动作电流，一般取 5mA，这是因为用电线路和电器都不可避免存在微量漏电。

图 1-25 是采用另一种方式的剩余电流保护工作方式。

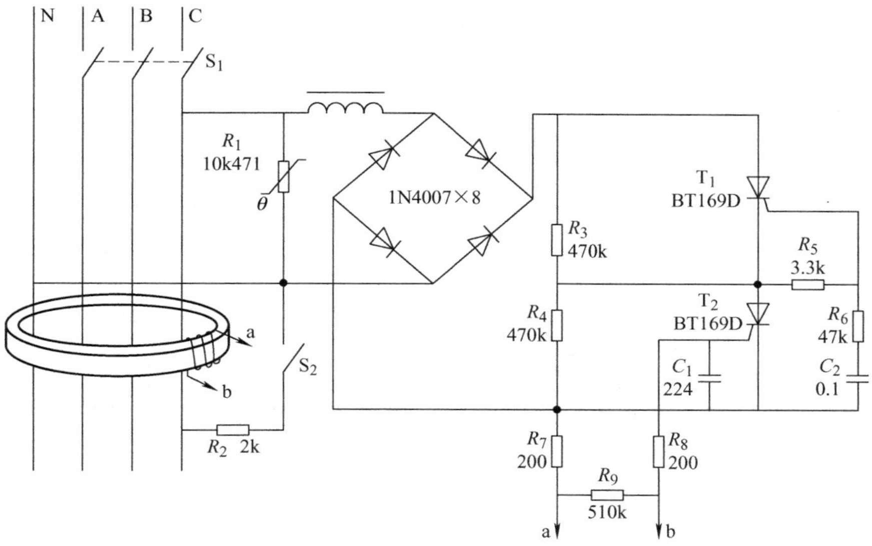

图1-25　另一种方式的剩余电流保护方式

3. 接地防护技术

在中性点不接地的配电系统中，电气设备宜采用接地保护。这里的“接地”同电子电路中简称的“接地”不是一个概念，是真正的接大地。即将电气设备的某一部分与大地土壤做良好的电气连接，一般通过金属接地体并保证接地电阻小于4Ω。尽管大多数实验室都是采用单相交流电供电，但以三相交流电接地为例，更具普遍性。为降低因绝缘破坏而遭到电击的危险，对于不同的低压配电系统形式，电气设备常采用保护接地、保护接零、重复接地等不同的安全措施，如图1-26所示。

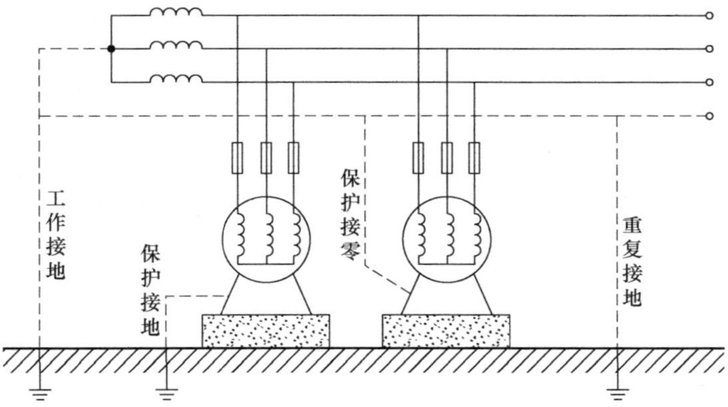

图1-26　保护接地、工作接地、重复接地及保护接零示意图

(1) 保护接地

按功能分，接地可分为工作接地和保护接地。工作接地是指电气设备（如变压器中性点）为保证其正常工作而进行的接地；保护接地是指为保证人身安全，防止人体接触设备外露部分而触电的一种接地形式。在中性点不接地系统中，设备外露部分（金属外

壳或金属构架）必须与大地进行可靠电气连接，即保护接地，如图 1-27 所示。

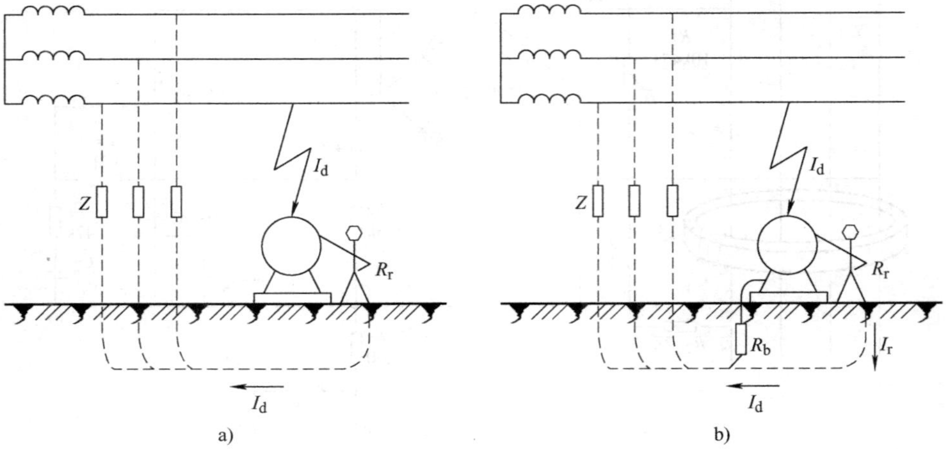

图 1-27　保护接地示意图
a）无接地　b）有接地

接地装置由接地体和接地线组成，埋入地下直接与大地接触的金属导体，称为接地体，连接接地体和电气设备接地螺栓的金属导体称为接地线。接地体的对地电阻和接地线电阻的总和，称为接地装置的接地电阻。

（2）保护接零

保护接零是指在电源中性点接地的系统中，将设备需要接地的外露部分与电源中性线直接连接，相当于设备外露部分与大地进行了电气连接，使保护设备能迅速动作断开故障设备，减少了人体触电危险。当设备正常工作时，外露部分不带电，人体触及外壳相当于触及零线，无危险，如图 1-28 所示。

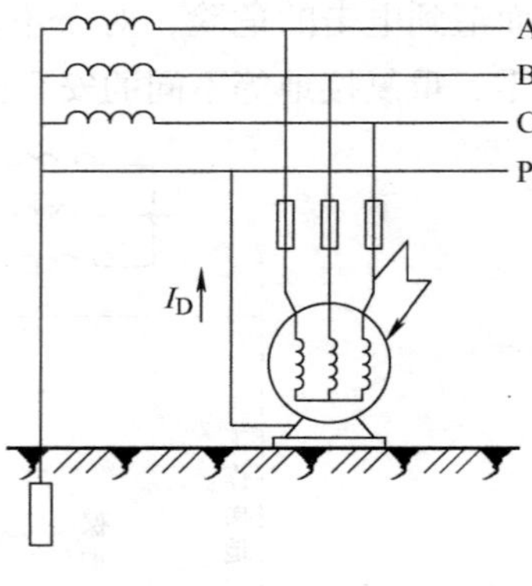

图 1-28　保护接零示意图

采用保护接零时需要注意以下两点：

① 同一台变压器供电系统的电气设备不宜将保护接地和保护接零混用，而且中性点工作接地必须可靠。

② 保护零线上不准装设熔断器。

（3）重复接地

在电源中性线做了工作接地的系统中，为确保保护接零的可靠，还需相隔一定距离将中性线或接地线重新接地，称为重复接地。

从图 1-29a 可以看出，一旦中性线断线，设备外露部分带电，人体触及同样会有触电的可能。而在重复接地的系统中，如图 1-29b 所示，即使出现中性线断线，但外露部分因重复接地而使其对地电压大大下降，对人体的危害也大大下降。不过应尽量避免中性线或接地线出现断线的现象。

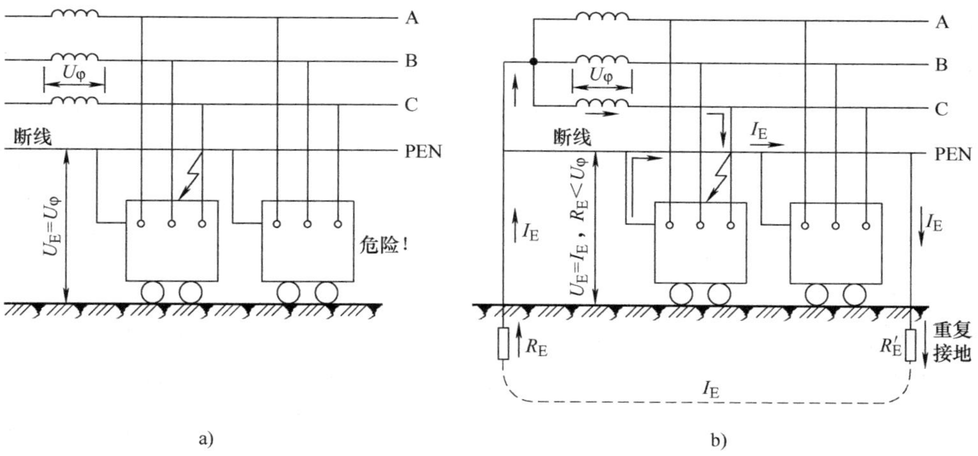

图1-29　重复接地作用

（4）必须接地的电气电子设备部件

根据安全规程规定，下列电气设备的金属外壳必须接地或接零。

① 电动机、变压器、电器、照明器具、携带式及移动式用电器具等的底座和外壳，例如手电钻、电冰箱、电风扇、洗衣机等。

② 交流、直流电力电缆的接线盒，终端头的金属外壳，电线、电缆的金属外皮，控制电缆的金属外皮，穿线的钢管；电力设备的传动装置，互感器二次绕组的一个端子及铁心。

③ 配电屏与控制屏的框架，室内外配电装置的金属构架和钢筋混凝土构架，安装在配电线路杆上的开关设备、电容器等电力设备的金属外壳。

④ 在非沥青路面的居民区中，高压架空线路的金属杆塔、钢筋混凝土杆，中性点非直接接地的低压电网中的铁杆、钢筋混凝土杆，装有避雷线的电力线路杆塔。

⑤ 避雷针、避雷器、避雷线等。

1.2.3　实验室防火基本常识

1. 实验室失火主要原因

1）超负荷运行造成供电线路、插头插座塑料熔化，从而引起易燃物质起火。

2）电烙铁未放置在安全部位（烙铁架），或烙铁头旁边有易燃物质。电烙铁不使用时忘记切断电源，使其空烧。电烙铁使用时，实验者离开现场，使得无人关注。

3）切断电源不彻底，使某些大功率仪器设备或工具空烧。

4）突然停电之后，没有彻底关闭所有电源，而来电之后又无人在现场，使某些大功率仪器设备或工具空烧。

2. 实验室防火基本要求

1）养成良好的职业习惯，遵守实验室安全管理各项规章制度。

2）发现异味、异响时，迅速停下手中工作，环顾四周查明原因。

3）根据失火现象，采用各种不同的灭火工具和材料及时扑灭。

4）重大火灾发生时，采用各种逃生方式迅速撤离现场。

3. 实验室电气消防措施

从灭火角度来看，电气火灾有两个显著特点：一是着火的电气设备可能带电，扑灭火灾时，若不注意，可能发生触电事故。二是有些电气设备充有大量的油，例如电力变压器、油断路器、电动机起动装置等，发生火灾时，可能发生喷油甚至爆炸，造成火势蔓延，扩大火灾范围。因此，扑灭电气火灾必须根据其特点，采取相应措施进行扑救。

（1）切断电源

发生电气火灾时，首先设法切断着火部分的电源，切断电源时应注意下列事项：

① 切断电源时应使用绝缘工具操作。因发生火灾后，开关设备可能受潮或被烟熏，其绝缘强度大大降低，因此拉闸时应使用可靠的绝缘工具，防止操作中发生触电事故。

② 切断电源的地点要选择得当，防止切断电源后影响灭火工作。

③ 要注意拉闸的顺序。对于高压设备，应先断开断路器，后拉开隔离开关。对于低压设备，应先断开磁力起动器，后拉开闸刀，以免引起弧光短路。

④ 当剪断低压电源导线时，剪断位置应选在电源方向的支持绝缘子附近，以免断线线头下落发生接地短路造成触电伤人；剪断非同相导线时，应在不同部位剪断，以免造成人为短路。

⑤ 如果线路带有负荷，应尽可能先切除负荷，再切断现场电源。

（2）断电灭火

在着火电气设备的电源切断后，扑灭电气火灾的注意事项如下：

① 灭火人员应尽可能站在上风侧进行灭火。

② 灭火时若发现有毒烟气（如电缆燃烧时），应戴防毒面具。

③ 若灭火过程中，灭火人员身上着火，应就地打滚或撕脱衣服，不得用灭火器直接向灭火人员身上喷射，可用湿麻袋或湿棉被覆盖在灭火人员身上。

④ 灭火过程中应防止全厂停电，以免给灭火带来困难。

⑤ 灭火过程中，应防止上部空间可燃物着火落下危害人身和设备安全。在屋顶上灭火时，要防止坠落及坠入“火海”中。

⑥ 室内着火时，切勿急于打开门窗，以防空气对流而加重火势。

（3）带电灭火

在来不及断电，或由于生产，或其他原因不允许断电的情况下，需要带电灭火。带电灭火时的注意事项如下：

① 根据火情适当选用灭火剂。由于未停电，应选用不导电的灭火剂。如喷粉灭火器使用的二氧化碳、四氯化碳、二氟一氯一溴甲烷（1211）、二氟二溴甲烷或干粉等灭火剂都是不导电的，可直接用来带电喷射灭火。泡沫灭火器使用的灭火剂有一定导电性，且对电气设备的绝缘有腐蚀作用，不宜用于对带电设备灭火。

② 采用喷雾水枪灭火。用喷雾水枪带电灭火时，通过水柱的泄漏电流较小，比较安全。若用直流水枪灭火，通过水柱的泄漏电流会威胁人身安全。为此，直流水枪的喷嘴

应接地，灭火人员应戴绝缘手套、穿绝缘鞋或均压服。

③ 灭火人员与带电体之间应保持必要的安全距离。用水灭火时，水枪喷嘴至带电体的距离为：110kV及以下不小于3m；220kV及以下不小于5m。用不导电灭火剂灭火时，喷嘴至带电体的最小距离为：10kV不小于0.4m；35kV不小于0.6m。

④ 对高空设备灭火时，人体位置与带电体之间的仰角不得超过45°，以防导线断路危及灭火人员人身安全。

⑤ 若有带电导线落地，应划出一定的警戒区，防止灭火人员跨步电压触电。

知识拓展

◆ 火灾的分类

一类：指含碳固体可燃物，如木材、棉毛、麻、纸张等燃烧的火灾，可用水型灭火器、泡沫灭火器、干粉灭火器、卤代烷灭火器。

二类：指甲、乙、丙类液体，如汽油、煤油、柴油、甲醇等燃烧的火灾，可用干粉灭火器、泡沫灭火器、卤代烷灭火器。

三类：指可燃烧气体，如煤气、天然气等燃烧的火灾，可用干粉灭火器、卤代烷灭火器。

四类：指可燃的活泼金属，如钾、钠、镁等燃烧的火灾，可用干沙式铸铁粉末灭火器。

五类：指带电物体燃烧的火灾，可用二氧化碳、干粉、卤代烷灭火器（禁止用水）。

◆ 灭火器的知识

1. 灭火器命名规则

国家标准规定，灭火器（图1-30）型号应以汉语拼音大写字母和阿拉伯数字标于筒体，如“MF2”。

其中第一个字母M代表灭火器，第二个字母代表灭火剂类型（F是干粉灭火剂、FL是磷铵干粉灭火剂、T是二氧化碳灭火剂、Y是卤代烷灭火剂、P是泡沫灭火剂、QP是轻水泡沫灭火剂、SQ是清水灭火剂），后面的阿拉伯数字代表灭火剂质量或容积，一般单位为每千克或升。

图1-30　灭火器

2. 灭火器分类及选择

1）按其移动方式可分为手提式和推车式。

2）按驱动灭火剂的动力来源可分为储气瓶式、储压式、化学反应式。

3）按所充装的灭火剂则又可分为泡沫、干粉、卤代烷、二氧化碳、酸碱、清水等。

① 清水灭火器：这类灭火器内充入的灭火剂主要是清洁水。有的加入适量的防冻剂，以降低水的冰点。也有的加入适量润湿剂、阻燃剂、增稠剂等，以增强灭火性能。

② 酸碱灭火器：这类灭火器内充入的灭火剂是工业硫酸和碳酸氢钠水溶液。

③ 化学泡沫灭火器：这类灭火器内充装的灭火剂是硫酸铝水溶液和碳酸氢钠水溶液，再加入适量的蛋白泡沫液。如果再加入少量氟表面活性剂，可增强泡沫的流动性，提高了灭火能力，故称高效化学泡沫灭火器。

④ 空气泡沫灭火器：这类灭火器内充装的灭火剂是空气泡沫液与水的混合物。空气泡沫的发泡由空气泡沫混合液与空气借助机械搅拌混合生成，在此又称空气机械泡沫。空气泡沫灭火剂有许多种，如蛋白泡沫、氟蛋白泡沫、轻水泡沫（又称水成膜泡沫）、抗溶泡沫、聚合物泡沫等。由于空气泡沫灭火剂的品种较多，因此空气泡沫灭火器又按充入的空气泡沫灭火剂的名称加以区分，称为蛋白泡沫灭火器、轻水泡沫灭火器、抗溶泡沫灭火器等。

⑤ 二氧化碳灭火器：这类灭火器内充入的灭火剂是液化二氧化碳气体。

在灭火的时候根据不同火情，选择合适的灭火器非常重要，这样才能让灭火器发挥最大的灭火效能和减小灾害带来的损失。

精密仪器和贵重设备场所，灭火剂的残渍会损坏设备，忌用水和干粉灭火器，应选用气体灭火器。

贵重书籍和档案资料场所，为了避免水渍损失，忌用水灭火，应选用干粉灭火器或气体灭火器。

电气设备场所，热胀冷缩可能引起设备破裂，忌用水灭火，应选用绝缘性能较好的气体灭火器或干粉灭火器。

高温设备场所，热胀冷缩可能引起设备破裂，忌用水灭火，应选用干粉灭火器或气体灭火器。

化学危险物品场所，有些灭火剂可能与某些化学物品起化学反应，有导致火灾扩大的可能，应选用与化学物品不起化学反应的灭火器。

可燃气体场所，有可能出现气体泄漏火灾，应选用扑灭可燃气体灭火效果较好的水进行灭火。

3. 灭火器适用火灾情况及使用方法

（1）泡沫灭火器适用火灾及使用方法

1）适用范围：适用于扑救一般二类火灾，如油制品、油脂等火灾，也可适用于一类火灾，但不能扑救二类火灾中的水溶性可燃、易燃液体的火灾，如醇、酯、醚、酮等物质火灾；也不能扑救带电设备及三类和四类火灾。

2）使用方法：可手提筒体上部的提环，迅速奔赴火场。这时应注意不得使灭火器过分倾斜，更不可横拿或颠倒，以免两种药剂混合而提前喷出。当距离着火点10m左右时，即可将筒体颠倒过来，一只手紧握提环，另一只手扶住筒体的底圈，将射流对准燃烧物。在扑救可燃液体火灾时，如已呈流淌状燃烧，则将泡沫由远而近喷射，使泡沫完全覆盖在燃烧液面上。

（2）酸碱灭火器适用火灾及使用方法

1）适用范围：适用于扑救一类物质燃烧的初起火灾，如木、织物、纸张等燃烧的火灾。它不能用于扑救二类物质燃烧的火灾，也不能用于扑救三类可燃性气体或四类轻金属火灾，同时也不能用于带电物体火灾的扑救。

2）使用方法：使用时应手提筒体上部提环，迅速奔到着火地点。决不能将灭火器扛在背上，也不能过分倾斜，以防两种药液混合而提前喷射。在距离燃烧物6m左右，即可将灭火器颠倒过来，并摇晃几次，使两种药液加快混合；一只手握住提环，另一只手抓住筒体下的底圈将喷出的射流对准燃烧最猛烈处喷射。同时随着喷射距离的缩减，使用人应向燃烧处推进。

（3）二氧化碳灭火器的使用方法

灭火时将灭火器提到或扛到火场，在距燃烧物5m左右，放下灭火器拔出保险销，一手握住喇叭筒根部的手柄，另一只手紧握启闭阀的压把。对没有喷射软管的二氧化碳灭火器，应把喇叭筒往上扳70°~90°。使用时，不能直接用手抓住喇叭筒外壁或金属连线管，防止手被冻伤。灭火时，当可燃液体呈流淌状燃烧时，使用者将二氧化碳灭火剂的喷流由近而远向火焰喷射。如果可燃液体在容器内燃烧，使用者应将喇叭筒提起，从容器的一侧上部向燃烧的容器中喷射。但不能将二氧化碳射流直接冲击可燃液面，以防止将可燃液体冲出容器而扩大火势，造成灭火困难。

1.2.4　实验室安全用电测量训练

1. 用试电笔判别交流电的相线、中性线和地线

试电笔的正确使用方法是，用手心或手指与试电笔的笔尾金属体接触，大拇指和其他手指握紧试电笔笔杆，用笔尖金属体接触被测物体（导线、插座或开关），如图1-31所示。

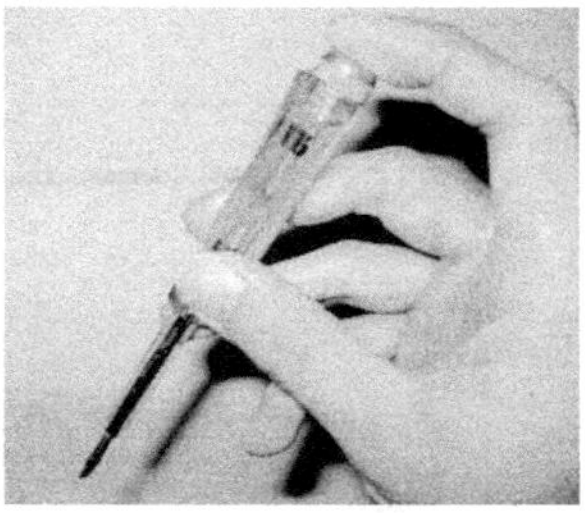

图1-31　试电笔的正确握法

用试电笔检验相线和中性线时，用笔尖测量接线板上的电源插孔，观察试电笔的氖管，如果氖管发光，则说明该电源插孔接的是相线，否则为中性线，其操作如图1-32所示。

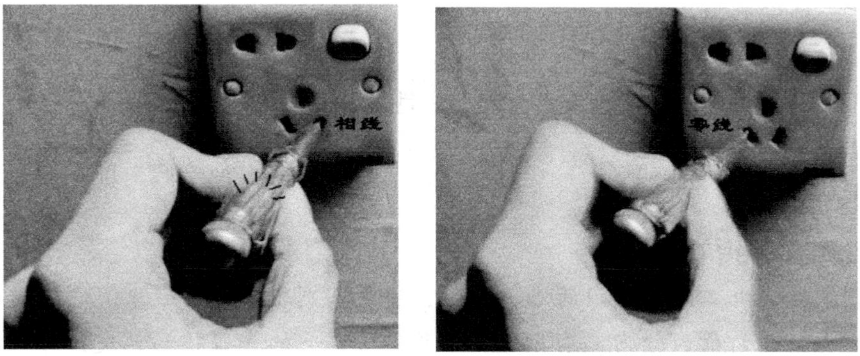

图1-32　用试电笔判断相线和中性线

必须注意：使用试电笔过程中，手指绝不能与笔尖金属体接触，手背不能遮住氖管，避免手指只握试电笔笔杆而不接触笔尾金属体，造成氖管不发光，产生误检。

操作视频 1-1　试电笔的使用

2. 用万用表测量交流电的相线、中性线和地线之间的电压

用万用表测量交流电之前，必须掌握万用表的正确使用方法。

1）熟悉万用表的面板。了解万用表有几个测量档位和各测量量程。一般测量档位有电阻档、直流电压档、交流电压档、直流电流档等。

2）选择正确的测量档位和量程。

3）将红、黑表笔分别插入相应的红、黑表笔插孔。

4）像右手拿筷子一样拿起红、黑表笔进行测量。

5）数字万用表使用完毕后，应将万用表电源关闭。

使用万用表测量时，将万用表的测量档位调到交流电压档（$\tilde{V}$），量程为 500V 或 250V，红、黑表笔分别插入交流插座的电源插孔（由于是交流电，所以红、黑表笔不用分正负），测量相线与中性线之间的电压，观察表头读数，并记录电压值。具体操作如图 1-33所示。

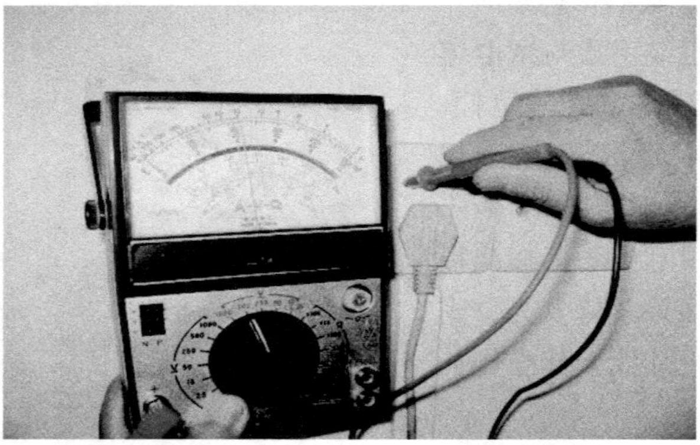

图 1-33　用指针式万用表测量相线与中性线之间的交流电压

操作视频 1-2　用万用表测量市电电压

用相同的方法测量相线与地线、地线与中性线之间的电压。

知识拓展

◆ 试电笔的工作原理

试电笔是广大电工经常使用的工具之一，用来判别物体是否带电。它的内部构造是一只有两个电极的灯管，管内充有氖气，俗称氖管，它的一极接到笔尖，另一极串联一只高电阻后接到笔的另一端。当氖管的两极间电压达到一定值时，两极间便产生辉光，辉光强弱与两极间电压成正比。当带电体对地电压大于氖管起始的辉光电压，而将试电

笔的笔尖端接触它时，另一端则通过人体接地，所以试电笔会发光。试电笔中电阻的作用是用来限制流过人体的电流，以免发生危险。

1.2.5　任务小结

1. 任务工作单的填写

【填写要求】

回顾本任务所介绍的主要内容，检查学习效果。请认真完成任务工作单 1-2（见附录 A）各项内容的填写。其中，学生自评分为优、良、中、差四个等级。填写完毕后请交指导老师评定签字，作为期末成绩评定参考的依据。

2. 巩固提高

1）画出具有 5 个插孔的电源配电板内部电路连接图。

2）使用无保护线的电源配电板会有什么问题？

3）电气装置无保护线会有什么问题？

4）出现漏电保护由何原因引起？

5）负荷太重或短路时会出现什么现象？

任务 1.3　危险品安全学习

国家劳动部颁发的工作场所安全使用化学品规定，旨在保障劳动者的安全与健康。规定对生产单位、使用单位分别提出了要求。通过危险品安全学习任务的实施，学生可以了解相关规定，识别各种警示符号，增强安全意识，为日后安全地生产或使用各种具有危害人身健康的化学品打下基础。

1.3.1　国家劳动部的相关规定

1. 生产单位职责

国家劳动部对生产单位的相关规定见表 1-6。

表 1-6　国家劳动部对生产单位的主要规定

第六条	执行《化工企业安全管理制度》，并到化工行政部门登记注册
第七条	对所生产的化学品进行危险性鉴别，并进行标示
第八条	挂贴“危险化学品安全”标签，填写“技术说明书”
第九条	在作业点利用“安全周知卡”或“安全标志”等标明其危险性
第十条	若涉及商业秘密，经登记部门批准后可不列内容但必须列出其危害特性
第十一条	安全技术说明书每五年更换一次

2. 使用单位职责

国家劳动部对使用单位的相关规定见表 1-7。

表 1-7　国家劳动部对使用单位的主要规定

第十二条	化学品有安全标签，并向操作人员提供安全技术说明书
第十三条	购进危险化学品时，必须核对包装上的标签
第十四条	转移或分装时，应标明其内容。对于危险化学品，还应贴安全标签
第十五条	定期检查和评估，其结果应建立档案，化学品浓度不得高于国家标准
第十六条	通过各种方式消除、减少和控制工作场所化学品产生的危害
第十七条	在危险化学品工作场所设有急救设施，并提供应急处理的方法
第十八条	按国家规定，清除化学废料及其废旧容器
第十九条	对盛装、输送、贮存危险化学品的设备，用颜色、标牌、标签标明其危险性
第二十条	有关安全资料向职工公开，对职工进行工作场所使用化学品的教育和培训

3. 处罚细则

国家劳动部对违反危险品安全行为的处罚规定见表 1-8。

表 1-8　国家劳动部对违反危险品安全行为的处罚规定

第二十八条	生产单位未登记注册，由管理部门责令限期改正；逾期不改，处以一万元以下罚款
第二十九条	生产单位未填写“安全技术说明书”和没有“安全标签”的，由管理部门责令限期改正；逾期不改，处以一万元以下罚款
第三十条	经营单位经营没有安全技术说明书和没有安全标签的危险化学品的，由管理部门责令限期改正；逾期不改，处以一万元以下罚款
第三十一条	对隐瞒危险化学品特性而未执行规定的，由管理部门就地扣押封存产品，并处以一万元以下罚款；构成犯罪的，追究刑事责任
第三十二条	化学危险品工作场所没有急救设施和应急处理方法的，由管理部门责令限期改正，并处以一千元以下罚款；逾期不改的，可处以一万元以下罚款
第三十三条	危险化学品的贮存不符合《常用危险化学品贮存通则》国家标准的，由管理部门责令限期改正，并可处以一千元以下罚款

1.3.2　危险品等级分类

1. 一类危险品：爆炸品

在危险货物运输中的爆炸品系指在外界作用下（如受热、撞击）能产生大量的气体和热量，使周围压力急剧上升，发生爆炸，对周围环境造成破坏的物品。也包括无整体爆炸危险，但具有燃烧、抛射及较小爆炸危险或仅产生热、光、音响或烟雾等一种或几种作用的烟火物品。其分项包括：

1）具有整体爆炸危险的物质和物品。

2）具有抛射危险，但无整体爆炸危险的物质和物品。

3）具有燃烧危险和较小爆炸或抛射危险或两者兼有，但无整体爆炸危险的物质和物品。

4）无重大危险的爆炸物质和物品。

5）非常不敏感的爆炸物质。

2. 二类危险品：压缩气体和液化气体

本类货物系指压缩、液化或加压溶解的气体，并符合下列两者情况之一者：①临界温度低于50℃，或在50℃时，其蒸气压力大于294kPa（$3kg/cm^2$）的压缩气体或液化气体；②温度在21℃时，气体的绝对压力大于275kPa（$2.8kg/cm^2$），或在54.4℃时，气体的绝对压力大于715kPa（$7kg/cm^2$）的压缩气体，或在37.8℃时，雷德蒸气压力大于275kPa（$2.8kg/cm^2$）的液化气体或加压溶解的气体。其分项包括：

1）易燃气体。

2）不燃气体（包括助燃气体）。

3）有毒气体。

3. 三类危险品：易燃液体

本类货物系指易燃的液体、液体混合物或含有固体物质的液体，但不包括由于其危险特性已列入其他类别的液体，其闭环实验闪点等于或低于61℃。其分项包括：

1）低闪点易燃液体——闪点低于-18℃的液体。

2）中闪点易燃液体——闪点在-18～23℃的液体。

3）高闪点易燃液体——闪点在23～61℃的液体。

4. 四类危险品：易燃固体、自燃物品和遇湿易燃物品

易燃固体：系指燃点低，对热、撞击、摩擦敏感，易被外部火源点燃，燃烧迅速，并可能散发出有毒烟雾或有毒气体的固体货物，但不包括已列入爆炸品的物质。自燃物品：系指自燃点低，在空气中易于发生氧化反应，放出热量，而自行燃烧的物品。遇湿易燃物品：系指遇水或受潮湿时，发生剧烈化学反应，放出大量的易燃气体和热量的物品，有些不需明火，即能燃烧和爆炸。其分项包括：

1）易燃固体。

2）自燃物品。

3）遇湿易燃物品。

5. 五类危险品：氧化剂和有机过氧化物

氧化剂系指处于高氧化态，具有强氧化性，易分解并放出氧和热量的物质，包括含过氧基的无氧物，其本身不一定可燃，但能导致可燃物燃烧。有机过氧化物系指分子组成中含有过氧基的有机物，其本身易燃易爆，极易分解，对热、振动、摩擦极为敏感。其分项包括：

1）氧化剂（a. 一级氧化剂；b. 二级氧化剂）。

2）有机过氧化物。

6. 六类危险品：毒害品和感染性物品

毒害品系指进入肌体后，累计达一定的量，能与体液和组织发生生物化学作用或生物物理学变化，扰乱和破坏肌体的正常生理功能，引起暂时性或持久性的病理症状，甚至危及生命的物品。其分项包括：

1）毒害品。

2）感染性物品。

7. 七类危险品：放射性物品

1）低比活度放射性物质。

① 含有天然放射性元素（如铀）的矿石及其浓缩物。

② 未经辐射的固体天然铀、贫化铀和天然钍，以及它们的固体或液态的化合物与混合物。

③ 放射性物质均匀分布在密实的固体粘结剂内的固体等。

2）表面污染物体。

3）可裂变物质。

4）特殊形式放射性物质。

5）除上述各类以外的放射性物质均属于其他形式放射性物质。

8. 八类危险品：腐蚀品

腐蚀品不仅要看对其他物质的破坏，更要考虑对人体的伤害。其分项包括：

1）酸性腐蚀品。

2）碱性腐蚀品。

3）其他腐蚀品。

知识拓展

◆ 使用危险品的注意事项

1. 贮存危险化学品的一般原则

1）危险化学品应置于适当的容器中并标注名称，存放在危险化学品专用库房，由专人负责保管。贮存化学品的房间应保持阴凉和空气流通，并避免一次贮存过多的危险化学品。

2）易燃化学品宜存放于通风良好的试剂柜中。房间内禁止吸烟、点火及使用电热器，应配备适当的灭火设备。普通冰箱的温度调节阀及门阀在操作时经常会产生火花，可能引燃挥发的易燃液体蒸气，因此易燃且具有挥发性的液体不宜存放于普通冰箱中。

3）挥发性液体应贮存于阴凉和远离日照或热源的地方，且不应盛满整个容器。

4）对可能因相互作用而产生气体、火焰或爆炸的化学品，必须分开存放。

5）危险化学品不应放在高处，以避免取用时容器坠落发生意外。存量较多的浓硫酸、硝酸、氢氯酸、氨水及易燃液体，应尽量存放在接近地面处。

6）高活性的化学品须存放于适当浸盖液内，防止与空气接触产生化学作用。不同的高活性化学品不宜放在同一个物品架上，以免混淆。装有高活性化学品的容器应增附一个标签，标明容器内浸盖液的名称。定期检查容器，确保浸盖液适量。

7）碳化钙、四氯化硅、二氯化二硫、三氯化磷或五氯化磷等容易与水反应的化学品，遇水或与潮湿空气接触，会产生易燃或有害气体；发生反应后会使瓶内气压增加，可能导致瓶子爆裂。因此，这类化学品应贮存于密封容器或干燥器中，避免受热或受潮，且贮存量不宜超过日常所需的最高用量。

8）使用、贮存危险化学品的实验室应配备相应的收集容器和灭火器材。

9）应定期检查所贮存的化学品。发现化学品标签模糊不清或脱落，应立即更换。发现试剂变质、泄漏等迹象，要及时处理。废弃的危险化学品应上交学校统一处理。

10）实验室应配备足够的安全装备和器材用于突发事故的应急处理。

2. 危险化学品的安全使用

1）在实验室里进行萃取、蒸馏、过滤或结晶的操作时，往往使得危险物质的浓度急剧升高，增大了危险性。蒸馏残渣能使爆炸性物质或不安定物质浓缩，它们往往由副反应生成，因此要慎重对待反应产物蒸馏实验，切不可过度地蒸馏残渣。对摩擦和冲击非常敏感的物质或结晶体，在过滤其溶液时不要用玻璃滤器等容易产生摩擦热的器具，使用后的滤纸应妥善处理；结晶操作应按照生成结晶物的安全标准进行。

2）回流操作实验中，可能因突沸或过热喷出可燃性液体。在使用可燃性溶剂进行回流操作或蒸馏低闪点溶剂时，附近严禁明火。

3）反复循环使用的反应液可能造成不稳定物质浓度增高，应随时了解浓度并及时补充或更换新的反应液。

4）很多危险化学品用惰性溶剂稀释之后比较安全，而且在这种状态下可以长期保存。但是，若这种溶液洒在布、纸等易燃物品上，待溶剂蒸发变干后这类物品就会具有一定危险性，所以应避免将溶有危险化学品的溶剂洒到易燃物品上，若有遗洒，要及时处理。

5）粉尘较多的实验室，应注意消除静电。

6）当危险的药品泄漏、洒落或堵塞时，应按预先制订的处理方案实施，防止事故扩大。

7）处置危险化学废弃物时，应事先确认化学品种类，防止因相互化学反应发生安全事故。

8）在处理具有刺激性的化学品时，应在通风橱内或通风良好的空间进行，并戴防护手套。患有哮喘的师生应特别注意，避免嗅闻此类化学品。

9）不能把易燃化学品倾倒入排水槽，否则极易引发火灾。

1.3.3　危险品警示标志

危险品警示标志能给人以非常直观的感觉，提醒人们注意，这些危险品会造成危害。无论是生产性单位，还是使用单位或运输部门都应遵照执行。常见危险品警示标志见表1-9。

表1-9　常见危险品警示标志

（续）

Compressed Gas **压缩气体**		Flammable and Combustible **易燃物质**	
Oxidizing Material **氧化剂材料**		Toxic Immediate and Severe **剧毒物质**	
Toxic Long Term Concealed **长期隐性毒品**		Biohazardous Infectious **生物公害**	

（续）

Corrosive Material
腐蚀材料

Dangerously Reactive
危险反应

Miscellaneous
杂类危险品

Radioactive
辐射物质

CAUTION
Moderate hazard / long-term or hidden harm
注意 缓慢/长期或隐性危害

WARNING
Special hazard / special requirements
警告 特别危害/特别要求

DANGER
Severe hazard / immediate harm
危险 剧烈危害/立即伤害

FLAMMABLE
易燃

POISON
剧毒

EXPLOSIVE
易爆

CORROSIVE
腐蚀品

1.3.4 任务小结

1. 任务工作单的填写

【填写要求】

回顾本任务所介绍的主要内容，检查学习效果。请认真完成任务工作单 1-3（见附录 A）各项内容的填写。其中，学生自评分为优、良、中、差四个等级。填写完毕后请交指导老师评定签字，作为期末成绩评定参考的依据。

2. 巩固提高

1）废旧电池为什么要集中处理?

2）选用无毒或低毒的化学替代品能否减少化学品危险品的危害?

3）隔离、密封能否消除或降低化学品危险品的危害?

4）为什么违规要罚款?

5）违规罚款的最高额度是多少?

项 目 2

焊接工艺实践

项目要求

本项目通过学习焊接的基本知识，结合实际焊接操作，要求学生熟练掌握手工焊接的基本技能；能对焊点的质量做出判断，按照要求完成元器件、导线与电路板的焊接，并达到合格的焊接标准；了解工厂在进行大批量生产时所采用的焊接方法。

【知识要求】

(1) 了解各种手工焊接工具的用处和性能。

(2) 掌握手工焊接技术和焊接技巧。

(3) 掌握手工焊接的质量判断标准。

(4) 掌握手工拆焊技术，了解拆焊所需要的工具和特点。

(5) 了解工厂锡焊所用的各种设备机器。

【能力要求】

(1) 能熟练使用手工焊接工具，并会对电烙铁头进行修整上锡处理。

(2) 能熟练使用电烙铁给元器件引脚和导线头上锡。

(3) 能在焊盘上进行正确的焊接，焊点达到质量要求。

(4) 能对已焊好的元器件进行正确的拆焊。

【学习方法】

(1) 焊接前认真阅读焊接的相关知识和焊接步骤。

(2) 通过观看视频讲解和老师的示范，学习焊接技巧。

(3) 通过实际动手操作、反复练习，掌握手工焊接技术。

任务 2.1　焊接工具及材料认知

焊接前，要对焊接工具有充分的认识。了解各类焊接工具和焊接材料的性能与特点。采用合适的焊接工具和焊接材料是保证电子产品焊接质量的关键环节。

2.1.1 手工焊接工具

电烙铁是最常用的手工焊接工具之一，广泛用于各种电子产品的生产与维修。常见的电烙铁及烙铁头形状如图 2-1 所示。

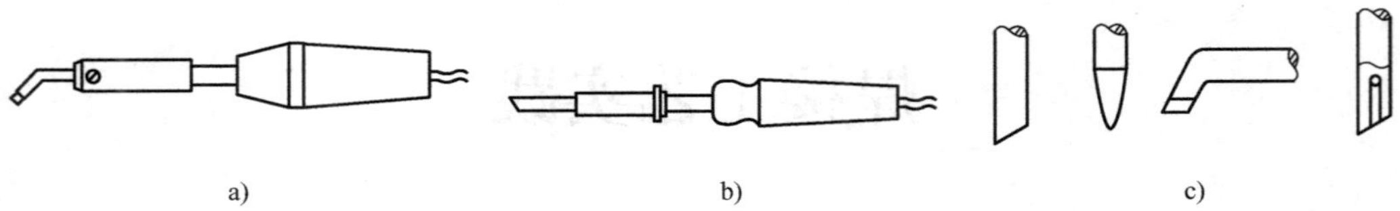

图 2-1 常见的电烙铁及烙铁头形状
a）外热式 b）内热式 c）各种形状的烙铁头

1. 直热式电烙铁

最常用的是单一焊接使用的直热式电烙铁。它又可以分为内热式和外热式两种。

（1）内热式电烙铁

内热式电烙铁的发热元件装在烙铁头的内部。由于从烙铁头内部向外传热，所以被称为内热式电烙铁，其外形如图 2-2所示。它具有发热快、体积小、重量轻和耗电低等特点。内热式电烙铁的能量转换效率高，可达到 80% ~90%。同样发热量和温度的电烙铁，内热式的体积和重量都优于其他种类。例如，20W 内热式电烙铁的实际发热功率与 25 ~ 40W 的外热式电烙铁相当，头部温度可达到 350℃左右；它发热速度快，一般通电 2min 就可以进行焊接。

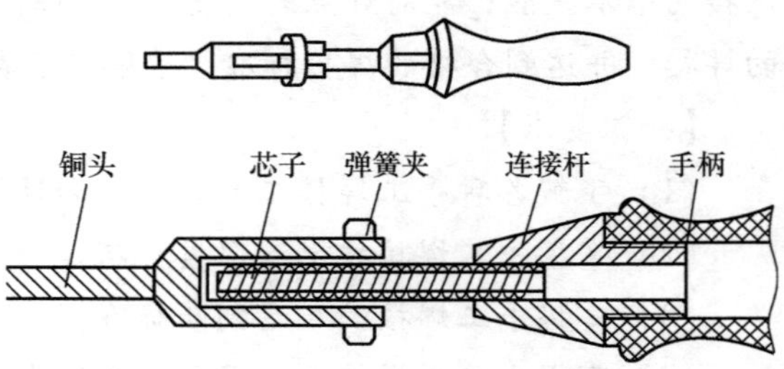

图 2-2 内热式电烙铁

常见的内热式电烙铁的规格有 20W、35W、50W 等。电烙铁的功率越大，烙铁头的温度就越高，可焊接的元器件更大一些。焊接集成电路和小型元器件选用 20W 内热式电烙铁即可。

（2）外热式电烙铁

外热式电烙铁的发热元件包在烙铁头外面。它有直立式、Γ 形等不同形式。其中最常用的是直立式，外形和结构如图 2-3 所示。外热直立式电烙铁的规格按功率分有 35W、45W、75W、100W 等，适合于焊接较大的元器件。它的烙铁头可以被加工成各种形状以适应不同焊接面的需要。

（3）发热元件

电烙铁的能量转换部分是发热元件，俗称烙铁心。它由镍铬发热电阻丝缠在云母、陶瓷等耐热、绝缘材料上构成。电子产品生产中最常用的内热式电烙铁的烙铁心就是将镍铬电阻丝缠绕在两层陶瓷管之间，再经过烧结制成的。

（4）烙铁头

烙铁头一般都是用纯铜制成的，用来存储、传递热量。根据表面电镀层的不同，烙铁头可以分为普通型和长寿型。

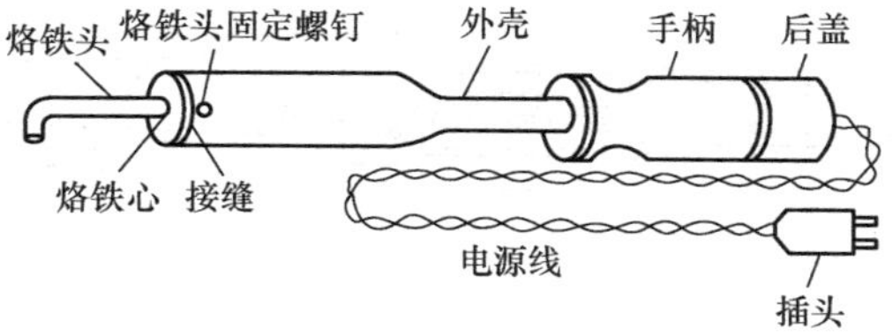

a)

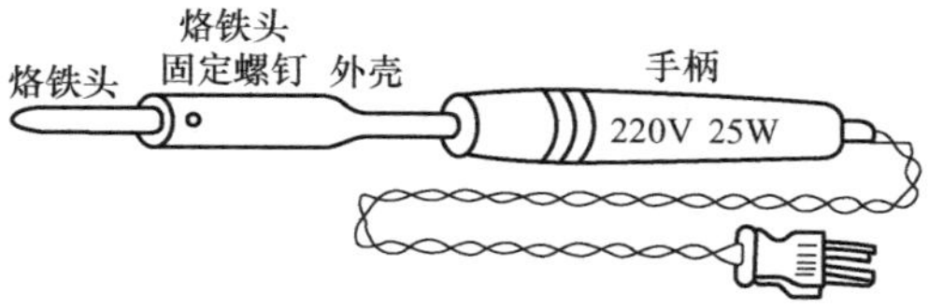

b)

图 2-3　外热式电烙铁
a）大功率电烙铁　b）小功率电烙铁

普通型内热式烙铁头通常镀锌，镀层的保护能力较差。在使用过程中，因为高温氧化和助焊剂的腐蚀，烙铁头需要经常清理和修整。

长寿型烙铁头通常是在纯铜外面渗透或电镀一层抗氧化的合金，所以这种电烙铁的使用寿命长，维护工作量小。

（5）手柄

电烙铁的手柄一般用木料或胶木制成。如果设计不良，手柄的温升过高会影响操作。

（6）接线柱

这是发热元件同电源线的连接处。必须注意：一般电烙铁都有三个接线柱，其中一个是接金属外壳的，连线时应该用三芯线将外壳接保护零线。

（7）烙铁架

烙铁架是电烙铁必用的附属用具。它的作用是当加热的电烙铁不实行焊接时，可以用来暂时搁置，使电烙铁远离易燃的材料，保护烙铁头。烙铁架由一块铸铁底座和一根弹簧构成，如图 2-4 所示，其中弹簧用于搁置电烙铁，铸铁底座起支撑作用。烙铁架通常会带有纤维海绵用来清理烙铁头。

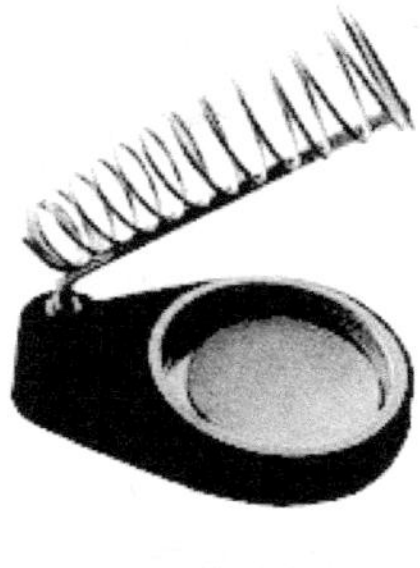

图 2-4　简易烙铁架

2. 恒温式电烙铁

恒温式电烙铁通过其内部的磁控开关来控制电烙铁的加热电路，使烙铁头保持恒温。其外形和结构如图 2-5 所示。当磁控开关的永久磁铁被加热到一定的温度时便失去磁性，使电路中的触点断开，自动切断电源，从而控制烙铁头的温度。装有不同磁传感器的烙铁头，具有不同的恒温特性。使用者只需更换烙铁头，便可在 260 ~ 450℃之间任意选定温度，最适合维修人员使用。

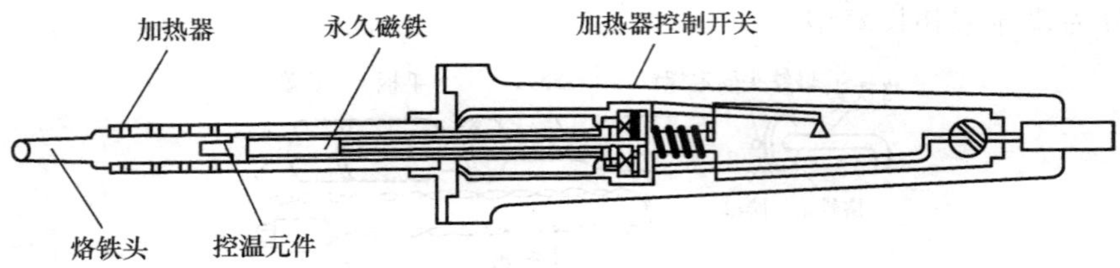

图 2-5　恒温电烙铁的结构

3. 其他焊接工具

1）尖嘴钳：尖嘴钳的主要作用是在连接点上夹持导线或元件引线，也可用来对元器件引脚加工成形。

2）斜口钳：斜口钳主要用于切断导线和剪掉元器件过长的引线。

3）镊子：镊子的主要用途是摄取微小器件，在焊接时夹持被焊件以防止其移动和帮助散热。

4）螺钉旋具：螺钉旋具俗称螺丝刀或改锥。它分为十字和一字螺钉旋具，主要用于拧动螺钉及调整元器件的可调部分。

5）小刀：小刀主要用来刮去导线和元器件引线上的绝缘物和氧化物，使之易于上锡。

6）集成电路起拔器：集成电路起拔器用于从插座上拔下双列直插封装的集成电路芯片，不同的规格对应于不同封装的芯片。

操作视频 2-1　焊接工具介绍

其他焊接工具如图 2-6 所示。

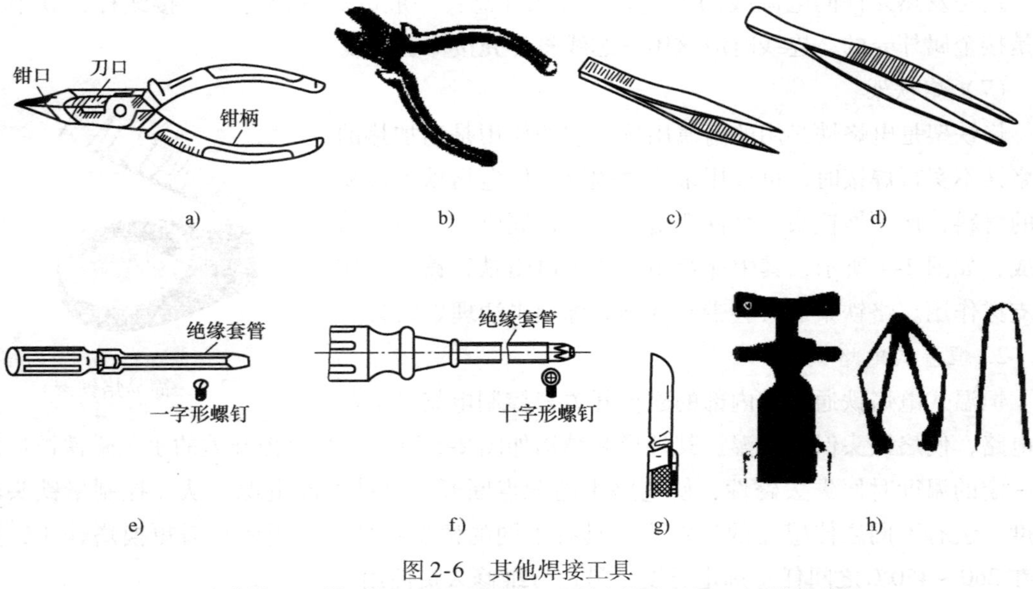

图 2-6　其他焊接工具

a）尖嘴钳　b）斜口钳　c）尖头镊子　d）圆头镊子　e）一字形螺钉旋具　f）十字形螺钉旋具　g）小刀　h）集成电路起拔器

知识拓展

◆ 烙铁头介绍

烙铁头主要由铜、镍、铁、铬等金属材料组成。铜作为主要导热体，是烙铁头的主要成分。铜导热快、性能好，有利于烙铁头迅速升温，好烙铁头都是用纯铜做的，也有的用黄铜做成，降低了成本，但是烙铁头的导热性就变差了。

1. 烙铁头的形状及选择

俗话说："工欲善其事，必先利其器"。选择正确的烙铁头尺寸和形状是保证手工焊接质量的重要条件。如果烙铁头选择不合适，或者烙铁头质量不好很难焊接出合格的电路。烙铁头重要的参数就是导热能力和热容量。烙铁头的导热能力主要取决于其材料，另外就是我们日常的使用习惯及保养。烙铁头的热容量由烙铁头的大小决定，烙铁头越大，热容量相对越大，烙铁头越小，热容量也越小。进行连续焊接时，使用越大的烙铁头，温度跌幅越少。此外，因为大烙铁头的热容量高，焊接的时候能够使用比较低的温度，烙铁头就不易氧化，增加了它的寿命，但不是烙铁头越大越好，还要根据焊接对象的形状粗细决定。一般来说，烙铁头尺寸以不影响邻近元器件，能够与焊点充分接触为准。

2. 900M 系列的烙铁头

I 型：特点是烙铁头尖端细小，如图 2-7 所示。它适合于引脚较细的元器件焊接，或者焊接空间狭小的情况，也可以修正焊接芯片时产生的锡桥。

B 型：成圆锥形，如图 2-8 所示。特点是烙铁头无方向性，整个烙铁头前端均可进行焊接。但其与焊盘的接触面积小，加锡困难。它适合一般焊接，无论焊点大小，像直插电阻、电容等。

图 2-7　I 型烙铁头

图 2-8　B 型烙铁头

C 型：成斜切圆柱形，如图 2-9 所示。特点是用烙铁头前端斜面部分进行焊接，适合需要多锡量的焊接，它适合焊接引脚粗、接触面积大、有焊盘的元器件或电路板。

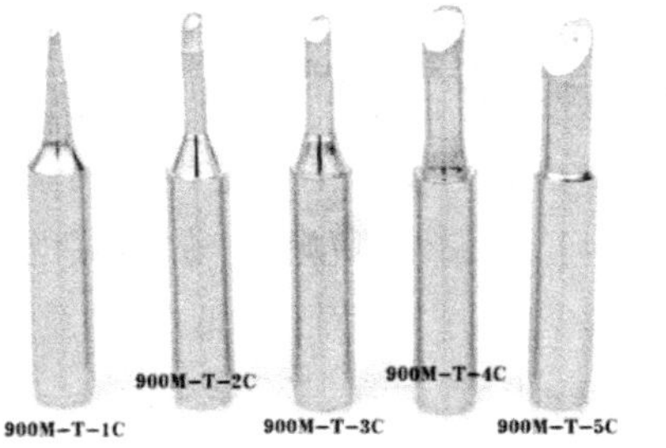

图 2-9　C 型烙铁头

0.5C、1C/CF、1.5CF 等烙铁头非常精细，适用于焊接细小元器件，或修正表面焊接时产生的锡桥、锡柱等。如果焊接只需少量焊锡的话，使用只在斜面有镀锡的 CF 型烙铁头比较适合。

2C/2CF、3C/3CF 型烙铁头，适合焊接电阻、二极管之类的元器件，齿距较大的 SOP 及 QFP 也可以使用。

4C/4CF，适用于粗大的端子、电路板上的接地，并适用于电源部分等需要较大热量的焊接场合。

D 型：一字批咀形，如图 2-10 所示，特点是用批咀部分进行焊接。它适合需要多锡量的焊接，例如焊接面积大、粗端子、焊垫大的焊接环境。

K 型：特点是使用刀形部分焊接，如图 2-11 所示，竖立式或拉焊式焊接均可，属于多用途烙铁头。适用于 SOJ、PLCC、SOP、QFP、电源、接地部分元器件，修正锡桥、连接器等焊接。

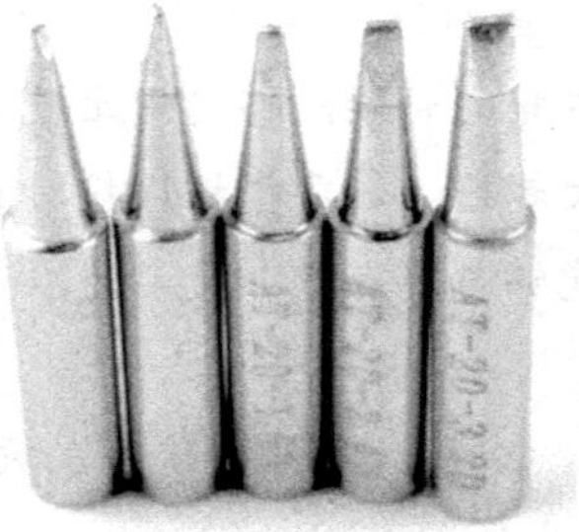

图 2-10　D 型烙铁头

图 2-11　K 型烙铁头

2.1.2　焊接材料

焊接材料是指将两种被焊物实现电气连接所需要采用的材料。焊接材料一般包括焊料、助焊剂、阻焊剂等。掌握焊接材料的性质、成分、作用原理及选用知识，是电子工艺技术中的重要内容之一，对保证产品的焊接质量具有决定性的影响。

1. 焊料

焊料按其组成成分，可分为锡铅焊料、银焊料和铜焊料。一般电子工艺装配中手工焊接所采用的焊料是锡铅焊料，也称焊锡。焊锡具有如下特点：

1）熔点低。它在 180℃时便可以熔化，使用 25W 外热式或 20W 内热式电烙铁便可进行焊接。

2）具有一定的机械强度。因锡铅合金的强度比纯锡、纯铅的强度高。又因电子元器件本身的重量较轻，对焊点的强度要求不是很高，故能满足其焊点的强度要求。

3）具有良好的导电性。因锡、铅焊料均属良导体，故其电阻很小。

4）抗腐蚀性能强。焊接好的印制电路板不必涂抹任何保护层就能抵抗大气的腐蚀，从而减少工艺流程，降低成本。

5）附着力强，不易脱落。

6）焊锡有不同的配比。

锡铅焊料是由两种以上金属按照不同比例组成的。因此，锡铅合金的性能，就要随着锡铅的配比变化而变化。在市场上出售的焊锡，由于生产厂家的不同，其配置比例有很大的差别。为能使其焊锡配比满足焊接的需要，选择配比最佳锡铅焊料是很重要的。

常见的焊锡配比如下：

① 锡 60%，铅 40%，熔点为 182℃。

② 锡 50%，铅 32%，镉 18%，熔点为 150℃。

③ 锡 35%，铅 42%，铋 23%，熔点为 150℃。

7）焊锡可以制成不同的形状。焊料的形状有圆片、带状、球状、焊锡丝等几种。常用的焊锡丝在其内部加有固体助焊剂松香。焊锡丝的直径种类很多，常用的有 4mm、3mm、2mm、1.5mm、1.2mm、1.0mm、0.8mm、0.5mm 等，一般是含锡量为 60%～65% 的锡铅合金。

2. 助焊剂

在进行焊接时，为了能使被焊物与焊料连接牢靠，就必须要求金属表面无氧化物和杂质，这样才能保证焊锡与被焊物的金属表面形成合金。因此，在焊接开始之前，必须采取各种有效措施将氧化物和杂质除去。助焊剂的作用如下：

1）除氧化膜。其实质是助焊剂中的氯化物、酸类同氧化物发生还原反应，从而除去氧化膜。反应后的生成物变成悬浮的渣，漂浮在焊料表面。

2）防止氧化。液态的焊锡及加热的焊件金属都容易与空气中的氧接触而氧化。助焊剂熔化以后，形成漂浮在焊料表面的隔离层，从而防止焊接面的氧化。

3）减小表面张力，增加焊锡的流动性，有助于焊锡浸润。

4）使焊点美观。合适的助焊剂能够整理焊点形状，保持焊点表面的光泽。

一般电子线路的焊接通常都采用松香或松香酒精助焊剂。这样可保证电路元器件不被腐蚀，电路板的绝缘性能也不会下降。松香酒精助焊剂是指用无水乙醇溶解纯松香配制成 25%～30% 的乙醇溶液。这种助焊剂的优点是没有腐蚀性，并且绝缘性能高，稳定性和耐湿性也好。表 2-1 列出了几种常用的国产助焊剂的配方、性能及用途。

表 2-1　几种国产助焊剂的配方、性能及用途

<table>
<tr><th>品种</th><th>配方（重量百分比）</th><th>焊接性</th><th>活性</th><th>适用范围</th></tr>
<tr><td>松香酒精焊剂</td><td>松香 33
无水乙醇 67</td><td>中</td><td>中性</td><td>印制板、导线焊接</td></tr>
<tr><td>盐酸二乙胺焊剂</td><td>盐酸二乙胺 4
三乙醇胺 6
松香 20
正丁醇 10
无水乙醇 60</td><td rowspan="2">好</td><td rowspan="2">有轻度腐蚀性或余渣</td><td>手工烙铁焊接
电子元器件、零部件</td></tr>
<tr><td>盐酸苯胺焊剂</td><td>盐酸苯胺 4.5
三乙醇胺 2.5
松香 23
无水乙醇 60
溴化水杨酸 10</td><td>同上，可用于搪锡</td></tr>
</table>

（续）

<table>
<tr><th>品种</th><th>配方（重量百分比）</th><th>焊接性</th><th>活性</th><th>适用范围</th></tr>
<tr><td>201 焊剂</td><td>溴化水杨酸 10
树脂 20
松香 20
无水乙醇 50</td><td rowspan="3">好</td><td rowspan="3">有轻度腐蚀性或余渣</td><td>元器件搪锡、浸焊、波峰焊</td></tr>
<tr><td>201 - 1 焊剂</td><td>溴化水杨酸 7.9
丙烯酸树脂 3.5
松香 20.5
无水乙醇 48.1</td><td>印制板涂覆</td></tr>
<tr><td>SD 焊剂</td><td>SD 6.9
溴化水杨酸 3.4
松香 12.7
无水乙醇 77</td><td>浸焊、波峰焊</td></tr>
<tr><td>氯化锌焊剂</td><td>氯化锌饱和水溶液</td><td rowspan="2">很好</td><td rowspan="2">强腐蚀性</td><td>各种金属制品、钣金件</td></tr>
<tr><td>氯化铵焊剂</td><td>乙醇 70
甘油 30
氯化铵饱和水溶液</td><td>锡焊各种黄铜零件</td></tr>
</table>

3. 阻焊剂

阻焊剂是覆盖在 PCB 上布有铜线一面的一层薄膜，起着绝缘作用。防止焊锡附着在不需要焊接的铜线上，在一定程度上也起着保护布线层的作用。阻焊剂的颜色一般为绿色。通常在 PCB 上除焊盘外所有的层面都涂阻焊剂，在焊盘上涂助焊剂。

阻焊剂就像印制电路板的“外衣”，要求其有一定的厚度和硬度，要有耐溶剂性和一定的附着力，还要求其表面颜色均匀，有光泽，表面无垃圾、无多余印记。可以说，阻焊剂的外观质量也是印制电路板质量的一个重要指标。阻焊剂一般采用丝印的方法涂覆于 PCB 上。需要经过曝光、显影、丝印、固化等工序才能完成。

工厂中常使用液态阻焊剂（俗称绿油），它有各种配方，其中采用光固化阻焊剂的配方可参考如下：

1）癸二酸改性 618 丙烯酸环氧树脂：1 份。

2）季戊四醇三丙烯酸酯：0.3 ~0.8 份。

3）二缩三乙二醇双丙烯酸酯：0.2 ~0.8 份。

4）安息香乙醚：0.06 ~0.09 份。

5）气相二氧化硅：0.06 ~0.1 份。

6）硅油：0.001 ~0.01 份。

7）苯三唑：0.005 份。

8）酞菁绿：适量。

2.1.3 拆焊工具

拆焊工具主要用于拆卸电子元器件。一般维修电器时需要使用拆焊工具来拆卸已坏元器件。尤其是大规模集成电路，更为难拆，若拆不好则容易破坏印制电路板，造成不必要的损失。常见拆焊工具有吸锡器、电动吸锡枪、热风枪、钢质空心针等。

1. 吸锡器

大部分吸锡器为活塞式，按照吸筒壁材料可分为塑料吸锡器和铝合金吸锡器。塑料吸锡器轻巧，做工一般，价格便宜，长型塑料吸锡器吸力较强。铝合金吸锡器外观漂亮，吸筒密闭性好，一般可以单手操作，更加方便。

按照是否可以电加热，可以分为普通吸锡器（见图2-12）和电热吸锡器（见图2-13）。普通吸锡器使用时需要配合电烙铁一起使用。先用电烙铁对焊点进行加热，然后再用吸锡器将焊锡吸入腔内。电热吸锡器相当于把普通吸锡器和电烙铁合成一体，它利用对焊点加热的同时，将焊锡吸入腔内，可以实现直接拆焊。部分电热吸锡器还附带烙铁头，换上后可以作为烙铁焊接用。

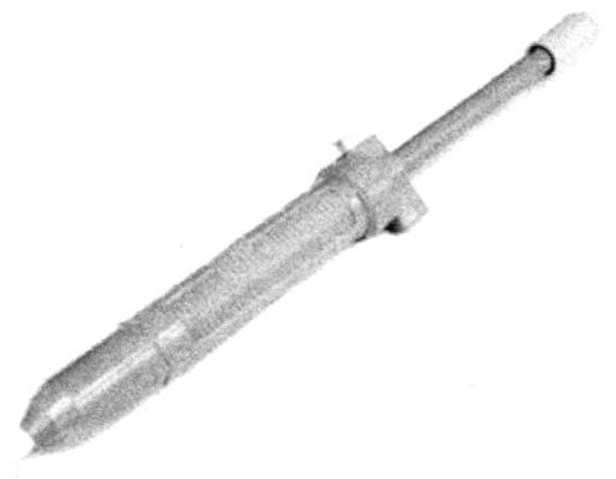

图2-12　普通吸锡器

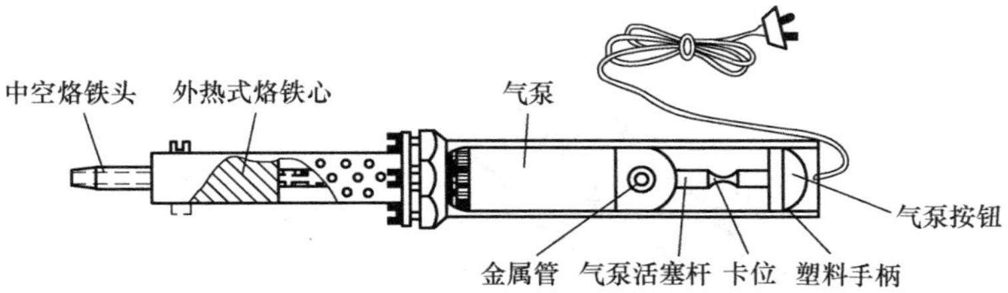

图2-13　电热吸锡器

2. 电动吸锡枪

电动吸锡枪的外观呈手枪式结构，主要由真空泵、加热器、吸锡头及容锡室组成，是集电动、电热吸锡于一体的新型除锡工具，如图2-14所示。根据元器件引脚的粗细，可选用不同规格的吸锡头。标准吸锡头内孔直径为1mm，外径为2.5mm。若元器件引脚间距较小，应选用内孔直径为0.8mm、外径为1.8mm的吸锡头。若焊点大、引脚粗，可选用内孔直径为1.5~2.0mm的吸锡头。

吸锡器在使用一段时间后必须清理，否则内部活动的部分或头部会被焊锡卡住。清理的方式随着吸锡器的不同而不同，不过大部分都是将吸锡头拆下来，再分别清理。

3. 热风枪

热风枪的工作原理是利用热风将焊锡熔化，并利用高风速将熔化的焊锡吹掉，其外观如图2-15所示。热风枪由出风泵与加热系统联动，可调节出风口温度及风速。当风速调低时，还可以用于焊接。在熔化焊锡过程中，不用接触电路板，即可用它快捷无损地摘除电路板上的各类元器件。它一般常用于贴片器件的焊接与拆焊，可以选用各类型的风嘴，以便适合于各类型元器件的拆焊。

图 2-14　电动吸锡枪

图 2-15　热风枪

4. 钢质空心针

钢质空心针采用不锈钢制作，故不粘锡。使用时将元器件引脚穿入针孔，用电烙铁加热，略做旋转，即可使元器件引脚与线路板铜箔彻底分离，达到拆焊效果，使用简单方便。一般可用大号注射用针头将针尖磨平代替。根据拆焊元器件引脚的粗细，空心针的管径有 0.8mm、1.0mm、1.2mm、1.4mm、1.6mm、1.8mm、2.0mm 等规格。钢质空心针的外观如图 2-16 所示。

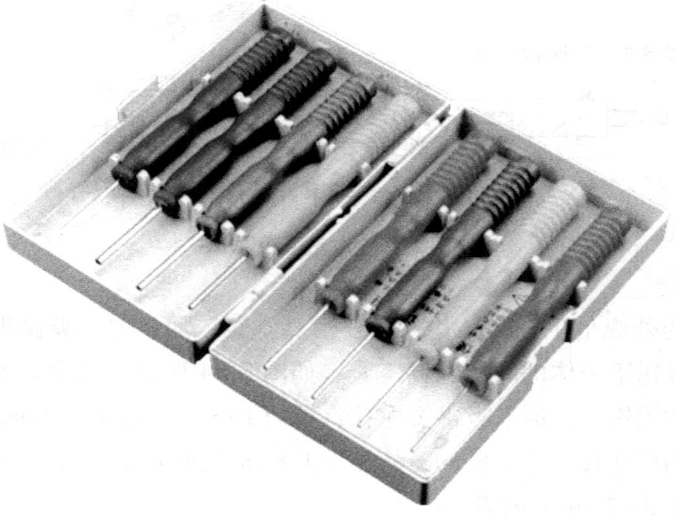

图 2-16　钢质空心针

2.1.4　任务小结

1. 任务工作单的填写

【填写要求】

回顾本任务所介绍的主要内容，检查学习效果。请认真完成任务工作单 2-1（见附录 A）各项内容的填写。其中，学生自评分为优、良、中、差四个等级。填写完毕后请交指导老师评定签字，作为期末成绩评定参考的依据。

2. 巩固提高

1）根据不同电烙铁的结构与功能，焊接时应该如何选用电烙铁？

2）内热式和外热式电烙铁有什么区别？各有什么优缺点？

3）总结焊料的种类和选用原则。

4）为什么要使用焊剂？

5）怎样判断电烙铁的好坏？

任务 2.2　焊接工艺实践

在电子装配中，焊接是一种重要的连接方法，是一项重要的基础工艺，也是一种基本的操作技能。在电子产品的实验、调试、生产等过程中的每个阶段都要考虑和处理与焊接有关的问题。焊接质量的好坏将直接影响到产品的质量。因此练习好焊接操作技能，掌握焊接工艺是非常必要的。

2.2.1　焊接前准备

1. 电烙铁的合理选用

如果有条件，选用恒温式电烙铁是比较理想的。对于一般科研、生产，可以根据不同施焊对象选择不同功率的普通电烙铁，就能够满足需要。表 2-2 提供了选择电烙铁的依据，可供参考。

表 2-2　选择电烙铁的依据

焊接对象及工作性质	烙铁头温度（室温、220V 电压）	选用电烙铁
一般印制电路板、安装导线	300 ~ 400℃	20W 内热式、30W 外热式、恒温式
集成电路	300 ~ 400℃	20W 内热式、恒温式
焊片、电位器、2 ~ 8W 电阻、大电解电容器、大功率管	350 ~ 450℃	35 ~ 50W 内热式、恒温式 50 ~ 75W 外热式
8W 以上大电阻、ϕ2mm 以上导线	400 ~ 550℃	100W 内热式、150 ~ 200W 外热式
汇流排、金属板等	500 ~ 630℃	300W 外热式
维修、调试一般电子产品		20W 内热式、恒温式、感应式、储能式、两用式

烙铁头温度的高低，可以用热电偶或表面温度计测量，也可以根据助焊剂的发烟状态粗略地估计出来。如图 2-17 所示，温度越低，冒烟越小，持续时间越长；温度高则与此相反。当然，对比的前提是在烙铁头上滴了等量的焊剂。

实际工作中，要根据情况灵活应用。不要以为，电烙铁功率小就不会烫坏元器件。假如用一个小功率电烙铁焊接大功率二极管，因为电烙铁的功率较小，烙铁头同器件接触后不能供上足够的热量，焊点达不到焊接温度，不得不延长烙铁头的停留时间。这样，热量将传到整个二极管上，并使管芯温度可能达到损坏二极管的程度。相反，用较大功率的电烙铁，则能很快使焊点局部达到焊接温度，不会使整个元器件承受长时间的高温，因此不容易损害元器件。

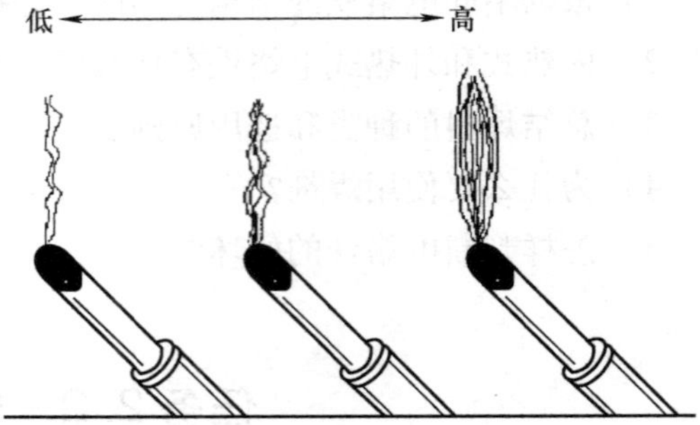

图 2-17 观察法估计电烙铁温度

2. 烙铁头的修整和镀锡

按照规定，烙铁头应该经过渗镀铁合金，使它具有较强的耐高温氧化性能，但目前市面销售的烙铁头大多只是在纯铜表面镀了一层锌合金。镀锌层虽然也有一定的保护作用，但在经过一段时间的使用以后，由于高温及助焊剂的作用（松香助焊剂在常温时为中性，在高温时呈弱酸性），烙铁头往往出现氧化层，使表面凹凸不平，导热效果差，这时就需要修整。一般是将烙铁头拿下来，夹到台虎钳上用粗锉刀修整成自己需要的形状，然后再用细锉刀修平，最后用细砂纸打磨光。有经验的技术人员在焊接密集的小焊点时，如果烙铁头太粗，还要用榔头把它锻打到合适的粗细后再做修整。

修整过的烙铁头应该立即镀锡。方法是将烙铁头装好后，在松香水中浸一下，然后接通电烙铁的电源。待电烙铁热后，在木板上放些松香并放一段焊锡，烙铁头沾上锡，在松香中来回摩擦，直到整个烙铁头的修整面均匀镀上一层焊锡为止。也可以在烙铁头沾上锡后，在湿布上摩擦；再沾锡，反复擦。

操作视频 2-2 电烙铁的修整与镀锡

应该记住，对于新的电烙铁，在通电以前，一定要先浸松香水，否则烙铁头表面会生成难以镀锡的氧化层；或是按照旧电烙铁的方法，对烙铁头进行镀锡。

3. 元器件引线及导线端头的镀锡

在焊接装配之前，要对元器件引线或导线的焊接部位预先用焊锡润湿，一般也称为上锡。镀锡对手工焊接特别是进行电路维修和调试时是必不可少的。给元器件引线镀锡的方法如图 2-18 所示。在对元器件引线进行上锡前，要先对其进行表面清洁处理，去除焊接面上的锈迹、油污等影响焊接质量的杂质。手工操作中常用机械刮磨和用酒精擦洗等简单易行的方法。一般新出厂的元器件在其引线上都做有镀锡处理，因此新买来的元器件在焊接之前可以省略上锡。但随着存放时间的加长，元器件的引线会出现氧化，这时焊接前就必须先对其进行镀锡。

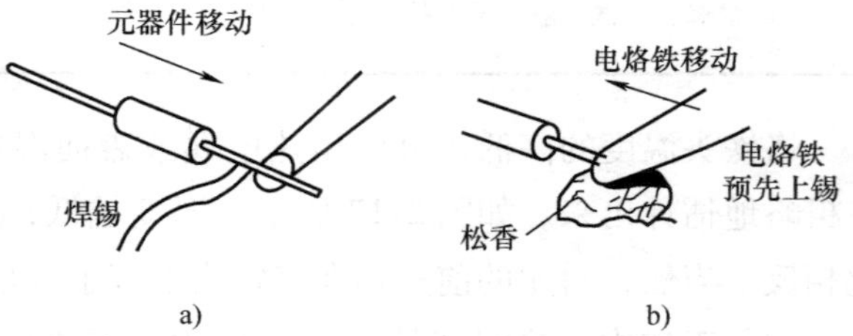

图 2-18 给元器件引线镀锡

导线端头在焊接前也必须进行镀

锡，它所涉及的工序有：剪裁、剥头、捻头（多股芯线）、上锡，如图2-19所示。此操作对于任何导线在焊接前都必须先进行。经捻头后导线应及时上锡，以免裸露线头在空气中暴露时间过长而发生表面氧化。通常镀锡前要将导线浸松香水，有时也放在有松香的木板上用电烙铁给导线上一层焊剂，同时也镀上焊锡。要注意，上锡过程中，上锡层与绝缘层之间应留有1~3mm的空隙，如图2-20所示，不能触到绝缘层端头，如绝缘层沾锡或过热，会使绝缘层熔化卷起。

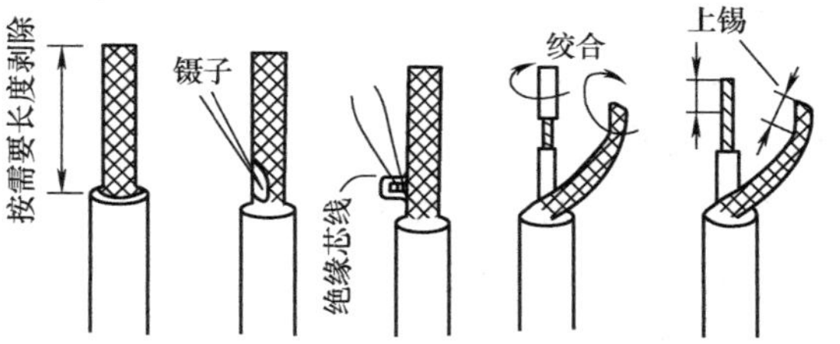

图2-19　绝缘导线加工工序

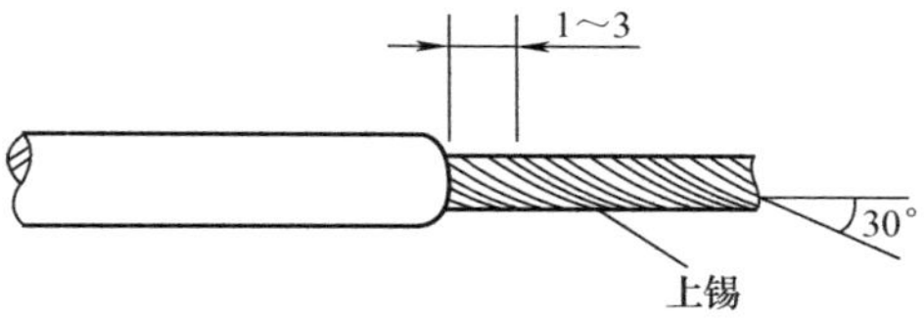

图2-20　给导线端头上锡

操作视频2-3　元器件引线和导线端头的镀锡

知识拓展

◆ 烙铁头保养

手工焊接的焊接工艺质量，很大的原因是由烙铁头质量及平时对烙铁头的维护保养来决定的，所以烙铁头的维护保养对于手工焊接就变得比较重要。一个好的烙铁头如果保养不好很快就会变得不好使用了。烙铁头保养维护的主要任务是防止其在空气中氧化，因为烙铁头一旦被氧化，电烙铁发热元件的热量就难以传递到烙铁头的焊接部位，使得焊锡很难熔化或熔化不充分，焊点的质量就无法保证。

新烙铁在初次使用的时候，先将烙铁头加热到一定的温度，大概250℃左右，在烙铁头的焊接部位充分涂上一层焊锡，然后在清洁的湿海绵上擦拭干净。再将烙铁头温度加热到300℃左右，在烙铁头的焊接部位再充分涂一层焊锡，然后在清洁的湿海绵上擦拭干净。这样在烙铁头的焊接部位就涂上了一层焊锡保护层，以防止空气对烙铁头的氧化。

旧烙铁在使用的时候都要先在烙铁头的焊接部位充分涂一层焊锡，然后在清洁的湿海绵上擦拭干净，再进行焊接操作。

电烙铁在使用完成后，或者长时间不使用，都要将烙铁头擦拭干净，然后在烙铁头的焊接部位充分涂一层焊锡，然后关掉电源。在将电烙铁放置到烙铁架上的时候应该让烙铁头接触烙铁架的铁环，这样可加速烙铁头散热，防止氧化。

如果烙铁头氧化变黑，程度轻的可以用湿海绵进行擦拭，注意海绵的含水量应适宜，不可过干或过湿，以轻轻挤压有两三滴水为宜；海绵过干时应及时加水。程度比较严重的可以通过松香加焊锡进行清洗。方法是在烙铁架托盘中滴入少量的松香，并在其中熔化一个小锡球，然后把加热的电烙铁挂着锡球在松香中来回拖动，直到锡球能够粘上烙铁头为止。

电烙铁使用过程中的注意事项：

1）根据焊接对象的形状、粗细选择合适的电烙铁温度及烙铁头形状。

2）焊接过程不得施加过大的压力。

3）电烙铁不使用或长时间不用应及时关闭电源。

4）电烙铁使用过程中要注意安全，避免烫伤及触电事故。

5）更换烙铁头或其他配件时，必须关电源，拔掉插头，待烙铁头冷却到室温后再进行。

6）烙铁头不得用锉刀锉或粗的砂纸进行磨削。

7）不得使用电烙铁进行焊接以外的工作，如敲击、撬、钻等。

2.2.2 焊接工艺

1. 手工焊接技术

使用电烙铁进行手工焊接，掌握起来并不困难，但是要有一定的技术要领。没有经过相当时间的焊接实践和用心体验、领会，就不能掌握焊接的技术要领。只有充分了解焊接原理再加上用心的实践，才有可能在较短的时间内学会焊接的基本技能。下面介绍一些具体方法和注意要点。

（1）焊接操作的正确姿势

掌握正确的操作姿势，可以保证操作者的身心健康，减轻劳动伤害。为减少焊剂加热时挥发出的化学物质对人的伤害，减少有害气体的吸入量，一般情况下，电烙铁到鼻子的距离应不少于20cm，通常以30cm为宜。

电烙铁有三种握法，如图2-21所示。反握法的动作稳定，长时间操作不易疲劳，适于大功率电烙铁的操作。正握法适于中功率电烙铁或带弯头电烙铁的操作。一般在操作台上焊接印制板等焊件时，多采用握笔法。

焊锡丝一般有两种拿法，如图2-22所示。由于焊锡丝中含有一定比例的铅，而铅是对人体有害的一种重金属，因此操作时应该戴手套或在操作后洗手，避免食入铅尘。

电烙铁使用以后，一定要妥稳地放在烙铁架上。注意导线等物不要碰到烙铁头，以免烫伤导线，造成漏电等事故。在不用电烙铁的时候，要及时把电烙铁插头拔掉，不宜长时间通电，以致烧坏烙铁头，使电烙铁不好用。

（2）焊接操作的基本步骤

掌握好电烙铁的温度和焊接时间，选择恰当的烙铁头和焊点的接触位置，才可能得到良好的焊点。正确的焊接操作过程可以分成五个步骤，如图2-23所示。

a)　　b)　　c)

图2-21　电烙铁的三种握法
a）反握法　b）正握法　c）握笔法

a)　　b)

图2-22　焊锡丝的拿法
a）连续锡焊时　b）断续锡焊时

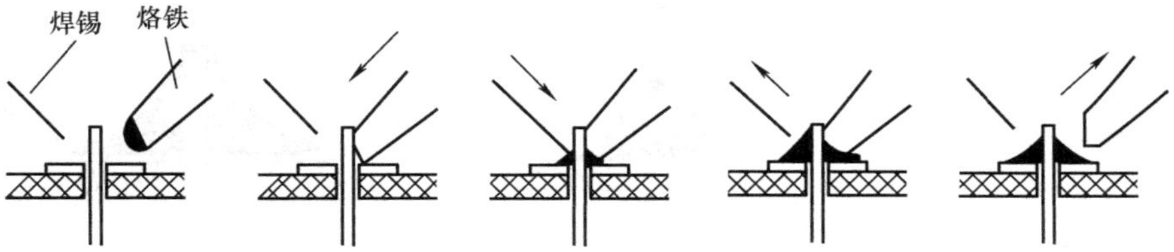

a)　　b)　　c)　　d)　　e)

图2-23　焊接五步操作法
a）准备　b）加热　c）加焊锡　d）去焊锡　e）去电烙铁

① 准备施焊：左手拿焊锡丝，右手握电烙铁，进入备焊状态。要求烙铁头保持干净，无焊渣等氧化物，并在表面镀有一层焊锡。

② 加热焊件：烙铁头靠在两焊件的连接处，加热整个焊件，时间为1～2s。对于在印制板上焊接元器件来说，要注意使烙铁头同时接触焊盘和元器件的引线。

③ 送入焊锡丝：焊件的焊接面被加热到一定温度时，焊锡丝从电烙铁对面接触焊件，焊料开始熔化并润湿焊点。注意，此操作不是把焊锡丝送到烙铁头上。

④ 移开焊锡丝：当焊锡丝熔化到一定量后，立即撤离焊锡丝。

⑤ 移开电烙铁：焊锡浸润焊盘和焊件的施焊部位以后，向右上大致45°方向迅速移开电烙铁，结束焊接。

上述过程对一般焊点而言为2～3s。对于热容量较小的焊点，例如印制电路板上较细导线的连接，可以简化为三步操作：即将上述步骤②、③合为一步，④、⑤合为一步。实际上细微区分还是五步，所以五步法有普遍性，是掌握手工烙铁焊接的基本方法。特别是各步骤之间停留的时间，对保证焊接质量至关重要，只有通过实践才能逐步掌握。

（3）手工焊接要点和注意事项

在保证得到优质焊点的目标下，具体的焊接操作手法可以因人而异，但总体来说必须注意以下几点：

1）焊接操作要规范。

2）焊剂、焊料要应用适度。

3）元器件引线、焊盘、烙铁头要保持干净。

4）焊点凝固前不要移动。

5）焊接时间要控制恰当。

操作视频2-4　焊接操作介绍

6）烙铁头的温度合适。

7）采用正确的加热方法。

2. 焊点质量检查

焊接后一般均要进行质量检查。由于焊接检查与其他生产工序不同，没有一种机械化、自动化的检查测量方法，因此主要通过目视检查和手触检查来发现问题。一个标准的焊点外形如图 2-24 所示。

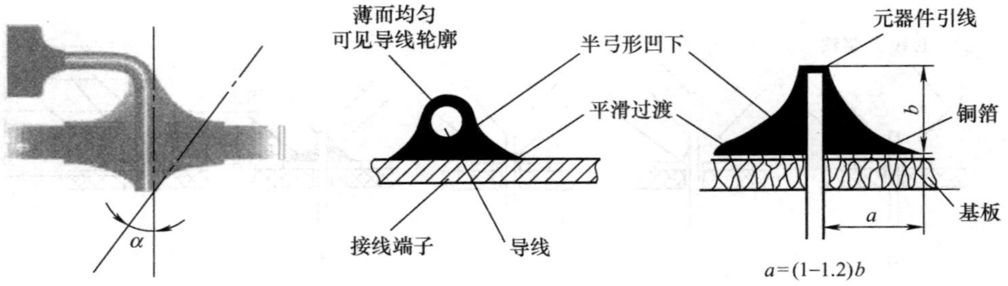

图 2-24　标准焊点的外形

（1）目视检查

目视检查就是从外观上检查焊接质量是否合格，目视检查的主要内容有：

1）是否有漏焊，即应焊的焊点是否焊上。

2）焊点的光泽是否良好。

3）焊点的焊料是否足够。

4）焊点周围是否残留助焊剂。

5）有无连焊、桥焊，即焊接时把不应连接的焊点或铜箔导线连接在一起。

6）焊盘有无脱落。

7）焊点有无裂纹。

8）焊点是否光滑，应无凹凸不平现象。

9）焊点有无拉尖现象。

（2）手触检查

手触检查主要是手指触摸元器件时，有无松动、焊接不牢的现象。用镊子夹住元器件引脚轻轻拉动时，有无松动现象。焊点在摇动时，上面的焊锡是否有脱落现象。

（3）焊点特征

一个优良的焊点必须具备以下特征：

1）良好的导电性能。

2）良好的力学性能。

3）有良好的外观，表面光亮无毛刺。

4）焊锡量适当，呈现凹圆锥形。

（4）常见焊点缺陷（俗称虚焊）分析

造成焊接缺陷的原因很多，在材料（焊料与焊剂）与工具（电烙铁、夹具）一定的情况下，采用什么样的方式方法以及操作者是否有责任心，就是决定性的因素了。常见的虚焊及分析如图2-25所示。

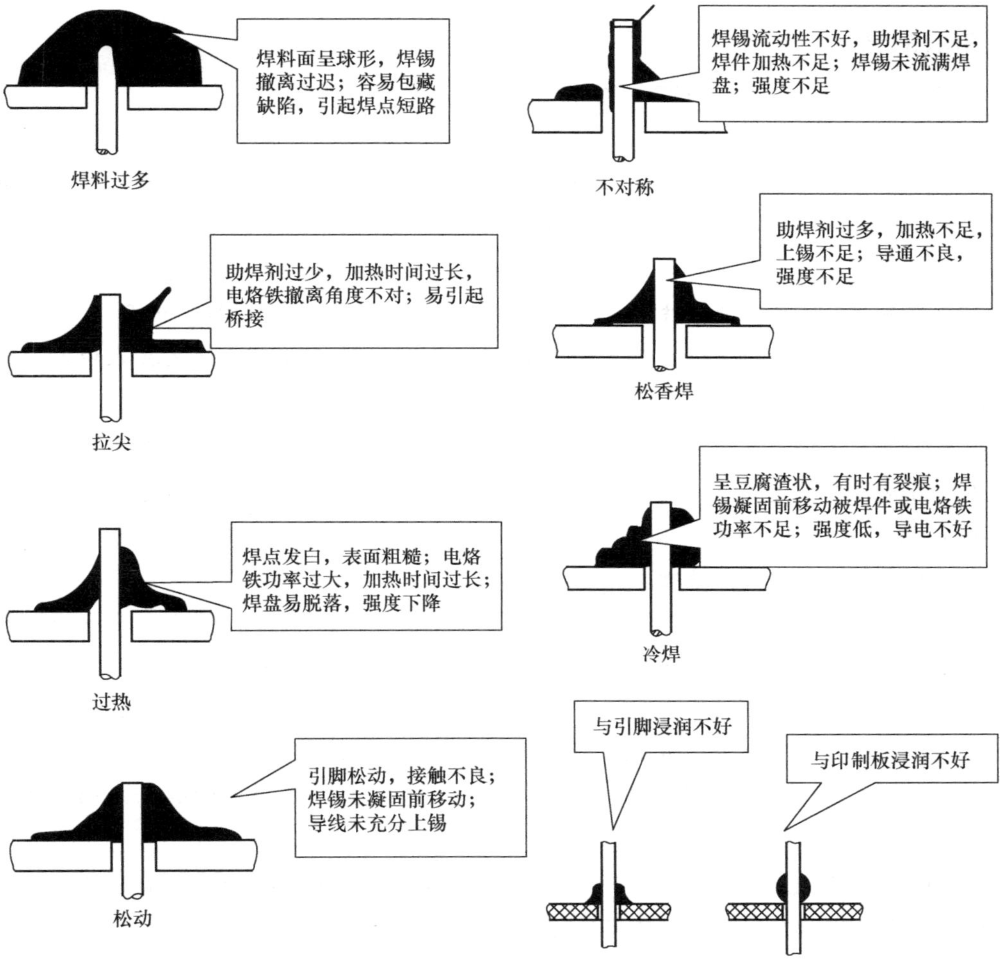

图2-25　常见焊点缺陷及分析

3. 印制电路板的焊接工艺

1）在焊接之前首先要检查印制电路板。用万用表查看其有无短路、断路、孔金属化不良等现象。熟悉所焊印制电路板的装配图，确认印制电路板上所需的元器件型号、规格及数量是否符合图样要求，并做好焊前准备工作（成形、上锡）。

2）焊接时，一般应先焊较低的元器件，后焊较高的和焊接要求比较高的元器件，顺序通常为：电阻器、电容器、二极管、晶体管、集成电路、大功率管，即先小后大的原则。

3）对元器件的焊接要求是，元器件排列整齐，同类元器件要保持高度一致，晶体管的装焊一般在其他元器件焊好后进行，特别注意，每个管子的焊接时间不要超过6s。

4）焊接集成电路时先焊边沿的两只引脚，以使其定位，然后再从左到右自上而下逐个焊接，烙铁头接触引脚不宜超过3s。

5）焊接后将印制板表面多余引脚齐根剪去。

知识拓展

◆ 焊接工艺标准（引自 IPC -A-610D）

焊接基本概念及术语

锡焊：它的原理是通过加热的电烙铁将固态焊锡丝加热熔化，再借助于助焊剂的作用，使其流入被焊金属之间，待冷却后形成牢固可靠的焊接点。

主面：总设计图上规定的一个封装互连结构（印制电路板）面（通常为最复杂、元器件最多的一面。在通孔插装技术中有时称作“元器件面”或“焊接终止面”）。

辅面：与主面相对的封装互连结构（印制电路板）面（在通孔插装技术中有时称作“焊接面”或“焊接起始面”）。

润湿：润湿过程是指已经熔化了的焊料借助毛细管力沿着母材金属表面细微的凹凸和结晶的间隙向四周漫流，从而在被焊母材表面形成附着层，使焊料与母材金属的原子相互接近，达到原子引力起作用的距离。引起润湿的环境条件：被焊母材的表面必须是清洁的，不能有氧化物或污染物。

冷焊连接：一种呈现很差的润湿性、表面出现暗灰色、疏松的焊点（这种现象是由于杂质过多，焊接前清洁不充分及/或焊接过程中热量不足而导致的）。

助焊剂化学活性：要达到一个好的焊点，被焊物必须要有一个完全无氧化层的表面，但金属一旦暴露于空气中会生成氧化层，这种氧化层无法用传统溶剂清洗，此时必须依赖助焊剂与氧化层起化学作用，当助焊剂清除氧化层之后，干净的被焊物表面，才可与焊锡结合。

IPC-A-610D 外观检验标准（详细标准内容见 IPC-A-610D）：IPC-A-610D 文件规定三个级别的产品验收标准。检验者使用的文件中必须事先规定所适用的验收级别。接受/拒收的决定必须以与之相关的文件为依据，如合同、图样、技术规范、标准和参考文件。本文规定的条件分为三个级别，分别是：

1 级——通用类电子产品：包括那些以完整组件功能为主要要求的产品。

2 级——专用服务类电子产品：包括持续性表现及长使用寿命要求的产品；但保持不间断的工作是希望达到的而不是关键性的。一般其最终应用环境不会导致产品故障。

3 级——高性能电子产品：包括以持续性优良表现或严格按指令运行为关键的产品。这类产品的服务间断是不可接受的，且最终产品使用环境异常苛刻；产品在要求时必须能够操作，例如救生设备或其他关键系统。

焊点的总体要求如下：

1）锡点要圆满、光滑、无针孔、无松香渍，与焊接部件有良好润湿。

IPC——国际电子工业联接协会。

2）锡将整个上锡位及零件脚包围，引脚的轮廓容易分辨。

3）焊接部件的焊点有顺畅连接的边缘。

4）表层形状呈凹面状。焊接的润湿角度（焊锡与元器件或焊锡与焊盘间）不超过90°。

不标准锡点：

虚焊：看似焊住其实没有焊住，主要有焊盘和引脚脏污或助焊剂和加热时间不够。

短路：有脚零件在脚与脚之间被多余的焊锡所连接短路，另一种现象则因检验人员使用操作不当而导致脚与脚碰触短路，也包括残余锡渣使脚与脚短路。

偏位：由于器件在焊前定位不准，或在焊接时造成失误导致引脚不在规定的焊盘区域内。

少锡：是指锡点太薄，不能将零件铜皮充分覆盖，影响连接固定作用。

多锡：零件脚完全被锡覆盖，及形成外弧形，使零件外形及焊盘位不能见到，不能确定零件及焊盘是否上锡良好。

2.2.3　手工拆焊技术

1. 吸锡器的使用

普通吸锡器的使用方法比较简单，一般遵循以下四个步骤：

1）先把吸锡器活塞向下压至卡住。

2）用电烙铁加热焊点至焊料熔化。

3）移开电烙铁的同时，迅速把吸锡器嘴贴上焊点，并按动吸锡器按钮，如图2-26所示。

4）一次吸不干净，可重复操作多次。

若采用的是电热吸锡器，其使用方法与普通吸锡器类似，只是少了一把电烙铁。可以在熔化焊点的同时，按动吸锡器按钮，达到吸锡效果。

2. 拆焊操作技巧

（1）少引脚元器件的拆焊方法

一般电阻、电容、二极管、晶体管等元器件的管脚不多，对这些元器件可直接用电烙铁进行拆焊，不需要使用吸锡器，如图2-27所示。

图2-26　吸锡器的使用

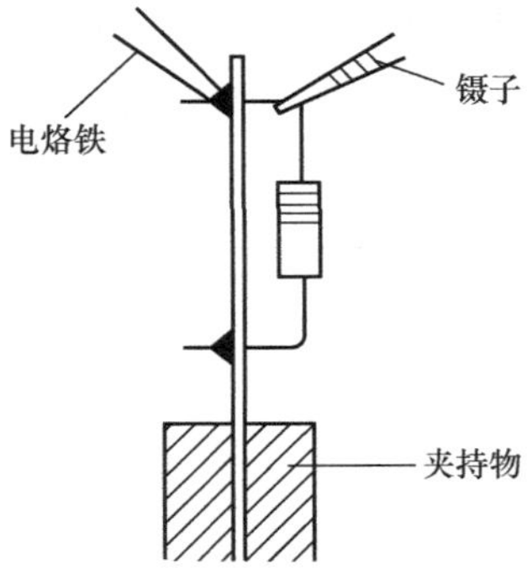

图2-27　少引脚元器件的拆焊方法

拆焊时，将印制电路板竖起来夹住。一边用电烙铁加热待拆元器件的一个焊点，一边用镊子或尖嘴钳夹住元器件的引脚，待焊点熔化后将元器件引脚轻轻地拉出。用同样的方法，将元器件的另一个引脚也拔除，该元器件就被从电路板上拆下来。将元器件拆除后，必须将该元器件原来焊盘上的焊锡清理干净，使焊盘孔暴露出来，以便再安装元器件时使用。在需要多次在一个焊点上反复进行拆焊操作的情况下，可用图 2-28 所示的“断线拆焊法”以保护焊盘。

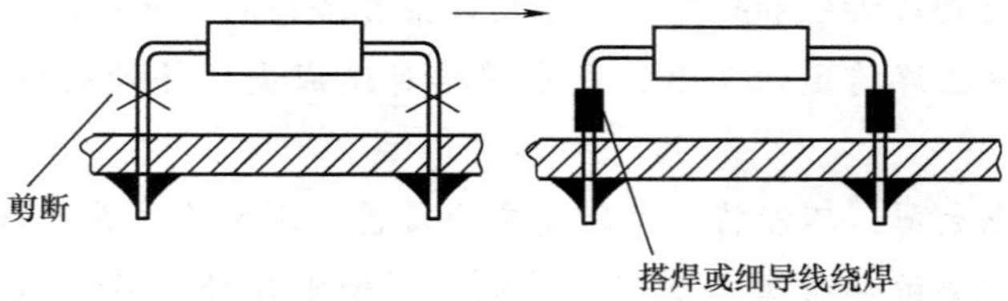

图 2-28 用断线拆焊法更换元器件

（2）多引脚元器件的拆焊方法

当需要拆下有多个引脚的元器件或元器件的引脚数少但引脚比较硬时，例如要拆一个 16 脚的集成电路，用上述方法就不行了。这时需要采用吸锡器拆焊。吸锡器对拆焊是很有用的，既可以拆下待换的元器件，又可以同时使焊孔暴露出来，而且不受元器件形状和种类的限制。但这种方法须逐个将焊点除锡，工作效率不高，而且还需要定期将吸入吸锡腔内的焊锡清除。

在没有吸锡器的条件下，可以采用“拖网拆焊法”进行拆焊。其方法为利用屏蔽电缆的铜丝编织网作为吸收焊锡的拖网。将其前端涂上松香，放在将要拆焊的焊点上，再用电烙铁加热焊点，使焊盘上的焊锡都吸到铜丝网上。在加热的过程中，将导线顺着焊点拖动，再将已吸满焊锡的那段铜丝网剪下。反复运用拖网吸锡的方法将多引脚元器件的焊盘孔全部露出来，就可以很容易地将多引脚元器件从板上拆下来。

如果有条件的话用电动吸锡枪或热风枪进行拆焊也可以。用钢质空心针拆焊多引脚元器件也是一个低廉方便的选择。

3. 拆焊操作原则

在进行拆焊操作时，必须遵循以下原则：

1）拆焊时不能损坏需拆除的元器件及导线。

2）拆焊时不能损坏焊盘和印制板上的铜箔。

3）在拆焊过程中不要乱拆和移动其他元器件。若确实需要移动其他元器件，在拆焊结束后应做好移动元器件的复原工作。

操作视频 2-5 元器件拆焊工艺

2.2.4 焊接工艺训练

1. 训练目的

1）掌握电烙铁的使用方法。

2）能正确对烙铁头进行修整和镀锡。

3）能焊出高质量的焊点，并能对焊点质量好坏进行判断。

4）能对导线端头进行正确的上锡。

5）掌握吸锡器的使用方法。

2. 训练内容与步骤

（1）检查电烙铁是否完好

观察所领的电烙铁外观是否完好，电源线是否被烫坏，是否有铜线裸露出来。用万用表检查其烙铁心（加热元件）是否正常，测量其未通电时的电阻值（可用万用表的电阻档测量电烙铁电源线插头两脚之间的阻值），若电阻值在几百欧至几千欧为正常（根据电烙铁功率大小而不同）。

（2）对烙铁头进行修整和镀锡

观察烙铁头是否符合焊接要求。若其表面发黑或凹凸不平，可以按照前面所介绍方法，用锉刀或砂纸进行打磨。对修整好的烙铁头要及时进行镀锡。将电烙铁接上电源，在其发热的同时用烙铁头蘸松香，然后在其上面放少许焊锡，使烙铁头在松香中来回摩擦，直到整个烙铁头的修整面均匀镀上一层焊锡为止。

（3）在万能板的焊盘上进行焊接训练

使用修整镀锡好的电烙铁在万能板上进行焊接训练。焊接效果如图 2-29 所示。在焊接的同时，注意把握焊接时间的长短，也可以尝试焊接时间长短对焊点质量的影响；观察所焊焊点的外观，判断其质量是否符合标准要求。

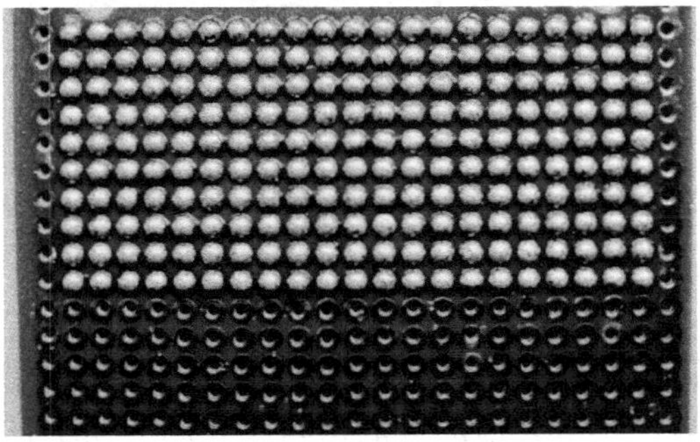

图 2-29　万能板上焊接训练效果图

操作视频 2-6　焊接单点和连线

（4）按尺寸裁剪导线，并对其端头进行上锡

裁剪 3 段导线，其尺寸为 2cm、3cm、4cm；将各段导线的端头进行剥头、捻头、上锡（注意上锡时焊料不要过多）。按照前面所介绍的方法给导线端头进行镀锡。

（5）将准备好的导线焊接在万能板上的指定位置

按照图 2-30 所示，将上述准备好的各段导线焊接在万能板上相应的位置。注意焊接工艺和焊点质量，各焊点质量如图 2-31 所示。

操作视频 2-7　导线的焊接

（6）对废旧电路板上的元器件进行拆焊

使用吸锡器练习对废旧电路板上的元器件进行拆焊。对于少引脚的器件可以直接进行拆焊，多引脚器件则需用吸锡器进行拆焊。拆焊过程中注意练习电烙铁与吸锡器之间的配合，并需保证焊盘和器件引脚的完好性。

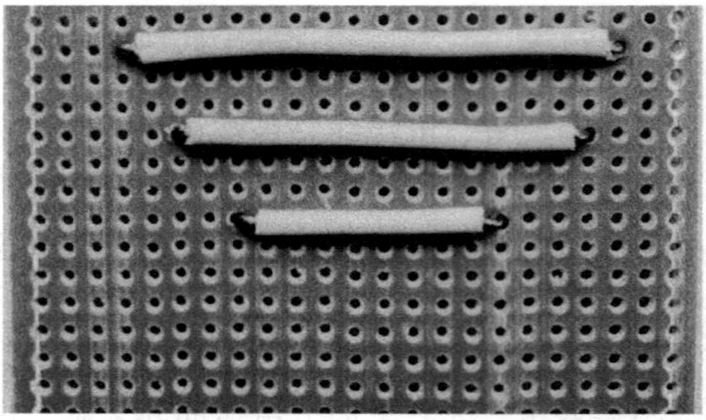

图 2-30　导线焊接的相对位置

图 2-31　焊点质量效果图

2.2.5　任务小结

1. 任务工作单的填写

【填写要求】

回顾本任务所训练的主要内容，检查学习效果。将训练的整个过程总结记录在任务工作单 2-2 中（见附录 A）。请认真完成任务工作单各项内容的填写。其中，学生自评分为优、良、中、差四个等级，填写完毕后请交指导老师评定签字，作为期末成绩评定参考的依据。

2. 巩固提高

1）如果现在有一把大功率电烙铁，你有什么办法将其使用在焊接热容量小的焊点上？

2）导线与注塑元件焊接时要注意什么问题？

3）导线在铝板上焊接时要采取什么方法？

4）请通过焊接实践进行体验：焊接 1/8W 电阻、7805 三端稳压器、万用表笔线的香蕉插头；用 $\phi1$ 铁丝焊接一个边长 1.5cm 的正立方体；用 $\phi4$ 镀锌铁丝焊一个金字塔，边长 5cm；发挥你的想象力和创造力，用铁丝焊接一个实物的立体造型。

5）总结焊接温度与加热时间如何掌握。时间不足或过量加热会造成什么有害后果？

项 目3

红外遥控器的装配

项目要求

本项目通过对红外遥控器实物的装配，要求学生初步掌握对各类常见电子元器件的识别，掌握其常用检测方法；了解印制电路板的制作工艺；初步掌握电子产品的装配工艺；能自己动手安装一个红外遥控器，并对其进行性能调试。

【知识要求】

(1) 了解红外遥控器的基本原理。

(2) 掌握常见元器件的识别与检测。

(3) 熟悉印制电路板的手工制作工艺。

(4) 掌握电子元器件的装配方法。

(5) 掌握对红外遥控器的安装与调试。

(6) 了解印制电路板的大规模生产工艺。

【能力要求】

(1) 能读懂红外遥控器原理图。

(2) 能判断、识别常见电子元器件的种类，能正确说出常见电子元器件的名称。

(3) 会利用万用表对常见电子元器件进行正确测量，并对其质量做出评价。

(4) 能说出印制电路板的制作工艺。

(5) 熟练使用装配工具，能按照工艺要求对电子产品进行装配。

(6) 能对红外遥控器进行性能调试。

【学习方法】

(1) 装配前认真阅读本教程，了解相关装配知识。

(2) 通过实际的装配训练，掌握电子装配工艺。

(3) 勤于思考，拓展装配知识。

任务3.1 基本原理认知

通过本任务的学习，了解红外遥控器的基本原理，为后面的性能调试奠定理论基础。掌握电路基本原理，读懂电路图是从事电子产品装配和调试工作的重要技能。

3.1.1 基本原理介绍

本项目装配的红外遥控器分为两部分电路：红外发射系统和红外接收系统。系统工作过程如下：

1. 红外遥控器原理框图

红外发射/接收系统原理框图如图3-1所示。

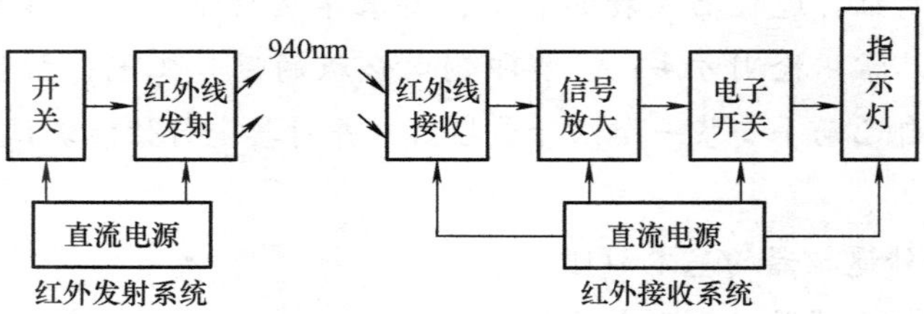

图3-1 红外遥控器原理框图

在红外发射系统中，通过开关级控制红外线发射级，把电信号转换为光信号，产生波长为940nm的红外线，以光的形式向空间发射和传送。该系统由直流电源供电。从原理框图3-1可以清楚地看出，该框由三级组成：开关级、红外线发射级和直流电源。

在红外接收系统中，通过红外线接收电路把接收到的940nm波长的光信号转换为电信号。这个信号是微弱的，经信号放大级放大后控制电子开关级，驱动指示灯亮。该系统由直流电源供电。从原理框图3-1可以清楚地看出，该框由五级组成：红外线接收级、信号放大级、电子开关级、指示灯和直流电源。

2. 红外发射系统电路

红外发射系统中，各级单元电路和组成这些单元电路的“点”（元器件）如图3-2所示。

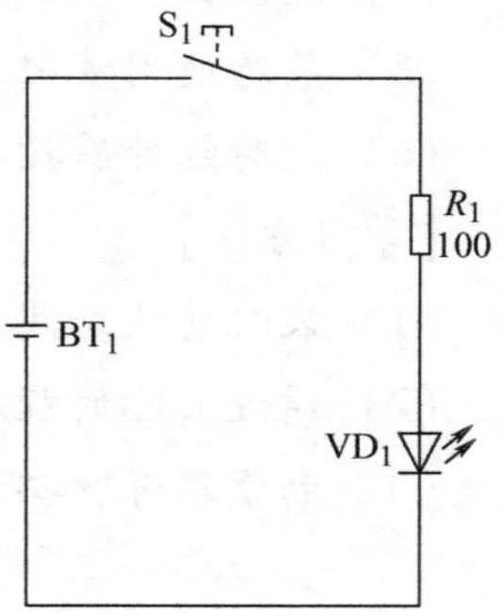

图3-2 红外发射电路原理图

该电路由三部分电路组成：发射控制开关S_1；红外线发射电路由R_1、VD_1（发光二极管在本书中用VD表示）组成；直流电源由电池BT_1组成。

工作原理：当按钮S_1按下时，电路中形成回路，红外发射管VD_1正偏导通，形成较大的正向电流，此时红外发射管VD_1发射出波长为940nm的红外光；当按钮S_1松开时，电路回路断开，VD_1截止，没有红外光发射。

其中R_1起到限流作用。一般红外发射管的静态发射电流可达50mA，动态峰值可以更高一些，工作时，两端电压降为1.3V，若采用电池电压为3V，则可算出R_1电阻取值为34Ω。一般为了保护红外发射管，将R_1取大一些，可取50～200Ω。根据红外发射距离的需要，发射距离越远，发射功率需越大，电阻取值则需越小；反之，则电阻取值应大一点。本实验中，R_1取值为100Ω。

3. 红外接收系统电路

红外接收系统中，各级单元电路和组成这些单元电路的“点”（元器件）如图3-3所示。

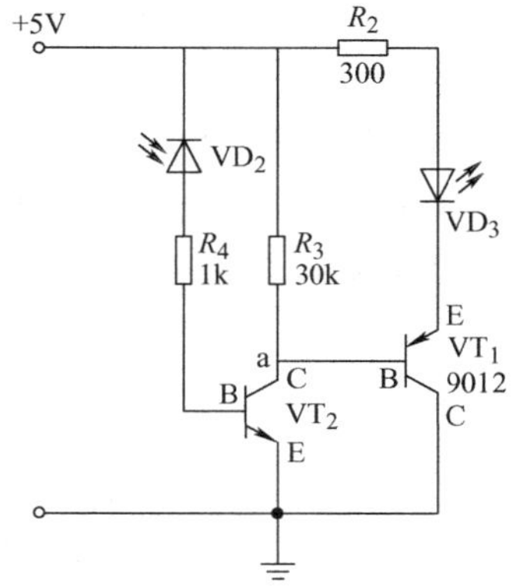

图3-3 红外接收电路原理图

该电路由五部分电路组成：红外接收电路主要由VD_2构成；信号放大电路主要由VT_2、R_3、R_4构成；电子开关电路由VT_1构成；负载指示电路由VD_3、R_2构成；直流电源采用外接直流稳压电源提供+5V的直流电压。

工作原理：当红外接收管VD_2没有接收到红外光波时，其自身产生的暗电流很小，约0.1μA以下，流经晶体管VT_2，经VT_2放大，晶体管VT_2的集电极电流约为15μA，此时a点电压变化不大，接近电源电压5V，晶体管VT_1截止，发光二极管VD_3不亮；当红外接收管VD_2接收到红外光波时，在反偏电压的作用下，VD_2上有光电流产生，而且光电流比较大，约10μA以上，流经晶体管VT_2，经VT_2放大，晶体管VT_2的集电极电流约为1.5mA，此时由于集电极负载电阻R_3上产生电压降，VT_2进入饱和区，a点电位降为0.5V左右，使VT_1饱和导通，发光二极管VD_3点亮。

其中，R_2起限流作用，一般发光二极管VD_3发光电流为10mA，电压降为2V，因此R_2取值200～500Ω；R_3的取值越大，红外接收越灵敏，但太大的话也会导致失效，取值与VT_2的放大倍数有关；R_4的作用是限流，增强红外接收的判别效果，当然会牺牲点灵敏度；VT_2为NPN型晶体管，一般取放大倍数为150倍；VT_1为PNP型晶体管，在电路中当电子开关用；红外接收二极管VD_2要与前面的红外发射二极管VD_1匹配，红外遥控装置中，常使用的红外光波长约为940nm。

本电路采用插针的形式外接5V直流电源，其中插针J1接电源的正极（+5V），插针J2接电源的负极（地），插针J3一脚接信号点a，一脚接地，可将a点作为输出控制信号，在本电路中，插针J3为预留元件，省略不用。

知识拓展

◆晶体管介绍

1. 晶体管概述

晶体管主要包括双极型晶体管（Bipolar Junction Transistor，BJT）和场效应晶体管（Field Effect Transistor，FET）两种类型。但是由于BJT比FET较早问世，人们提到晶体管时往往指BJT。双极型晶体管一词源于这种类型的晶体管工作时，两种极性的载流子均起重要作用。

双极型晶体管是由两个背靠背、互有影响的PN结构成的。在工作过程中两种载流子都参与导电，所以全名称为双极结型晶体管。它有三个引出电极，人们习惯上又称它为三极管。晶体管的种类很多。按照其构成的半导体材料分有硅管和锗管等；按照功率分有小、中、大功率管；按照应用的频率分有高频管和低频管等。

2. 晶体管结构

晶体管的两个PN结，将半导体分成三个区域，这三个区域的排列顺序，可以是N-P-N或P-N-P，因此，晶体管有NPN和PNP两种类型。NPN型晶体管与PNP型晶体管的结构示意图如图3-4所示。

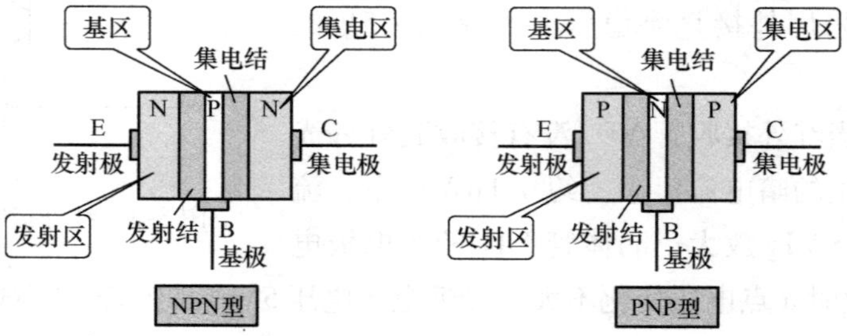

图3-4　晶体管结构示意图

三个区域分别称为发射区、基区和集电区，对应引出的电极分别称为发射极E、基极B和集电极C。E-B之间的PN结称为发射结，C-B之间的PN结称为集电结。出于晶体管能放大的要求，制作时有意使发射区的掺杂浓度远远高于基区和集电区；基区做得很薄（以微米计）；集电结的面积大于发射结的面积。因此，在使用时，E、C两个电极是不能交换的。电路符号中E极的箭头，表示正向电流的方向。

3. 晶体管工作原理

由于晶体管有两个PN结，所以它有四种不同的运用状态：

1）发射结正偏，集电结反偏时，为放大工作状态。

2）发射结正偏，集电结正偏或零偏置时，为饱和工作状态。

3）发射结反偏或零偏置，集电结也反偏时，为截止工作状态。

4）发射结反偏，集电结正偏时，为反向工作状态。

PN结正偏表示P连接电源正极，N连接电源负极，PN结反偏表示P连接电源负极，N连接电源正极。在放大电路中，主要应用其放大工作状态。而在脉冲与数字电路中则是主要应用其饱和状态和截止状态。至于反向工作状态，从原理上讲与放大状态没有本质不同，但由于晶体管的实际结构不对称，发射结比集电结小得多，起不到放大作用，故这种工作状态基本不用。

3.1.2　元器件认知

在图3-2和图3-3中认识元器件的电路符号和编号，了解其在电路中所起的作用。

1. 电阻器

电阻器简称电阻，是电子电路中应用最多的元件之一，其电路符号为，代号为“R”，在电路中用于分压、分流、滤波（与电容器、电感器组合）、耦合、阻抗匹配和用作负载等。其国际单位为Ω（欧姆），在实际的电路中，常用的单位还有kΩ（千欧）和MΩ（兆欧），三者的换算关系为

$$1\text{M}\Omega = 10^3\text{k}\Omega = 10^6\Omega$$

一般在原理图中，单位Ω省略不写，例如图3-2中电阻R_1标称“100”，即其电阻值为100Ω。我们可从图3-2和图3-3两张原理图中看出红外遥控器共采用了4个电阻：$R_1 \sim R_4$。

2. 发光二极管（LED）

发光二极管（简称LED）和普通二极管一样。内部结构为一个PN结（P为正，N为负），属于半导体器件。当它正向导通时就发光，即把电能转换成光能。它的电路符号为，代号为“VD”或“VL”。图3-2中的VD_1为红外发射二极管，它的电路符号和代号与普通发光二极管一样，它也属于发光二极管的范畴，只是它所发射的是红外光，其波长约为940nm；而图3-3中的VD_3则属于普通发光二极管，所发射的是可见光。

3. 光敏二极管（PD）

光敏二极管也属于半导体器件。内部也是一个PN结，它的特性是在外加反向偏压且有光照时，其内部能产生光电流。也就是说，它是一种光电转换器件。红外接收二极管即是只对一定波长的红外光起作用的光敏二极管，一般红外遥控电路中常使用的红外光波长为940nm左右。

光敏二极管的电路符号为，代号为“VD”或“PD”。图3-3中的VD_2则是红外光敏二极管。

4. 晶体管

晶体管内部含有两个PN结，三个电极，分别为基极（B）、集电极（C）、发射极（E）。按PN结的组成方式可分为NPN型晶体管和PNP型晶体管，两个不同类型的晶体管的电路符号如图3-5所示，代号为“VT”。

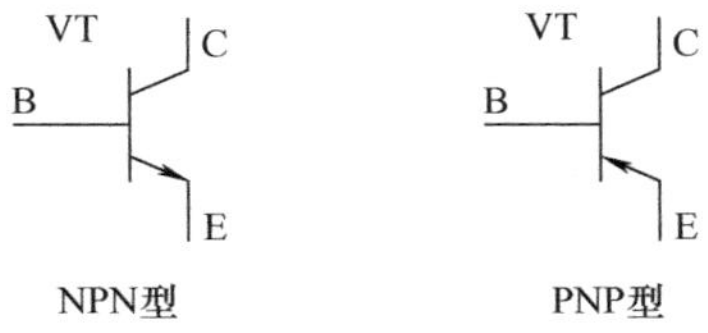

图3-5　晶体管的电路符号

在图3-3中有PNP型晶体管VT_1（型号为9012）和NPN型晶体管VT_2（型号为9014）。

5. 按钮

按钮在电路中起开关作用，当按下按钮时，电路闭合；松开按钮时，电路断开。它的电路符号为，代号为“S”。图3-2中的S_1就属于按钮。

知识拓展

◆常见的电子元器件图形及符号

一张电路图就好像是一篇文章，各种单元电路就好比是句子，而各种元器件就是组成句子的单词。所以要想看懂电路图，还得从认识单词——元器件开始。常见的电子元器件图形及符号见表3-1。

表3-1　常见的电子元器件图形及符号

元器件图形		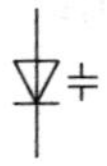		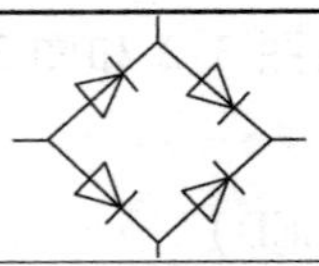	
元器件名称	普通二极管	变容二极管	稳压二极管	桥式整流二极管	发光二极管
表示符号	VD	VD	VZ，VS	VD	LED，VL
元器件图形		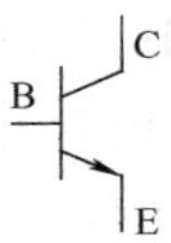	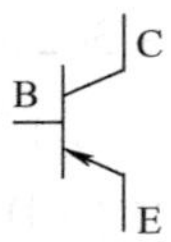	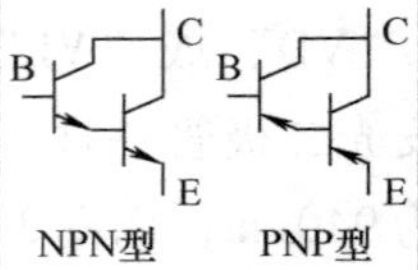	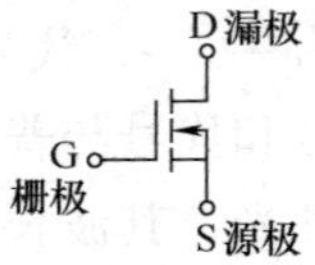
元器件名称	光敏二极管	NPN 型晶体管	PNP 型晶体管	复合晶体管	N 型场效应晶体管
表示符号	VD，PD	VT	VT	VT	
元器件图形		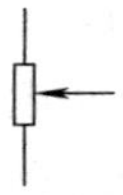	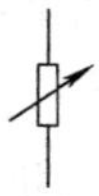		
元器件名称	固定电阻器	电位器	可调电阻器	压敏电阻	光敏电阻
表示符号	*R*	VR，RP，W	VR，RP，W	RZ，VAR	CDS
元器件图形	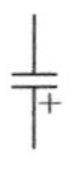			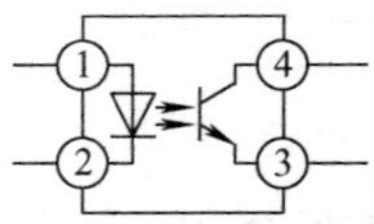	
元器件名称	电解电容	无极性电容	可调电容	光耦合器	单向晶闸管
表示符号	*C*	*C*	*C*	IC，N	SCR
元器件图形	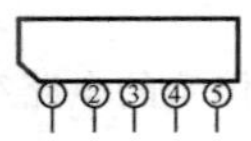	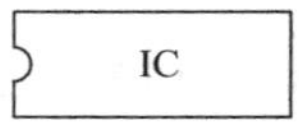	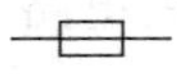	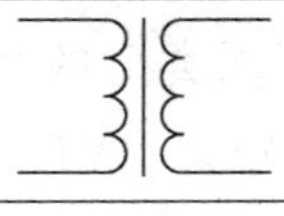	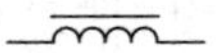
元器件名称	单列集成电路	双列集成电路	熔断器	变压器	带铁心电感
表示符号	IC，U	IC，U	F	T	*L*
元器件图形	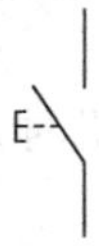	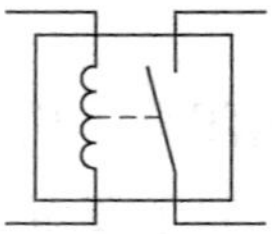	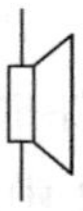	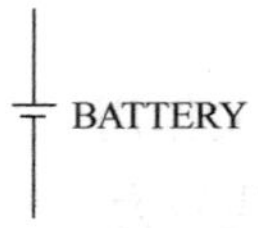	
元器件名称	按钮	继电器	扬声器	电池或直流电源	公共接地端
表示符号	S	KA，J	BY	BT	G

3.1.3　任务小结

1. 任务工作单的填写

【填写要求】

回顾本任务所介绍的主要内容，检查对红外遥控器基本原理的学习效果。请认真完成任务工作单3-1（见附录A）各项内容的填写。其中，学生自评分为优、良、中、差四个等级，填写完毕后请交指导老师评定签字，作为期末成绩评定参考的依据。

2. 巩固提高

1）请简述红外遥控器的基本原理。

2）对图3-2所示的红外发射电路，如果要提高其发射功率，可采取什么样的办法？

3）在一个红外遥控电路中，如果要增大遥控距离，可采取什么办法？

4）请举例说出日常生活中红外遥控所应用的领域。

5）查阅有关资料，了解更多的红外发射、接收器件。

任务3.2　元器件的分类与检测

在红外遥控器装配之前，必须对红外遥控器套件的各类元器件进行分类，清点数量，检测元器件的好坏。在确定各元器件都是好的情况下，才能进行焊接。这是电子产品质量把关的第一步。

3.2.1　元器件的分类

红外遥控器套件所包含的零部件见表3-2。

表3-2　红外遥控器套件

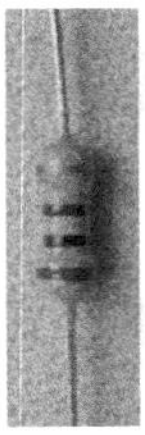 电阻器	 红外发光二极管	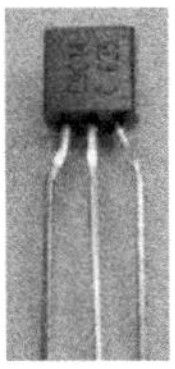 晶体管	 电池座	 按钮
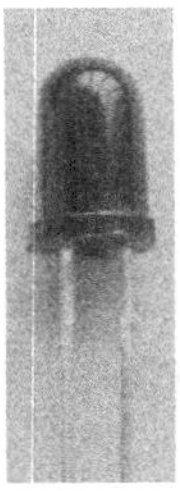 红外接收光敏二极管	 LED	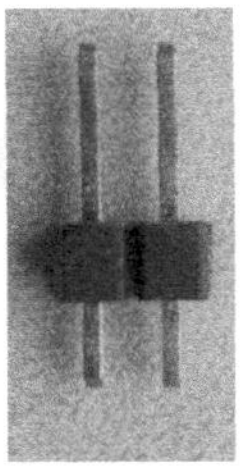 插针	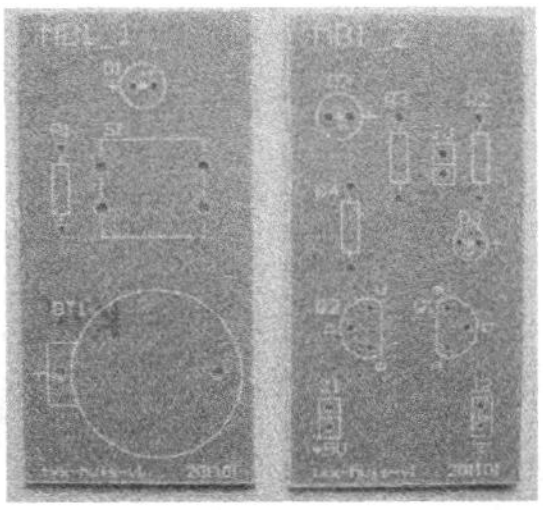 电路板	

1. 熟悉各元器件

对套件中的各元器件进行仔细观察，分辨出电阻、发光二极管、红外发射二极管、红外接收二极管、晶体管、按钮、电池座、插针等元器件。并根据原理图，清点数量，看是否有遗漏或多余的器件。

2. 对各元器件进行分类

将各元器件进行归类，分成电阻器、发光二极管、晶体管、红外发射二极管、红外接收二极管、按钮、电池座、电路板等几类。分类后分装在元器件盒里，或固定在纸上，如图 3-6 所示。

操作视频 3-1 红外遥控器所用元器件分类

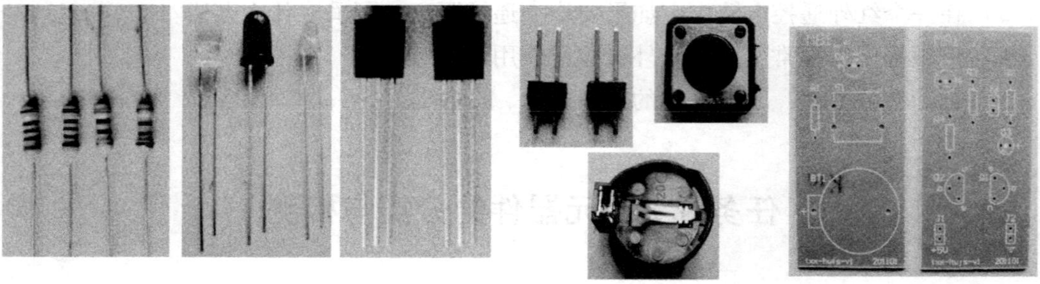

图 3-6 各元器件的归类

知识拓展

◆ 元器件的其他家族

1）常见电阻的实物图如图 3-7 所示。

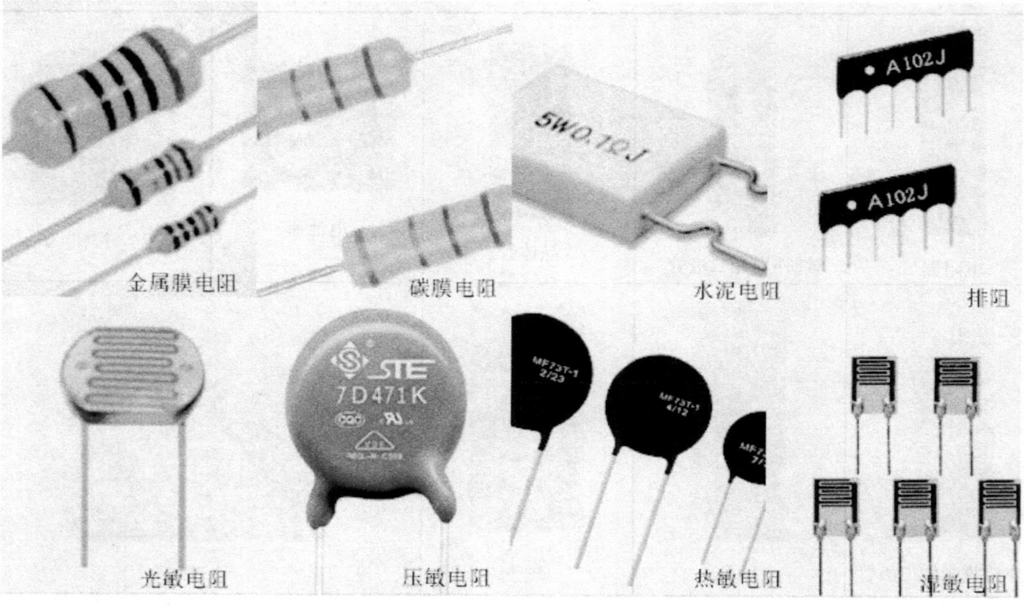

图 3-7 电阻的其他种类

2）常见发光二极管的实物图如图3-8所示。

图3-8 发光二极管的其他种类

3）常见晶体管的实物图如图3-9所示。

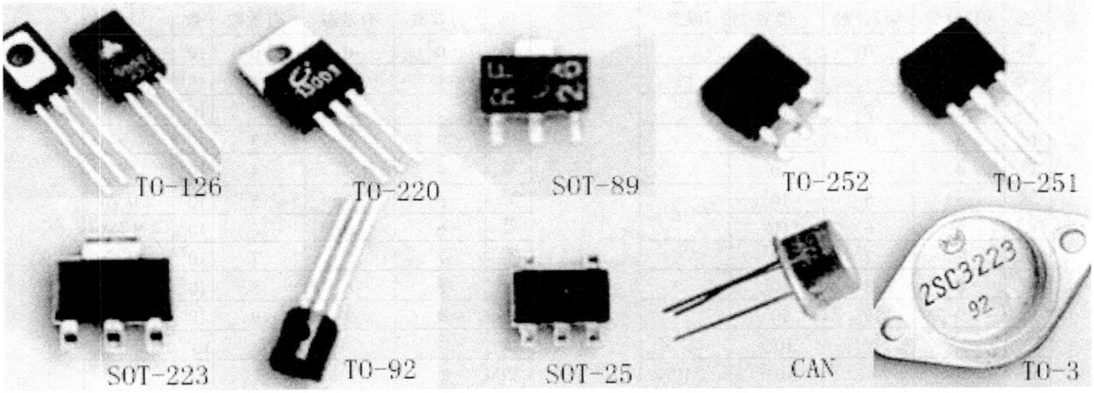

图3-9 晶体管的其他种类

3.2.2 主要元器件的检测

1. 电阻器的检测

红外遥控器所用的电阻器都是1/4W的碳膜电阻，其大小规格都一样，但阻值种类较多，共有4种阻值。

（1）电阻器的读数

一般电阻器上都标有其阻值大小，称为标称阻值。在选用电阻器时，可以直接通过标称值来选用所需要的电阻器。每个电阻器的实际阻值和标称值之间都有一定的误差，只要误差在允许误差范围内，该电阻器属于完好电阻器，就可以使用。

阻值和允许误差在电阻器上常用的标志方法有以下3种。

① 直接标志法。将电阻器的阻值和误差等级直接用数字印在电阻器上。对小于1000Ω的阻值只标出数值，不标单位；对kΩ、MΩ只标注k、M。精度等级直接标Ⅰ或Ⅱ级，不标则表明为Ⅲ级。

② 文字符号法。将需要标志的主要参数与技术指标用文字和数字符号有规律地标志在产品表面上，如欧姆用Ω标示，千欧用k表示，兆欧用M表示。

③ 色环标志法。对体积很小的电阻和一些合成电阻器，其阻值和误差常用色环来标

注，如图 3-10 所示。色环标志法有 4 环和 5 环两种。4 环电阻的第 1 道色环和第 2 道色环分别表示电阻的第 1 位和第 2 位有效数字，第 3 道色环表示 10 的乘方数（10^n，n 为颜色所表示的数字），第 4 道环表示允许误差（若无第 4 道色环，则误差为 ±20%）。色环电阻的单位一律为 Ω。

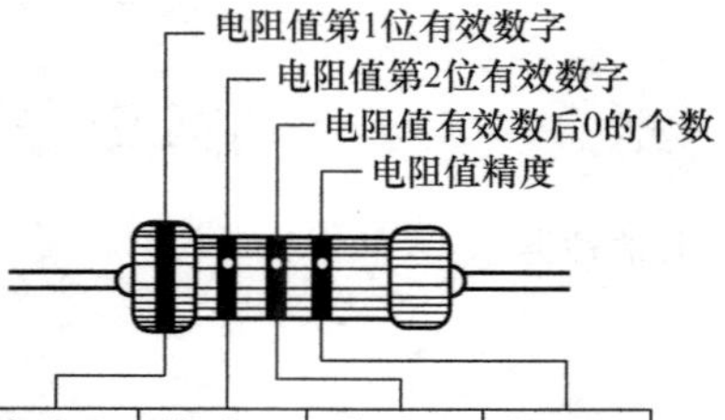

颜色	第1色环第1位数	第2色环第2位数	第3色环倍数	第4色环误差
黑	0	0	10^0	
棕	1	1	10^1	
红	2	2	10^2	
橙	3	3	10^3	
黄	4	4	10^4	
绿	5	5	10^5	
蓝	6	6	10^6	
紫	7	7	10^7	
灰	8	8	10^8	
白	9	9	10^9	
金			10^{-1}	±5%
银			10^{-2}	±10%
无色				±20%

a)

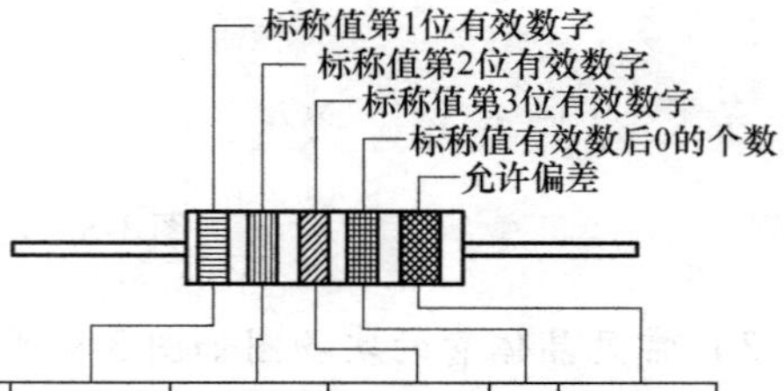

颜色	第1有效数	第2有效数	第3有效数	倍数	允许偏差
黑	0	0	0	10^0	
棕	1	1	1	10^1	±1%
红	2	2	2	10^2	±2%
橙	3	3	3	10^3	
黄	4	4	4	10^4	
绿	5	5	5	10^5	±0.5%
蓝	6	6	6	10^6	±0.25%
紫	7	7	7	10^7	±0.1%
灰	8	8	8	10^8	
白	9	9	9	10^9	
金				10^{-1}	
银				10^{-2}	

b)

图 3-10　电阻的色环标志法

a）普通型　b）精密型

现在普遍使用的是精密电阻器，精密电阻器一般用 5 道色环标注，它用前 3 道色环表示 3 位有效数字，第 4 道色环表示 10^n（n 为颜色所代表的数字），第 5 道色环表示阻值的允许误差。

采用色环标志的电阻器，颜色醒目，标志清晰，不易褪色，从不同的角度都能看清阻值和允许误差，有利于自动化生产线。目前在国际上广泛采用色环标志法。本次的装配任务中所采用的电阻器也都是色环电阻。

（2）电阻器的测量

电阻器的测量可用万用表的电阻档进行。用指针式万用表进行测量前，先对被测电阻器进行读数，估算其电阻值，然后选择好合适的量程，使被测电阻的指示值尽可能位于刻度线的中间位置附近。接着要对万用表进行调零。将红、黑两根表笔短接，调节调零旋钮，使表头指针阻值为零。此时便可以用表笔接被测电阻器的两个引脚。此时表头指针偏转的指示值，即为被测电阻器的阻值。如果指针不摆动，则可将万用表转换到阻值较大的量程，并重新调零后再次测量。如果指针仍不摆动，则该电阻器内部断路，必须更换。如果指针指示为零，可将万用表置于阻值较小的量程再进行测量（每次换档均须调零后才能检测）。注意在测量时，人体手指不要同时碰到万用表的两支表笔，也不要碰到被测固定电阻器的两根引脚，以免影响测量结果。

操作视频 3-2　电阻器的识别

在进行检测前，先观察各电阻器上的色环，并进行读数，然后再测量该电阻器的阻值，若测量结果与其标称值基本相同，则表明该电阻器是好的，否则不能使用。最后将检测完好的电阻器按照其阻值大小进行分类放好，以便于装配时进行选取。

操作视频 3-3　电阻器的检测

2. 发光二极管的检测

发光二极管是有极性的器件，两个管脚分正负极（见图 3-11），可用万用表的电阻档对其进行测量。当万用表的黑表笔（表示正）接发光二极管的正极，红表笔（表示负）接发光二极管的负极时，测出来的电阻值为发光二极管的正向电阻，一般该阻值小于 50kΩ；当反过来接时，其反向电阻很大，接近无穷大。因此可以用这种方法来判断发光二极管的好坏，测量时将万用表置于 $R\times1$k 或 $R\times10$k 档，用 $R\times10$k 档可见发光二极管微量发光。

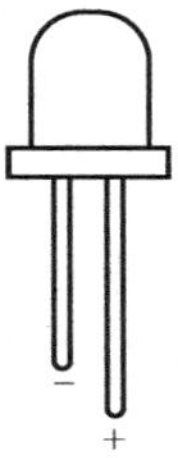

图 3-11　发光二极管的管脚

操作视频 3-4　发光二极管的识别

操作视频 3-5　发光二极管的检测

红外发射管也属于发光二极管，所以也可用上述的办法进行检测。

3. 红外接收二极管的检测

常见的红外接收二极管外观颜色呈黑色，其引脚也有正负极之分。通常情况下，管脚较长的为负极，管脚较短的为正极。可用万用表的电阻档对其好坏进行检测。用万用表电阻档测量红外接收二极管的正、反向电阻。根据正、反向电阻值的大小，即可初步判断红外接收二极管的好坏。如果正向电阻较小（3～4kΩ），反向电阻较大（500kΩ 以上），则该红外接收管是好的；如果被测管子的正、反向电阻值均为零或无穷大，则表明被测红外接收二极管已被击穿或开路，不能使用。

操作视频 3-6　红外接收二极管的识别

操作视频 3-7　红外接收二极管的检测

4. 晶体管的检测

（1）晶体管类型与电极判断

在不知道晶体管封装的情况下用指针式万用表一般都可以测出 E、B、C 脚。从晶体管构造来说，无论是 PNP 型还是 NPN 型，B 极总是在两个 PN 结的中间，所以可以利用这个特点来判断 B 极。

万用表设定在 $R\times 1\mathrm{k}$ 电阻档，黑表笔接任意一个管脚，然后用红表笔分别接另外两个管脚，比较两次测量的电阻，如果测得两个电阻值相差很大，则黑表笔换接另外一个管脚，重复上述动作。直到两次测量的电阻相差不多，此时，黑表笔所接的脚是 B 极，而且两次测得电阻都很大时为 PNP 型管，都很小时为 NPN 型管，如图 3-12 所示。

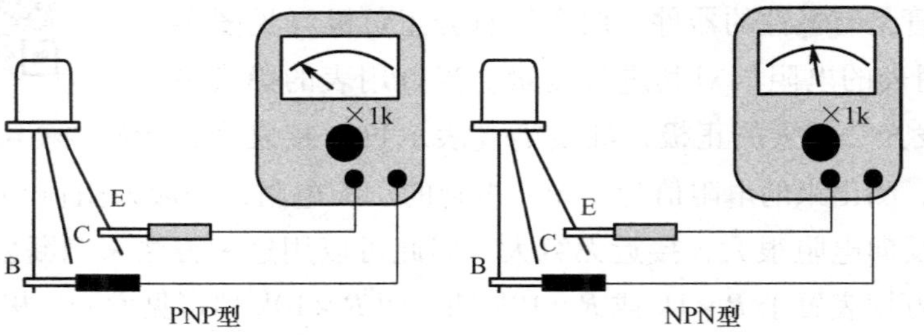

图 3-12　晶体管管型和电极判断

E、C 脚的判断如下：

假设已经知道了 B 极且是 NPN 型，假定另外两个管脚中的一个管脚是 C 极，用黑表笔接假定的 C 脚，红表笔接假定的 E 极（相当于给 CE 加正电压），此时表指针基本上不动，然后用手指同时接触 B 极和黑表笔（相当于在 B、C 间加上一个电阻），如果此时指针有很大摆幅，说明判断是正确的。从摆幅的大小还能估计出晶体管放大倍数的大小。

若上述操作中无一电极满足上述现象，则说明管子已坏。测量完后请标明 B、C、E 三个管脚，以便后面装配时使用。

（2）晶体管质量好坏的简易判断

用万用表测量晶体管的极间电阻可以判断管子质量的好坏。在正常情况下，质量良好的晶体管基极与集电极、发射极之间的反向电阻较高（一般为几百千欧），而正向电阻比较低（一般为几百欧至几千欧）；集电极与发射极之间的反向电阻较高，正向电阻在基极有输入的情况下较低，没输入的情况下较高。可由此判断晶体管的好坏。

操作视频 3-8　晶体管的识别

也可以通过万用表的“hFE”档来进行判别。当管型确定后，将晶体管插入“NPN”或“PNP”插孔，将万用表置于“hFE”档，若读数不正常（为 0 或大于 300），则说明管子已坏。

操作视频 3-9　晶体管的检测

（3）晶体管放大倍数的测量

可用万用表的“hFE”档来测量晶体管的放大倍数。电路中所用的晶体管9014放大倍数在150～250之间为正常值。

5. 按钮的检测

检测按钮的好坏可以用万用表的电阻档进行判断。若按下按钮，两端引脚之间的电阻为0；松开按钮，电阻为无穷大；则说明该按钮是好的。若开关不能断开和接通，则该开关的触点不行，不能使用。

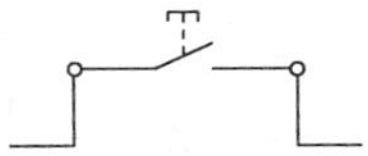

图3-13 按钮的等效图

操作视频3-10 按钮的识别

操作视频3-11 按钮的检测

本次装配使用的按钮共有四个引脚，其中相同一侧距离较长的两个引脚在其内部是接通的（无论按钮是否按下，两引脚间的电阻为0）；相同一侧距离较短的两个引脚为开关的两端，受按钮控制，其内部结构如图3-13所示。

知识拓展

◆ 晶体管管脚极性的判断

1. 判断晶体管的基极

用数字万用表测量晶体管。数字万用表档位选择“hFE”档，将晶体管任意选择一个型号插到任意三个管脚，观察数字万用表的读数，如果读数为“0”则晶体管插入的型号不对，需更换型号，如果读数为一个小的读数，一般小于50，则晶体管管脚位置插得不对，把晶体管反过来插入再测，如果晶体管的读数较大，且大于上次读数，则晶体管的管脚位置跟数字万用表的管脚位置一致，且型号也一致，此时数字万用表的读数即是晶体管的电流放大系数β。

用指针式万用表测量晶体管。用指针式万用表的黑表笔接触某一管脚，用红表笔分别接触另两个管脚测量其正反电阻，直到出现测量的两个电阻都很大或者都很小。如果在测量过程中，出现一个电阻很大，另外一个电阻很小，则需将黑表笔换另外一个管脚再测；如表头读数都很小，则与黑表笔接触的那一管脚是基极，同时可知此晶体管为NPN型；如果表头读数都很大，则与黑表笔接触的那一管脚是基极，同时可知此晶体管为PNP型。若用红表笔接触某一管脚，也可用上述方法判定晶体管的基极和判别晶体管的类型。

测量步骤：

1）用万用表×1k档或×100档进行测量。

2）黑表笔固定接B极。

3）红表笔分别接触其他两个极，测量其电阻值，测量结果见表3-3。

表 3-3 测量结果

测量结果	良好	坏
NPN 型（黑表笔为中心）	$R_{BC}=R_{BE}=R$ $R_{CE}=R_{EC}=\infty$	$R_{BC}=R_{BE}=0$ 或 $R_{BC}=R_{BE}=\infty$
PNP 型（黑表笔为中心）	$R_{BC}=R_{BE}=\infty$ $R_{CE}=R_{EC}=\infty$	$R_{BC}=R_{BE}=0$ 或 $R_{BC}=R_{BE}=R$

2. 判断晶体管的发射极和集电极

以 NPN 型晶体管为例，确定基极后，假定其余的两只管脚中的一只是集电极，将黑表笔接到此管脚上，红表笔则接到假定的发射极上。用手指把假定的集电极和已确定的基极捏起来（但两管脚不要相碰），看万用表指针指示，并记下此阻值的读数。然后再做相反假设，即把原来假定为集电极的脚假定为发射极，做同样的测试并记下此阻值的读数。比较两次读数的大小，若前者阻值较小，说明前者的假设是对的，那么黑表笔接的管脚就是集电极，另一只管脚就是发射极，如图 3-14所示。

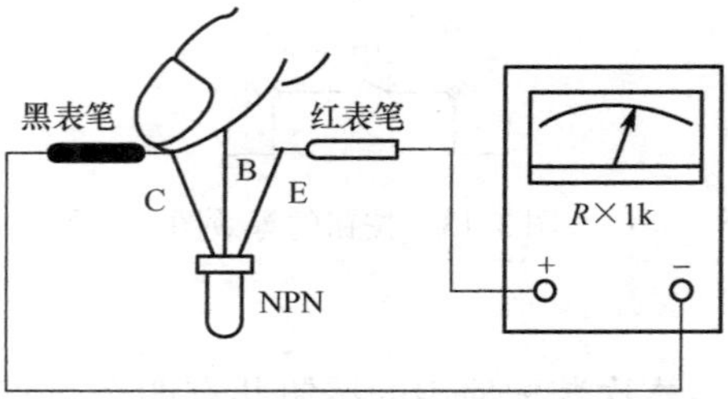

图 3-14 判断晶体管发射极和集电极示意图

若需判别是 PNP 型晶体管，仍用上述方法，但必须将黑表笔和红表笔对调一下。

3. 用万用表测晶体管的电流放大系数 β

一般的万用表都具备测量晶体管的电流放大系数 β，将晶体管插入测试孔中即可从表头刻度盘上直接读 β 值。若用此法来判别发射极和集电极也很容易，只要将 E、C 对调一下，看表针偏转较大的那一次插脚正确，从万用表插孔旁标记即可判别出发射极和集电极。用 MF47 型万用表测量方法如下：

1）首先 ADJ 量程调 “0”。

2）然后选择 “hFE” 量程。

3）其次将晶体管插入测试孔中，如图 3-15 所示。

4）最后从表头刻度盘上直接读 β 值，表头刻度盘上绿色的那条刻度线为 β 值计数，如图 3-16 所示。

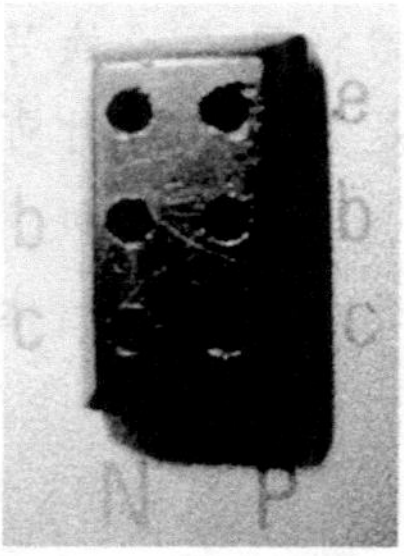

图 3-15 晶体管测试孔

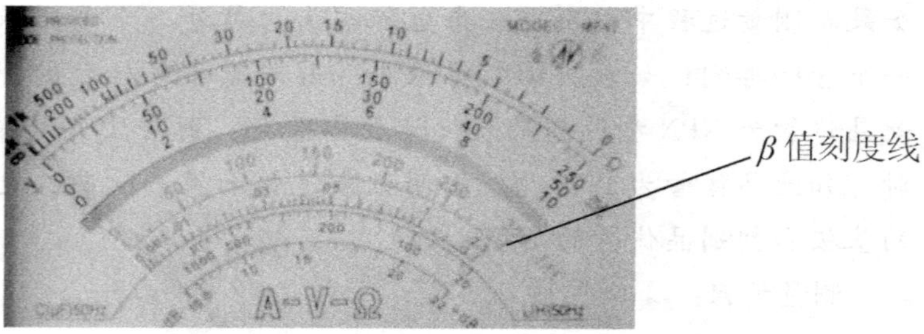

图 3-16 表头刻度盘

3.2.3　任务小结

1. 任务工作单的填写

【填写要求】

回顾本任务所介绍的主要内容，检查对元器件的分类与检测的学习效果。请认真完成任务工作单3-2（见附录A）各项内容的填写。其中，学生自评分为优、良、中、差四个等级，填写完毕后请交指导老师评定签字，作为期末成绩评定参考的依据。

2. 巩固提高

1）写出下列标有色环的电阻器的标称阻值和误差，并指出其标志方法。

红黄绿金棕，棕绿黑棕棕，橙蓝黑黑棕，黄紫绿金棕

2）用色环标志法标注出以下电阻。

6.8（1 ±5%）kΩ，47（1 ±5%）Ω，2.0（1 ±1%）kΩ，39.0（1 ±1%）kΩ

3）如何用万用表测量晶体管的好坏和电极？

4）如何用万用表判断红外接收二极管的好坏？

5）红外发光二极管与红外接收二极管有何区别？

任务3.3　印制电路板的制作

印制电路板是电路装配的载体，所有元器件将在印制电路板上进行装配和焊接，固定在印制电路板上，并按照原理图实现电气连接。因此，印制电路板设计制作的好坏将影响到整个电路实物的功能实现，是电子工业重要的电子部件之一。

3.3.1　印制电路板设计

印制电路板是实现电子整机产品功能的主要部件之一，其设计是整机工艺设计中重要的一环。印制电路板的设计质量，不仅关系到电路在装配、焊接、调试过程中的操作是否方便，而且直接影响整机的技术指标和使用、维修性能。

要制作一个好的印制电路板，不仅应该保证元器件之间准确无误的连接，工作中无自身干扰，还要尽量做到：元器件布局合理、装焊可靠、维修方便、整齐美观。

1. 设计前的准备工作

设计印制电路板之前，必须首先熟悉电路的组成和工作原理，了解信号的性质和传输流程，以便对各元器件进行布局和正确走线，确保优良的电气性能。同时还要考虑以下几个方面：

1）板材、形状、尺寸和厚度的确定。

2）印制电路板对外连接方式的选择。

3）元器件的摆放方式。

2. 元器件的排版布局

印制电路板设计的主要内容是排版设计。把电子元器件在一定的制板面积上合理地

布局排版，是设计印制电路板的第一步。在排版设计时，经常需要修改，所以需先在白纸上画出设计草图。

1）按照规定的电路板大小：3cm×6cm，在白纸上画出两个3cm×6cm的长方形，用于摆放元器件。

2）将发射电路和接收电路的元器件分别在两个长方形中进行合理的摆放，画出元器件布局的草图。注意相同电路的元器件应摆放在同一个长方形中，如图3-17所示。

3）尝试进行元器件之间的连线，要求连线不能重叠和相交（如果不能实现，可通过调整元器件的摆放位置，再重新连线）。

4）最后形成布线草图，如图3-18所示。

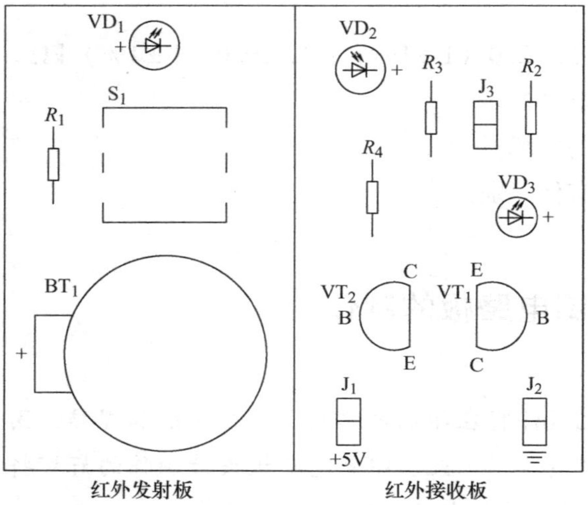

图3-17　红外遥控器的排版布局

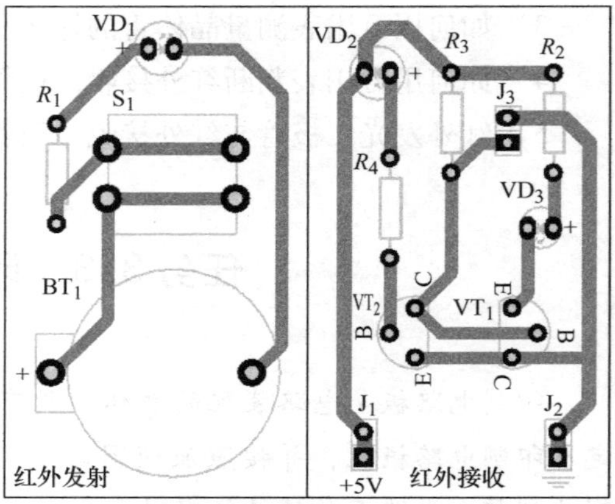

图3-18　印制电路板布线草图

3. 印制电路板上的焊盘与连线设计

根据元器件排版布局的草图，在不干胶贴纸上进行精确的绘图。由于覆铜面是在印制电路板的背面，此时绘制的印制电路图应是草图的镜像图。因为是手工制作，所以焊盘和导线可尽量画粗一些。具体步骤如下：

1）严格测量好每个元器件引脚之间的距离，这是定位焊盘位置的关键参数。

2）根据每个元器件引脚之间的距离，精确画出每个焊盘，点出钻孔的位置。

3）根据草图设计，进行焊盘之间的连线，可尽可能将连线画粗一些。

4）拿元器件实物在设计图上比一比，看引脚是否可顺利通过焊盘。如果存在误差，则需进行修改。

绘制好的布线图如图3-19所示。

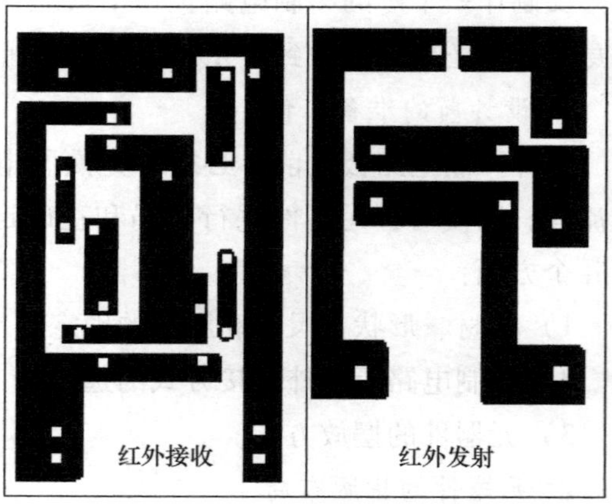

图3-19　手工布线镜像图

知识拓展

◆ 印制电路板的设计规则

印制电路板的排版设计，不单纯是按照电路原理把元器件通过印制线条简单地连接起来。为使整机能够稳定可靠地工作，要对元器件及其在印制板上的连接进行合理的排版布局。如果排版布局不合理，就有可能出现各种干扰，使整机技术指标下降，甚至原理方案不能实现。有些排版设计虽然能够达到原理的技术参数，但元器件的排列疏密不匀、杂乱无章，不仅影响美观，也会给装配和维修带来不便，这样的设计当然也不能算是合理的。因此，还要注意以下几点：

操作视频3-12　印制电路板介绍

1）元器件要分布均匀，密度一致。

2）元器件应一律放置在元器件面，除非因调整或其他原因需要，一般不要在焊接面上布设元器件。双面印制电路板的元器件应全部在一面上，同样也不要两面布设。

3）每一个元器件的端脚，应有单独穿线孔、有单独的焊盘，一般不允许两个元器件的端脚同时共用一个穿线孔。

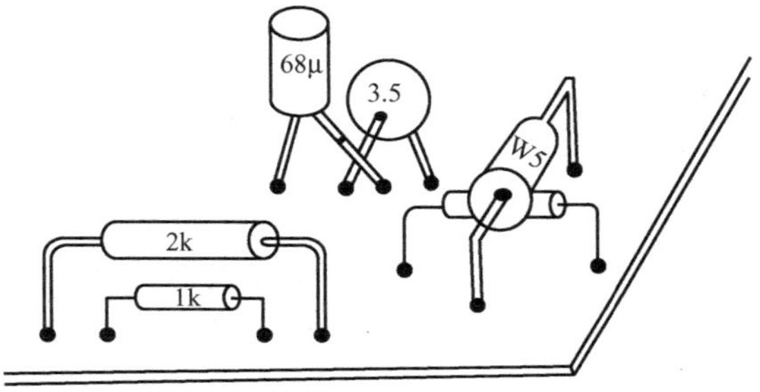

图3-20　元器件的不合理安装

4）板上元器件不应呈立体交叉和重叠安装，如图3-20所示。

5）元器件之间的穿线孔的距离要选择合适，不应使元器件之间的外壳相碰，或使外壳与元器件的端脚相碰。

元器件在印制板上的固定，是靠引线焊接在焊盘上实现的。元器件彼此之间的电气连接，依靠印制导线。因此，对印制电路板上的焊盘和连线的设计，是电路板制作的关键环节。

（1）焊盘设计

在对焊盘进行设计时，应考虑焊盘的外径一般应当比引线孔的直径大1.3mm以上，即如果焊盘的外径为D，引线孔的孔径为d，应有$D \geqslant d + 1.3\text{mm}$。如果外径太小，焊盘就容易在焊接时粘断或剥落；但也不能太大，否则不容易焊接并且影响印制板的布线密度。

对焊盘的形状设计通常采用岛形焊盘、圆形焊盘、矩形焊盘等几种，如图3-21所示。

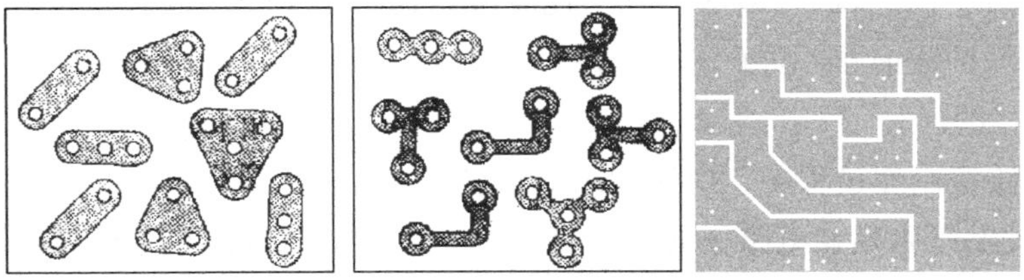

a)　b)　c)

图3-21　焊盘的形式

a）岛形焊盘　b）圆形焊盘　c）矩形焊盘

（2）连线设计

电路板的连线设计也称“布线”或“走线”。在布线前，应先确定好印制导线的宽度和导线的间距。一般，导线的宽度可选在0.3～2mm之间，通常遵循1mm宽的印制导线允许通过1A电流的原则来选择导线的宽度，只要板上的面积及线条密度允许，应该尽可能采用较宽的导线，特别是电源线和地线，应该适当加大宽度。而导线间距通常采用1～1.5mm，如果两条导线间距太小，信号传输时的串扰就会增加，所以在允许的情况下，应尽可能加大导线的间距。

布线时，一般可参考下列几条原则：

1）以短为佳，能走捷径就不要绕远。

2）印制导线的走向不能有急剧的拐弯和尖角，拐角不得小于90°。

3）导线与焊盘连接处的过渡也要圆滑，避免出现小尖角。

4）公共地线应可能多地保留铜箔。

（3）注意事项

在进行焊盘与连线设计时，要注意焊接面与元器件面之间的镜像关系。按照一般惯例，在焊接面设计的布线图应为元器件面的透视图，以保证与元器件的排版布局一致，也就是说布线图与从焊接面上看到的布线情况恰好是相反的。因此，在制作单面印制电路板时，需将布线图进行镜像处理，才能直接用于制作电路板。

3.3.2 印制电路板的手工制作

1. 印制电路板的制作

本次主要采用贴图蚀刻法手工制作印制电路板，具体步骤如下：

1）将已经画好印制电路图的不干胶贴纸撕下来整张贴在电路板的覆铜面上，用电工刀将贴纸上多余的空白地方雕刻下来，只留下导线和焊盘。

2）将印制电路板放置到已经配置好的三氯化铁溶液中进行化学腐蚀。为加快速度，此时可不断晃动电路板或对溶液进行加热。

3）直至将不要的铜箔腐蚀掉后，用镊子夹起电路板放到清水中冲洗。

4）擦干后，利用小台钻对焊盘的定位点进行钻孔。

5）撕掉电路板上的贴纸，并用橡皮清除铜箔上的粘胶，一定要清除干净，然后再用细砂纸轻轻打磨一下板上的铜线，并把有印制导线那一面清洁干净。

6）将助焊剂（松香酒精溶液）均匀地涂覆在表面处理过的印制板的铜线上，这里既能助焊，又能保护覆铜面，防止氧气锈蚀。

2. 注意事项

在印制电路板制作过程中，应注意以下几点：

1）不干胶贴纸张贴在电路板的覆铜面时，一定要贴牢固，不能有翘起现象。在雕刻空白贴纸时，注意导线和焊盘的完整性。

2）在电路板腐蚀过程中，注意腐蚀溶液的安全，尽可能不要用手触碰腐蚀溶液，在不小心碰到后，应尽快用清水冲洗。腐蚀过程不能玩耍和打闹，应集中精力观看铜箔的腐蚀情况。

3）掌握好腐蚀的时间和速度，一般腐蚀时间不能过长，因为不干胶贴纸在水中浸泡时间太长会导致掉落，以致有用的导线和焊盘也可能会被腐蚀掉。

4）钻孔时，应注意钻定位点的准确性，这关系到元器件的安装问题。

知识拓展

◆ 印制电路板的手工制作方法

根据印制电路图，在覆铜板上手工制作出相应的印制线路，其主要方法有雕刻法和蚀刻法两种。不管采取哪种方法，在覆铜板上描出来的图应是印制电路图的镜像图。

1. 雕刻法

雕刻法是用刻刀将不需要的铜箔去掉，留下焊盘和印制导线，形成印制电路板。对于一些电路比较简单、线条较少的印制板，可以用雕刻法来制作。在进行布局排版设计时，要求导线形状尽量简单，把焊盘与导线连接为一体，形成多块矩形。

目前，市面上出现的雕刻机，也是属于用雕刻法制作电路板，只是该种机器能按照PCB图自动地雕刻制作电路板。

2. 蚀刻法

蚀刻法是用化学腐蚀剂将不需要的铜箔腐蚀掉，留下焊盘和印制导线，形成印制电路板。常见的有以下两种方法。

（1）漆图法

漆图法就是用保护液（油漆）直接在铜箔面（焊接面）上描绘出设计好的印制电路图，再用腐蚀液（三氯化铁溶液）将不用的覆铜膜腐蚀掉，其主要步骤如图3-22所示。

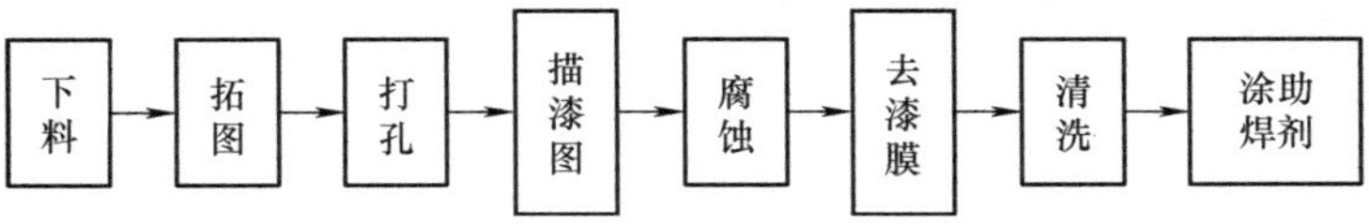

图3-22　漆图法自制印制板工艺流程

（2）贴图法

贴图法就是将焊盘、印制导线等用粘贴胶带代替描图漆膜，具体步骤如下：

1）在不干胶纸上描绘出设计好的印制电路图。

2）将印制导线及焊盘用剪刀剪下，粘贴到相应的铜箔面位置上，注意一定要粘牢。

3）将板子浸入腐蚀液中进行腐蚀，为了加快腐蚀速度，可辅以晃动。

4）腐蚀完毕，定钻孔位，钻孔。

5）用橡皮清除覆铜上的粘胶，一定要清除干净，然后再用细砂纸轻轻打磨一下板上的铜线，并把有印制导线那一面清洁干净。

6）涂助焊剂，将助焊剂（松香酒精溶液）均匀地涂覆在表面处理过的印制板的铜线上，这样既能助焊，又能保护覆铜面，防止氧气锈蚀。

◆ 印制电路板的生产工艺

在工厂印制电路板的生产过程中，不同印制板具有不同的工艺流程。下面介绍最常用的单、双面印制板的工艺流程。

1. 单面印制板的生产流程

单面印制板的生产流程如图 3-23 所示。

单面板工艺简单，质量易于保证，但在进行焊接前还应再度进行检验，内容如下：

1）导线焊盘、字与符号是否清晰、无毛刺，是否有桥接或断路。

2）镀层是否牢固、光亮，是否喷涂助焊剂。

3）焊盘孔是否按尺寸加工，有无漏打或打偏。

4）板面及板上各加工的孔尺寸是否准确，特别是印制板插头部分。

5）板厚是否合乎要求，板面是否平直无翘曲等。

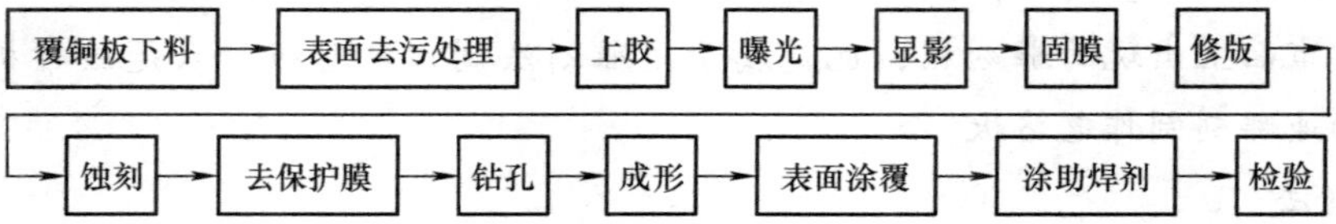

图 3-23　单面印制板的生产流程

2. 双面印制板的生产流程

双面板与单面板的主要区别，在于增加了孔金属化工艺，即实现两面印制电路的电气连接。由于孔金属化的工艺方法较多，相应双面板的制作工艺也有多种方法。下面介绍常用的堵孔法和图形电镀法的生产工艺。

（1）堵孔法

这是较为老式的生产工艺，制作普通双面印制板可采用此法，工艺流程如图 3-24 所示。

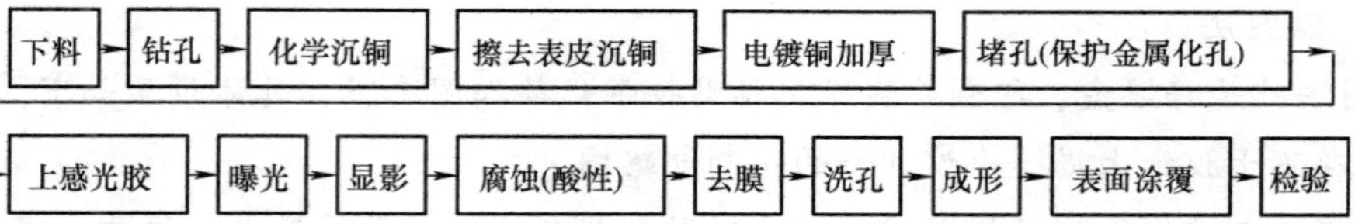

图 3-24　双面印制板的工艺流程

（2）图形电镀法

这是较为先进的制作工艺，特别是在生产高精度和高密度的双面板中更能显示出优越性。图形电镀法的工艺流程如图 3-25 所示。

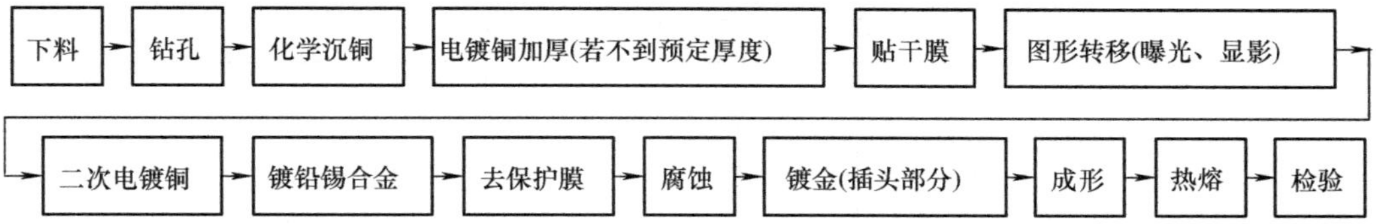

图3-25　图形电镀法的工艺流程

3.3.3　任务小结

1. 任务工作单的填写

【填写要求】

回顾本任务所介绍的主要内容，检查对印制电路板制作的学习效果，请认真完成任务工作单3-3（见附录A）各项内容的填写。其中，学生自评分为优、良、中、差四个等级，填写完毕后请交指导老师评定签字，作为期末成绩评定参考的依据。

2. 巩固提高

1）设计印制电路板首先要做哪些准备工作？

2）印制板上焊盘的大小及印制导线的宽度如何确定？

3）用贴图法手工制作红外遥控器的印制电路板。

4）在手工制作印制电路板时，应如何绘制印制电路图？

5）如采用漆图法制作红外遥控器电路板，根据图3-17所给出的布线图，在覆铜板的铜箔上应如何进行涂漆？请画出涂漆之后的线路图。

任务3.4　元器件的安装与焊接

红外遥控器的性能好坏，关键在于电路板上各元器件的安装与焊接的工艺，因此完成本任务需要细心与灵巧的双手。——细节决定成败

3.4.1　元器件的选取

在红外遥控器装配前，必须按照原理图中的各元器件制定好装配表（装配材料清单），以方便装配时对各元器件的选取。红外发射电路板的装配表见表3-4，红外接收电路板的装配表见表3-5。

表3-4　红外发射电路板装配表

序号	元器件编号	名称	型号/规格	数量/个	备注
1	R_1	电阻器	100Ω，1/4W	1	
2	VD_1	红外发射管	透明 $\phi5$	1	
3	S_1	按钮	1cm×1cm	1	
4	BT_1	纽扣电池座	CR2032 座	1	
5		纽扣电池	CR2032	1	

表 3-5　红外接收电路板装配表

序号	元器件编号	名称	型号/规格	数量/个	备注
1	R_2	电阻器	300Ω，1/4W	1	
2	R_3	电阻器	30kΩ，1/4W	1	
3	R_4	电阻器	1kΩ，1/4W	1	
4	VD_2	红外接收管	黑色 $\phi5$	1	
5	VD_3	发光二极管	绿色 $\phi3$	1	
6	VT_1	晶体管	9012	1	
7	VT_2	晶体管	9014	1	
8	$\mathrm{J}_1 \sim \mathrm{J}_2$	两脚插针		2	

红外遥控器的红外发射板（MB1_1）、红外接收板（MB1_2）在装配元器件时可按照电路板上印制的元器件编号与图号（见图 3-26）在装配表中找到相应的元器件，然后再完成后续引脚的清洁、引脚的成形和装配焊接等步骤。

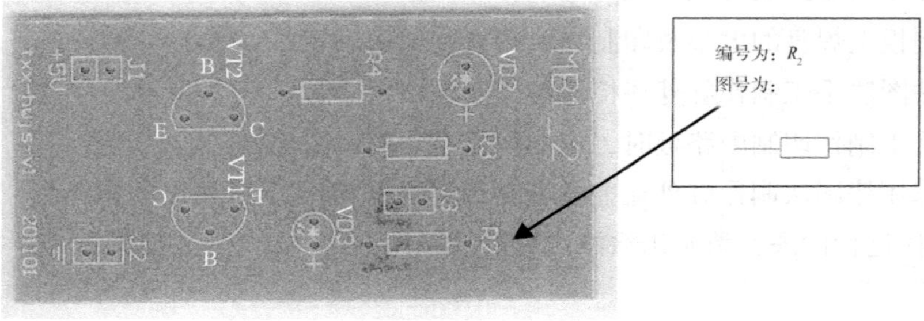

图 3-26　元器件编号与图号

注：电路板与原理图略有不同，图中元器件编号为正体，平排。

3.4.2　元器件引脚的清洁

所有元器件的引脚在焊入电路板之前，都必须清洁后镀上锡。有的元器件出厂时引脚已镀锡，但因长期存放而氧化了，也应重新清洁后镀锡。

清洁元器件引脚可用橡皮擦，如图 3-27 所示。对于氧化严重的元器件引脚，可用小刀或镊子等利器将其刮净，如图 3-28 所示。在用刀刮的过程中应注意旋转元器件引脚，务必将引脚的四周一圈全部刮净。

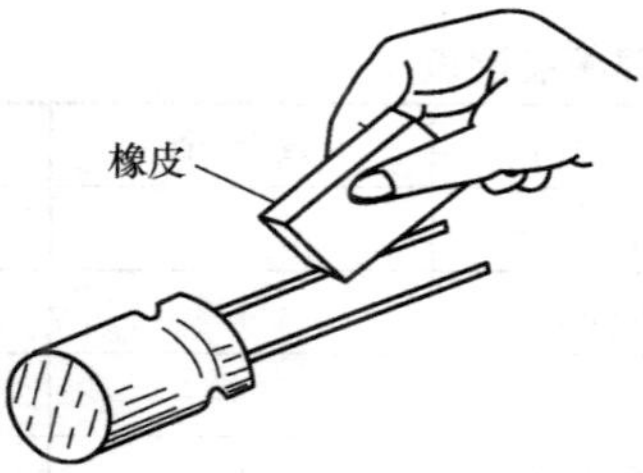

图 3-27　用橡皮擦清洁

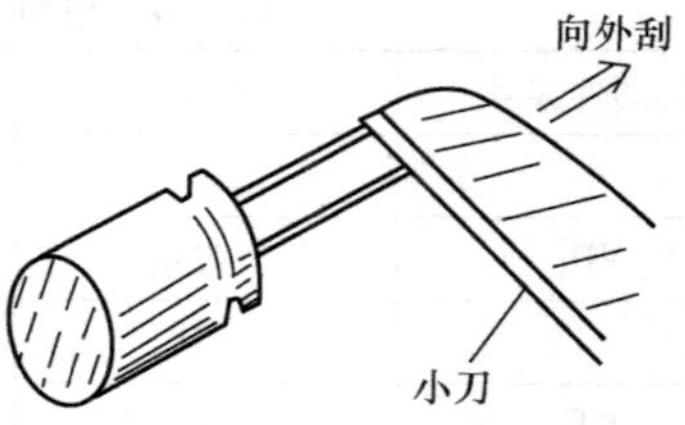

图 3-28　用小刀刮元器件引脚

清洁后的元器件引脚应及时镀上锡，以防再度氧化。如图3-29所示，电烙铁头部蘸锡后，在松香的助焊作用下，沿元器件引脚拖动，即可在引脚上镀上薄薄的一层焊锡。

3.4.3 元器件引脚的成形

按照元器件在电路板上的位置和引脚之间的距离对各元器件进行引脚的成形。在本红外遥控器的装配过程中，主要是对电阻器、红外发射管、晶体管、红外接收管等元器件进行引脚的成形，其成形结果如图3-30所示。一般可以采用尖嘴钳或镊子成形，图3-31为使用尖嘴钳加工元器件引脚的示意图。使用尖嘴钳折弯时切勿用力过猛，以免损坏元器件。

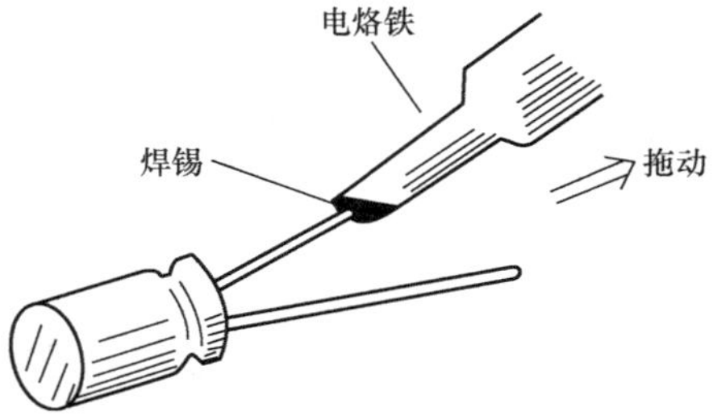

图3-29 给元器件引脚上锡

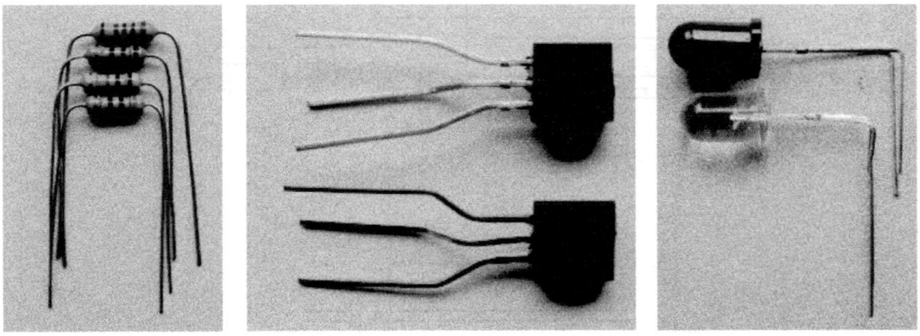

图3-30 部分元器件引脚成形完之后的效果图

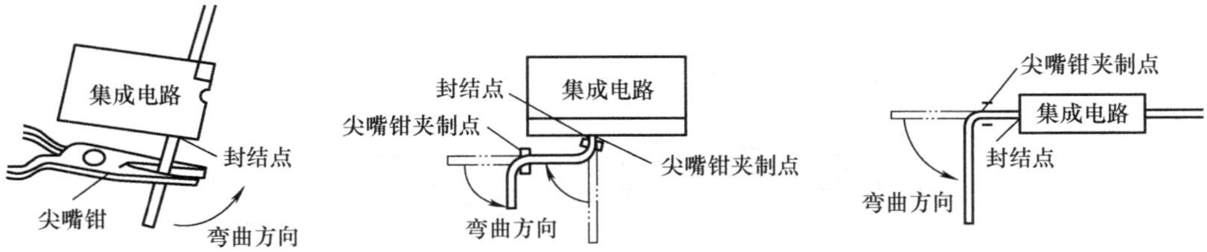

图3-31 使用尖嘴钳进行引脚成形

在对元器件引脚成形的过程中，应注意以下事项：

1）所有元器件的引脚都不能像图3-32a所示那样齐根部折弯，以防引脚齐根折断。

2）当孔距符合标准时的成形方法如图3-32b所示，其要求是：引脚打弯处距离引脚根部要大于或等于1.5mm，折弯半径 R 要大于或等于元器件引脚直径的两倍。两引脚打弯后要相互平行。

3）当孔距不符合标准时的成形方法如图3-32c所示，在正规产品中不允许出现。

4）当采用垂直插装时，其成形方法如图3-32d所示。H 一般为2～6mm，R 大于或等于元器件直径的两倍。

5）集成电路引脚的成形方法如图3-32e所示，一般双列直插式集成电路的引脚不用再进行成形，出厂时已经成形完毕。

6）在以上各种引脚成形过程中，应注意使元器件的标称值、文字及标记朝向最容易查看的位置，以便于检查与维修。

7）元器件引脚成形完之后，可以对元器件进行试装，判断引脚成形是否能装入电路板。

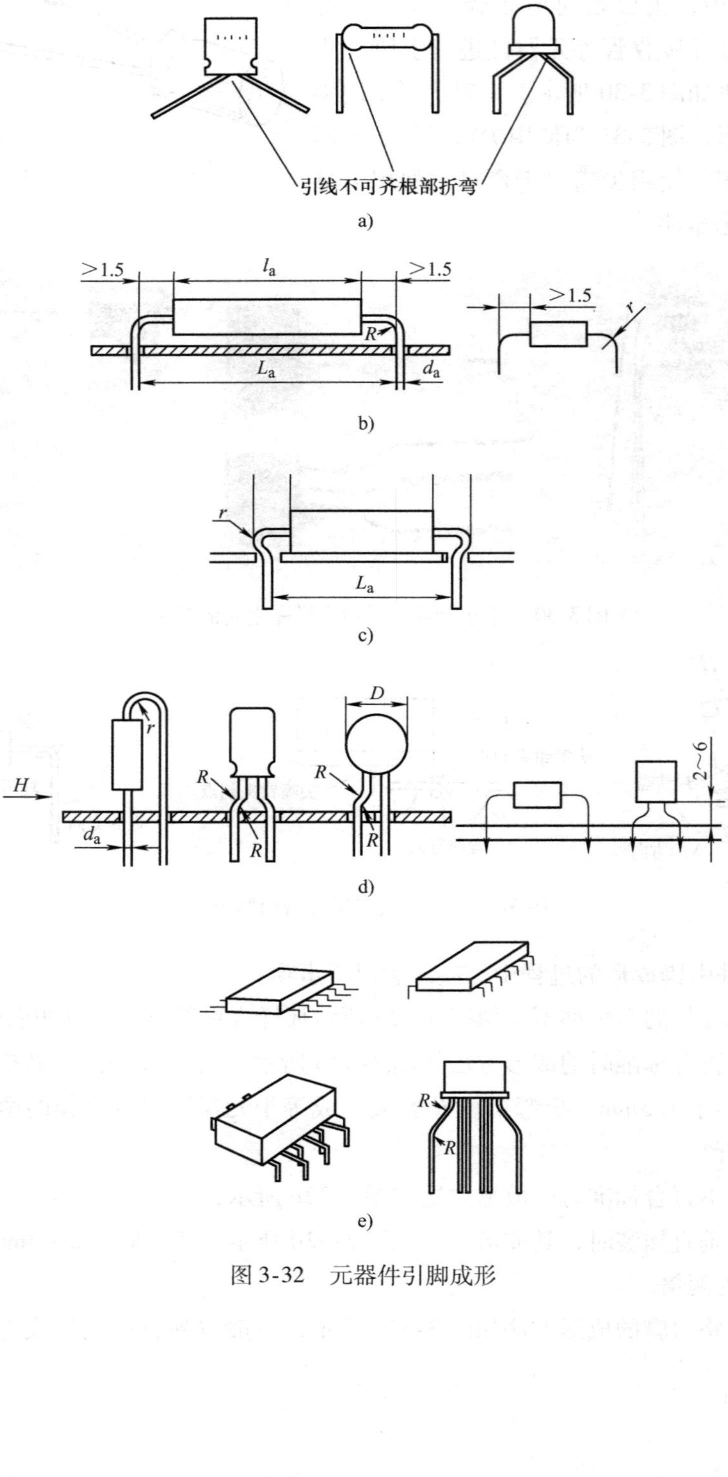

图 3-32　元器件引脚成形

3.4.4　元器件的装配与焊接

元器件在插装时要遵循从小到大、从轻到重、从低到高、从里往外、先一般元器件后特殊元器件、先简单电路板后复杂电路板的基本原则。因此具体的装配焊接顺序如下：

1. MB1_1 电路板上元器件的装配焊接

MB1_1 电路板上的元器件比较少，只有 4 个元器件，其印制电路板如图 3-33 所示。应选取正确的元器件后进行焊接。

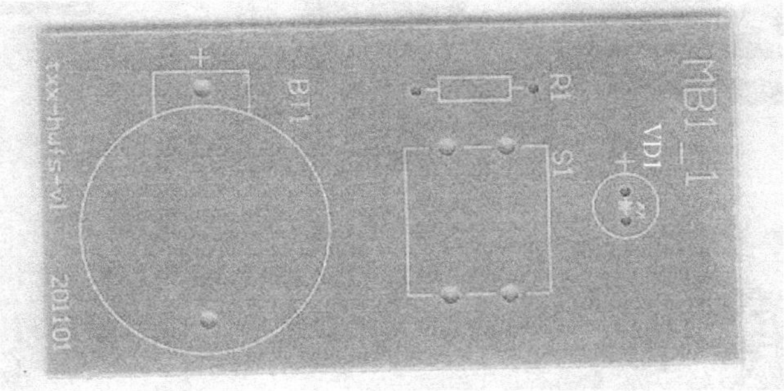

图 3-33　MB1_1 电路板

（1）电阻器的装配焊接

按照电路板上标识的元器件编号，在装配表中查找相应的电阻值。再通过色环读数选取正确的电阻器（例如，R_1 对应的电阻值是 100Ω，从而选取色环为棕黑棕金的电阻器），并插装到相应的位置。此时，在电阻器的下方垫一张大概 1cm 宽的硬纸皮（用于产生电阻器与电路板之间的间隙，便于散热），如图 3-34 所示。然后按紧电阻器，翻转电路板，将电阻器的两个引脚掰开一定的角度（便于固定电阻器）。之后便可以进行焊接，焊接时要严格控制好焊点的质量，防止虚焊的出现。焊接完毕后用斜口钳至焊点齐根剪掉引脚。一系列的装配过程请参考图 3-35。

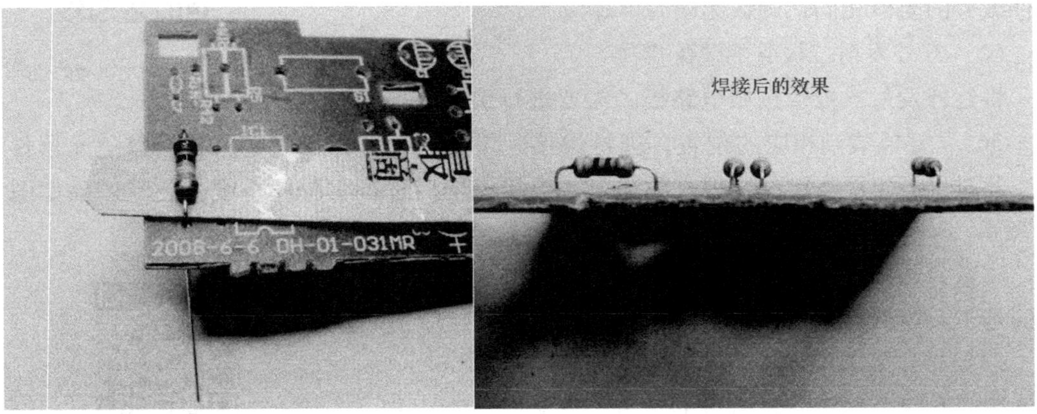

图 3-34　垫硬纸皮的作用

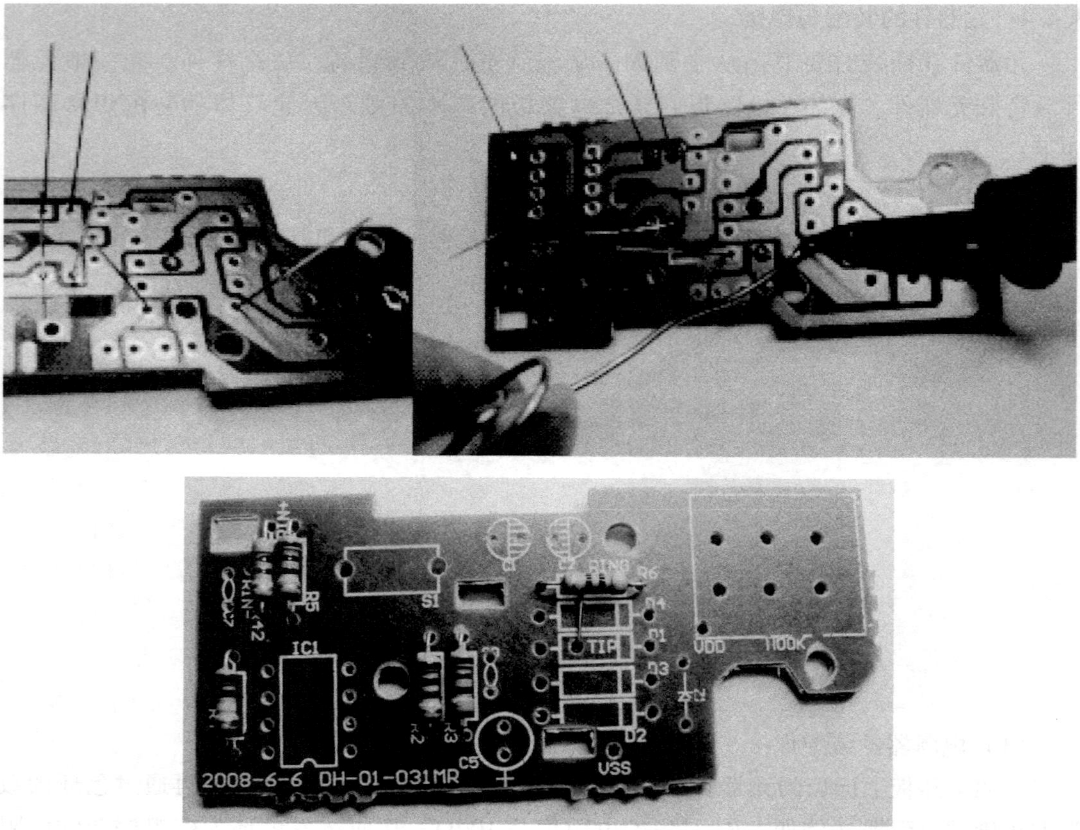

图 3-35　电阻器装配焊接的过程

提示：一般焊接前，都将所有的电阻器插装完毕后统一进行焊接，以提高装配速度。

注意：电阻器在安装的过程当中，要注意色环读数方向的一致性，一般遵循从左到右、从上到下的顺序，以便于以后的读数。焊接前要再次核对所安装电阻器的阻值是否与元器件编号的阻值相同，确认无误后再焊接。

操作视频 3-13　电阻器的装配

（2）红外发射二极管的装配焊接

将红外发射二极管按照电路板的需要进行引脚成形（见图 3-36），并插装到相应的位置，进行焊接。焊接时，需要压紧电路板，以免元器件移位，此时也需要严格控制好焊点的质量。焊接完毕后进行引脚的剪线。装配效果如图 3-37 所示。

注意：红外发射二极管引脚的极性问题（长引脚代表的是正，短引脚代表的是负）。

（3）按钮的装配焊接

按钮有四个引脚，没有方向之分。安装时注意引脚间距及所朝的方向，如图 3-38 所示。将按钮插装到电路

操作视频 3-14　红外发射二极管的装配

板上相应的位置；压紧开关进行焊接，可先焊接对角引脚进行固定。焊接时也要严格控制焊点的质量，防止虚焊的出现。

图 3-36　红外发射管引脚的成形

图 3-37　红外发射管的装配效果

操作视频 3-15　按钮的装配

（4）纽扣电池座的装配焊接

将纽扣电池座插装到电路板上相应的位置，注意正极方向，如图 3-39 所示。然后翻转电路板，压紧电池座，进行焊接。焊接时严格控制焊点的质量，防止虚焊的出现。

所有元器件焊接完毕后，MB1_1 电路板的装配效果如图 3-40所示。

操作视频 3-16　电池座的装配

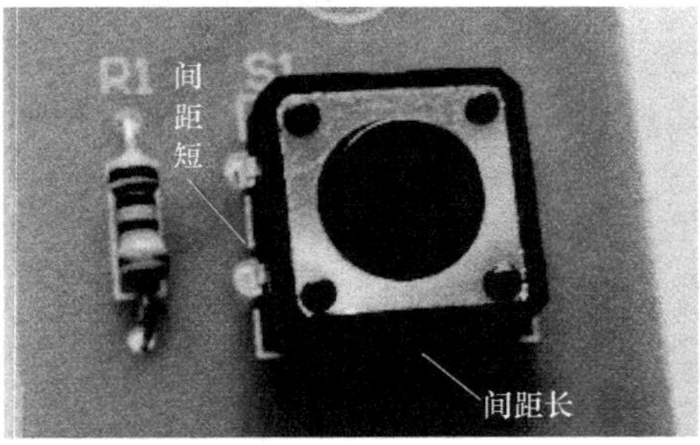

图 3-38　按钮引脚间距

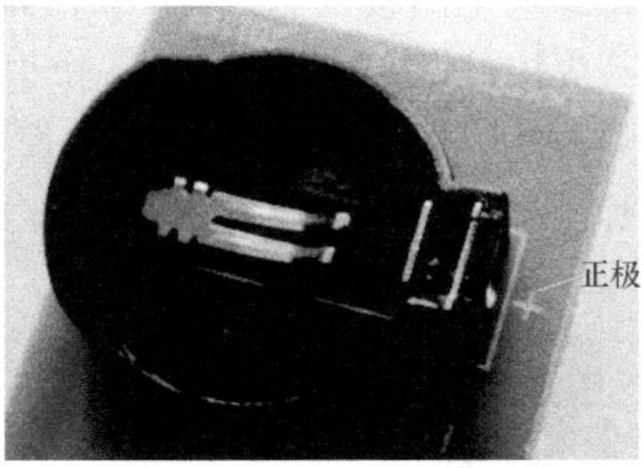

图 3-39　电池座正极方向

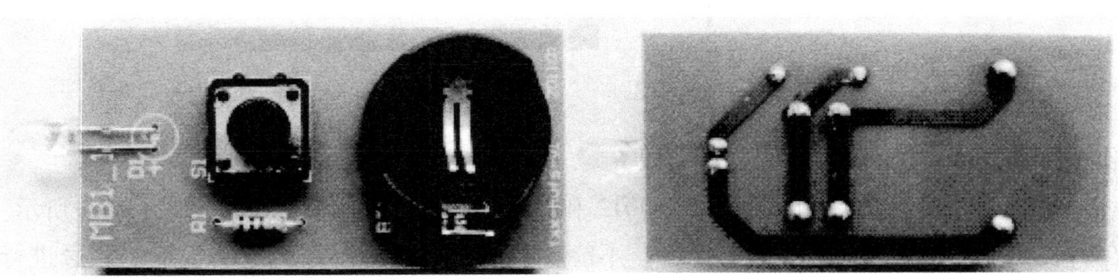

图 3-40　MB1_ 1 电路板的装配效果

2. MB1_2 电路板上元器件的装配

MB1_2 电路板的印制电路板如图 3-41 所示。应在正确选取元器件后进行焊接。

（1）电阻器的装配焊接

根据 MB1_ 1 电路板上电阻器的装配方法进行装配。

（2）红外接收二极管的装配焊接

根据 MB1_1 电路板上红外发射二极管的装配方法进行装配。装配时按照要求对红外接收二极管引脚进行成形，成形结果如图 3-42 所示。注意插装时引脚的正负极。

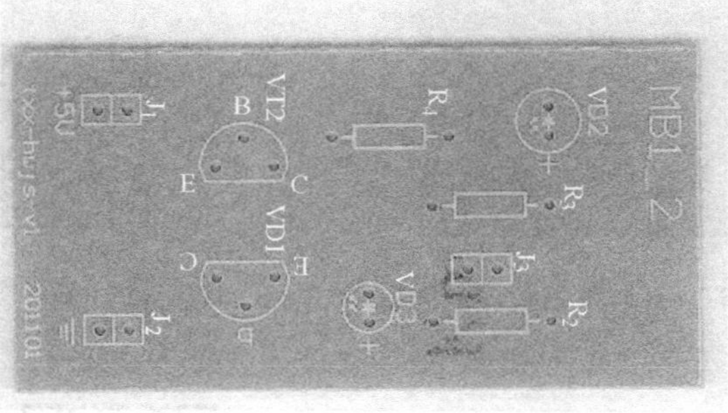

图 3-41　MB1_2 电路板

操作视频 3-17　红外接收二极管的装配

（3）普通发光二极管的装配焊接

普通发光二极管采用竖直安装，将发光二极管插装到电路板上的相应位置，注意引脚的正负极，使其引脚根部距离电路板正面约为 1cm，如图 3-43 所示。然后进行焊接，焊接时可先固定一个引脚，调整好高度，再焊另外一个引脚。同样要严格控制焊点的质量，防止虚焊的出现。

操作视频 3-18　普通发光二极管的装配

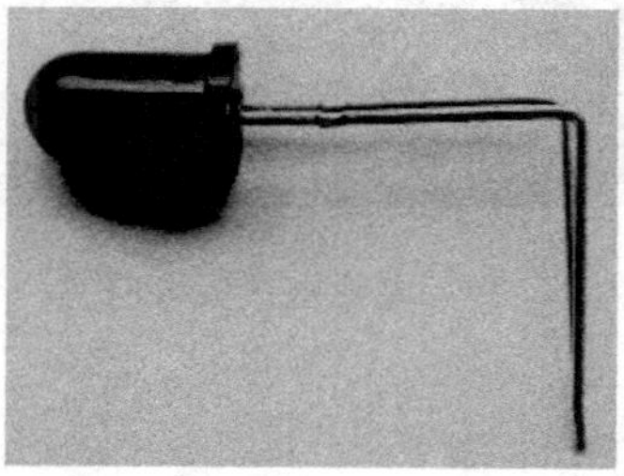

图 3-42　红外接收光敏二极管的成形

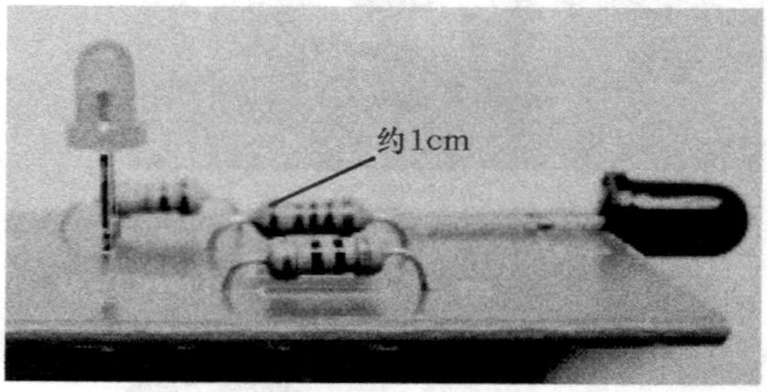

图 3-43　发光二极管的装配效果

（4）晶体管的装配焊接

MB1_2 电路板上采用的晶体管有 9012 和 9014 两种型号，其管脚排列如图 3-44 所示。在插装的时候特别要注意管脚的位置，不能反着装。一般可以按照电路板上的图号进行焊接，但也要仔细核对一下管脚的极性（可回顾任务 2 的内容）。晶体管的根部离电路板需要大于 5mm，插装完之后，可将管脚折弯一个角度，以临时固定晶体管，再进行焊接。焊接过程要严格按照焊接工艺执行，焊接时间不能超过 4s。焊接完毕后进行剪线，其装配效果如图 3-45 所示。

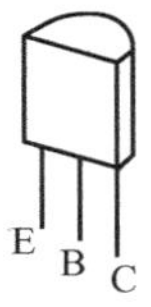

图3-44　晶体管的管脚图

图3-45　晶体管的装配效果

操作视频3-19　晶体管的装配

（5）两脚插针的装配焊接

两脚插针是为电路板提供对外连接的桥梁。在MB1_2电路板中的电源（J1）和地线（J2）便是采用插针外接电源。装配时，将两脚插针的短针一头插装到电路板上相应的位置，并进行焊接固定即可，插针没有极性之分。J3为默认器件，不必安装。

操作视频3-20　两脚插针的装配

所有元器件焊接完毕后，MB1_2电路板的装配效果如图3-46所示。

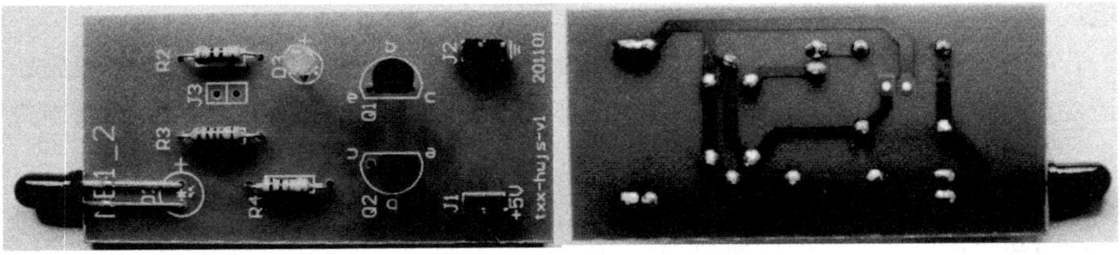

图3-46　MB1_2电路板的装配效果

3.4.5　任务小结

1. 任务工作单的填写

【填写要求】

回顾本任务所学习的主要内容，检查对元器件的装配焊接的学习效果。请认真完成任务工作单3-4（见附录A）各项内容的填写。其中，学生自评分为优、良、中、差四个等级，填写完毕后请交指导老师评定签字，作为期末成绩评定参考的依据。

2. 巩固提高

1）请总结出元器件在装配焊接过程中的几个步骤。

2）请简述电阻器的装配工艺。

3）在进行晶体管的装配时，应注意哪些工艺要求？

4）将元器件引脚成形的常用工具有哪些？

5）在条件允许的情况下，用万用板装配红外遥控器。

任务3.5 性能调试

调试是检验装配焊接工艺的最直接的手段，只有调试通过了，才能证明产品的好坏。因此本任务的重点在于对各电路板的调试和最后的整机统调。

3.5.1 各电路板的独立调试

1. MB1_1 电路板的调试

将纽扣电池（CR2032）装到电路板上的纽扣电池座上。完成以下操作：

1）电源电压的测试：将万用表调到直流电压档，量程为10V，万用表的红表笔接电路板上电池座BT1的+极，黑表笔接电池座的另外一个引脚，对万用表进行读数，记录测量结果为____ V。

若测量结果为3V，或相差小于0.5V，请继续下一步；否则请更换新电池，重新测量。

2）静态测试（没有按下按钮）：用万用表测量红外发光二极管两个引脚之间的电压（红表笔接“+”极，黑表笔接“-”极），记录测量结果为____ V。

3）动态测试（按下按钮）：用万用表测量红外发光二极管两个引脚之间的电压（红表笔接“+”极，黑表笔接“-”极），记录测量结果为____ V。

若静态测试结果为0V，动态测试结果为1.3V左右，则说明电路工作基本正常；否则请检查电路板上的按钮 S_1 是否是好的，电阻 R_1 的阻值是否正确，排除故障后重新进行测量。

2. MB1_2 电路板的调试

将直流稳压电源输出电压调到5V，用连线将电源“+”极连接到电路板上的J1插针，电源“-”极连接到J2插针，完成以下操作：

1）电源电压的测试：将万用表调到直流电压档，量程为10V，万用表的红表笔接电路板上的J1插针，黑表笔接电路板上的J2插针，打开电源，对万用表进行读数，记录测量结果为____ V。

2）晶体管的静态测试：保持万用表的黑表笔接J2插针，将红表笔移至晶体管 VT_2 的B极，测量B极电位为____ V；再将红表笔移至晶体管 VT_2 的C极，测量C极电位为____V；再将红表笔移至晶体管 VT_1 的E极，测量E极电位为____ V。

3）光敏二极管的静态测试：用万用表测量红外接收二极管两个引脚之间的电压（红表笔接“+”极，黑表笔接“-”极），记录测量结果为____ V。

4）正误判别：若第1）步的测量结果为5V，或相差小于0.5V，第2）步 VT_2 的B极电位为0.7V，C极电位为4.5V，VT_1 的E极电位为4.5V。若第3）步的测量结果为-4.0V左右，则该电路板的静态工作点为正常，否则请检查电路板上各元器件装配的位置是否正确。改变装配后，重新进行测量。

3.5.2　红外遥控器的整机调试

1. 性能测试

1）将直流电源电压调到5V，用连线将电源的正极接到MB1_2电路板上的J1插针，电源负极接到J2插针。

2）打开电源，手拿MB1_1电路板，将红外发射二极管VD_1对准MB1_2电路板上的红外接收光敏二极管VD_2，此时按下按钮，观察MB1_2电路板上的发光二极管VD_3是否发光。若VD_3在按钮按下时能正常发光，按钮松开时不亮，则说明可实现红外遥控的功能；否则，请通过第3）步的测量来判断电路的故障。

3）按下按钮，用万用表测量晶体管VT_2的C极的电位（红表笔接VT_2的C极，黑表笔接J2插针），记录测量结果为____V；松开按钮时，测量结果变为____V。

若按下按钮的测量结果为0.3V左右，松开按钮的测量结果为4.5V，则说明红外接收二极管VD_2能正常工作，此时发光二极管VD_3若不亮，则需检查R_2、VD_3是否装配正确，VT_1是否完好；否则，请检查VD_2是否装配正确，VT_2是否完好。

2. 红外遥控距离的测试

在功能测试完成后，对红外遥控的距离进行测试。基本步骤如下：

1）将红外接收电路板MB1_2接好电源，固定在桌面上，使红外接收二极管与桌面平行，并在桌面上标识红外接收二极管的位置。

2）将红外发射电路板MB1_1放置在桌面上，使红外发射二极管与桌面平行，并对准红外接收二极管（此时两者之间的距离可小于5cm）。

3）按下按钮，发光二极管点亮。此时，慢慢地移动MB1_1电路板，使其慢慢远离MB1_2电路板，观察发光二极管的发光情况，直到发光二极管熄灭，停止移动，在桌子上标识红外发射二极管的位置。

操作视频3-21　红外遥控器作品展示

4）用直尺在桌子上测量红外发射二极管与红外接收二极管之间的距离为____cm，则该距离为红外遥控的最大距离。

知识拓展

◆ 电子产品调试的方法和步骤

电子产品的调试，就是对电子产品排除故障，使之达到规定的技术指标的过程。根据电子产品研制的难易程度，电子产品的调试可分为复杂调试和简单调试。

复杂调试：包括单板调试、分调、联调三种。简单调试指一般的调试。不管复杂调试还是简单调试，调试过程都分为五个阶段：调试前的准备、通电前的检查、未插电路板的通电检查、插电路板后的通电检查、调试。

1. 调试前的准备

调试前的准备工作，一般包括两个方面：

1）仪器、仪表、工具、工作服以及所需元器件的准备。

2）有关设计文件、电路图和有关工艺文件以及记录要素的准备。

2. 通电前的检查

通电前的检查一般包括以下三个方面：

1）对机架网线和内部连线，按设计的排列表和连线表检查，一般检查三遍，做到准确无误。

2）对设备内部电源线的引线端进行是否对地短路检查。

3）对各部分间的电缆连线是否正确进行检查。

3. 未插电路板的通电检查

未插电路板的通电检查一般包括三个方面：

1）观察是否有打火、放电、保险爆裂等现象。

2）是否闻到有烧焦等怪味现象。

3）测量机架和内部电源线的引线端的电压是否正确。

4. 插电路板后的通电检查

插电路板后的通电检查一般包括两个方面：

1）如果按第2条和第3条检查无误，则将电路板一块一块地插入设备中。

2）每插入一块电路板都按第3条监测，若发现异常问题立刻断电。

5. 调试

调试可按调试提纲或工艺文件进行。

1）进行逻辑功能的调试。逻辑功能的调试指机器在正常状态下，能正常工作的调试。

2）进行稳定性调试。稳定性功能调试指机器处于临界状态或恶劣环境中也能正常工作的调试，如电源电压的高压与低压不正常时。无论进行逻辑功能的调试，还是稳定性功能调试的电子产品，其技术指标必须达到技术条件的规定。

3.5.3 任务小结

1. 任务工作单的填写

【填写要求】

回顾本任务所学习的主要内容，检查对电路功能调试的学习效果。请认真完成任务工作单3-5（见附录A）各项内容的填写。其中，学生自评分为优、良、中、差四个等级，填写完毕后请交指导老师评定签字，作为期末成绩评定参考的依据。

2. 巩固提高

1）请总结出红外遥控器的调试过程。

2）若想增加红外遥控距离，可采取什么方法？

3）如果 VD_2 与 VD_3 互相焊错了，会出现什么现象？

4）如果 VT_1 与 VT_2 互相焊错了，会出现什么现象？

5）J1 与 J2 接 5V 电源时接反了，会出现什么现象？

项 目 4

循环彩灯控制器的装配

项目要求

本项目通过对循环彩灯控制器的装配，要求学生进一步掌握对各类常见电子元器件的识别，掌握常见电子元器件的检测方法；了解印制电路板的设计方法；熟练掌握电子产品的装配工艺；能自己动手安装一个循环彩灯控制器，并对其进行性能调试。

【知识要求】

（1）了解循环彩灯控制电路的基本工作原理。

（2）掌握常见元器件的识别与检测。

（3）了解印制电路板的设计方法。

（4）掌握电子元器件的装配工艺。

（5）掌握对循环彩灯控制器的安装与调试。

【能力要求】

（1）能读懂循环彩灯控制电路原理图。

（2）能判断、识别常见电子元器件的种类，能正确说出常见电子元器件的名称。

（3）会使用万用表对常见电子元器件进行正确测量，并对其做出评价。

（4）能说出印制电路板的设计方法。

（5）熟练使用装配工具，能按照工艺要求对电子产品进行装配。

（6）能对循环彩灯控制器进行性能调试。

【学习方法】

（1）装配前认真阅读本教程，了解相关装配知识。

（2）通过实际的装配训练，掌握电子装配工艺。

（3）勤于思考，拓展装配知识。

任务 4.1　基本原理认知

通过本任务的学习，了解循环彩灯控制器的基本原理，为后面的功能调试奠定理论基础。了解基本原理，读懂电路图是从事电子产品装配和调试工作的基本技能之一。

4.1.1　基本原理介绍

本项目装配的循环彩灯控制器是要实现一个由 8 个 LED 灯循环依次闪烁点亮（跑马灯）的效果，该控制器分为脉冲产生电路、计数电路和译码输出电路三个部分，其原理框图如图 4-1 所示，电路原理图如图 4-2 所示。

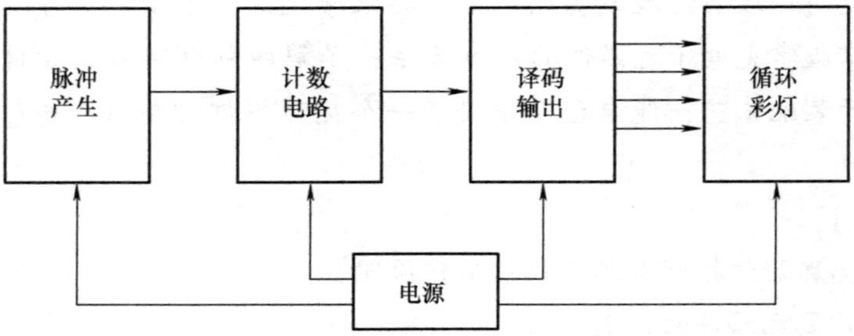

图 4-1　循环彩灯控制电路原理框图

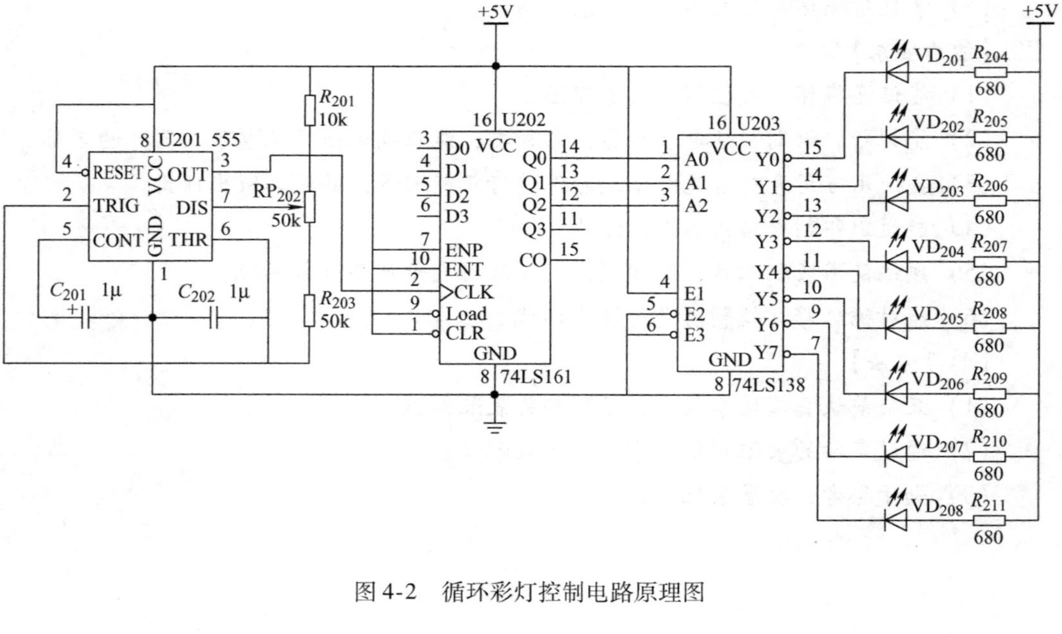

图 4-2　循环彩灯控制电路原理图

循环彩灯控制器各部分电路原理如下：

1. 脉冲产生电路

该部分电路由集成电路 555 和电阻 R_{201}、RP_{202}、R_{203}，电容 C_{201}、C_{202}构成一个多谐振荡器，输出一个周期变化的脉冲信号。产生的脉冲信号的频率由电阻 R_{201}、RP_{202}、R_{203}和电容 C_{202}的大小决定，其计算公式为

$$f = \frac{1}{T} = \frac{1}{(R_1 2R_2)C\ln 2}$$

其中，R_1 相当于电路中 R_{201} 与 RP_{202}触点的上半部分电阻值之和，R_2 相当于电路中 RP_{202}触点的下半部分电阻值与 R_{203}的电阻值之和，C 相当于电路中的 C_{202}。因此由电路中所提供的参数可算出该脉冲产生器的频率范围为 6.9 ~ 9Hz。

集成电路 555 的电源范围为 5 ~ 15V，电源引脚为 8 脚接电源，1 脚接地，在本电路中采用的电源 VCC 为 5V；输出引脚为 3 脚 OUT；控制输出引脚为 4 脚 RESET，当第 4 脚 RESET 接高电平（5V）时，3 脚有脉冲输出，当 4 脚 RESET 接低电平（0V）时，3 脚没有脉冲输出，输出为 0。电路中第 4 脚 RESET 接一个三脚插针 J203 的中间脚，J203 另外两脚分别接 VCC 和地，因此可通过跳线帽的选择，来控制脉冲的输出。

2. 计数电路

该部分电路由集成电路 74LS161 计数器构成。74LS161 为十六进制计数器，其功能表见表 4-1。

表 4-1　计数器 74LS161 的功能表

CLK	CLR	Load	ENP	ENT	工作状态
×	0	×	×	×	置零
↑	1	0	×	×	预置数
×	1	1	0	1	保持
×	1	1	×	0	保持（但 $C=0$）
↑	1	1	1	1	计数

说明：1—高电平；0—低电平；×—任意；↑—低到高电平跳变。

由功能表 4-1 可看出，要使 74LS161 工作在计数状态，必须使 CLK、Load、ENP、ENT 四个引脚都接高电平，如原理图所示。

因此，在本电路中对 74LS161 集成电路的第 1、7、9、10 脚接 VCC（高电平 +5V）；第 2 脚 CLK 为脉冲输入端，接前面脉冲产生器的脉冲输出端（即 555 集成电路的第 3 脚 OUT）；第 12、13、14 脚为计数器的输出端，输出 0 ~ 7 循环变化的二进制数。

74LS161 计数脉冲与输出之间的关系见表 4-2。

表 4-2　74LS161 计数脉冲与输出之间的关系

计数顺序	电路状态				等效十进制数	进位输出 CO
	Q3	Q2	Q1	Q0		
0	0	0	0	0	0	0
1	0	0	0	1	1	0
2	0	0	1	0	2	0
3	0	0	1	1	3	0
4	0	1	0	0	4	0
5	0	1	0	1	5	0
6	0	1	1	0	6	0
7	0	1	1	1	7	0
8	1	0	0	0	8	0
9	1	0	0	1	9	0
10	1	0	1	0	10	0
11	1	0	1	1	11	0
12	1	1	0	0	12	0
13	1	1	0	1	13	0
14	1	1	1	0	14	0
15	1	1	1	1	15	1
16	0	0	0	0	0	0

3. 译码输出电路

该部分电路由集成电路 74LS138 和 8 个电阻、8 个发光二极管构成。74LS138 为 3 线-8线译码器，其功能表见表 4-3。

表 4-3　3 线-8 线译码器 74LS138 的功能表

输入					输出							
E3	E1 + E2	A2	A1	A0	Y0	Y1	Y2	Y3	Y4	Y5	Y6	Y7
0	×	×	×	×	1	1	1	1	1	1	1	1
×	1	×	×	×	1	1	1	1	1	1	1	1
1	0	0	0	0	0	1	1	1	1	1	1	1
1	0	0	0	1	1	0	1	1	1	1	1	1
1	0	0	1	0	1	1	0	1	1	1	1	1
1	0	0	1	1	1	1	1	0	1	1	1	1
1	0	1	0	0	1	1	1	1	0	1	1	1
1	0	1	0	1	1	1	1	1	1	0	1	1
1	0	1	1	0	1	1	1	1	1	1	0	1
1	0	1	1	1	1	1	1	1	1	1	1	0

由功能表 4-3 可以看出，当控制端 E3 接高电平，E1 和 E2 都接低电平时，输入端 ABC 输入 0 ~ 7 的二进制数时，对应的输出端 Y0 ~ Y7 依次输出一个低电平，其他时候都输出高电平。

因此，在本电路中对 74LS138 集成电路的第 6 脚（E3）接 VCC（高电平 +5V）；第 4、5 脚（E1、E2）接地（低电平 0V）；第 1、2、3 脚（A、B、C）接前面计数器的输出端 Q0、Q1、Q2；第 7、9 ~ 15 脚分别接 8 个发光二极管。则当有计数脉冲产生时，输入端 ABC 输入一个 0 ~ 7 循环变化的二进制数，由于译码器的作用，在输出端 Y0 ~ Y7 将会依次输出一次低电平，从而依次驱动一个发光二极管点亮（任一时刻，只有一个灯被点亮），实现循环彩灯变化效果。

在驱动 LED 点亮时，采用的是电流倒灌的方法，当 LED 的负极接低电平时，LED 灯点亮，电流流入 74LS138 集成电路。由于 74LS138 能承受的最大电流有限，一般只有 30mA，因此接 LED 的限流电阻不能太小，本电路中采用 680Ω 限流电阻。

循环彩灯控制器采用插针的形式外接 5V 直流电源，其中插针 J201 接电源的正极（+5V），插针 J202 接电源的负极（地）。

知识拓展

◆ 74LS161、74LS138 和 NE555 芯片的功能介绍

1. 74LS161 计数器的功能说明

74LS161 为可预置的 4 位二进制同步计数器，其清零端是异步的。当清零端 CLR 为低电平时，不管时钟端 CLK 状态如何，即可完成清零功能；其预置数端是同步的。当置入控制器 LOAD 为低电平时，在 CLK 上升沿作用下，输出端 Q0 ~ Q3 与数据输入端 D0 ~ D3 相一致。74LS161 的计数是同步的，靠 CLK 同时加在四个触发器上而实现。当 ENP、ENT 均为高电平时，在 CLK 上升沿作用下 Q0 ~ Q3 同时变化，从而消除了异步计数器中出现的计数尖峰。74LS161 有超前进位功能。当计数溢出时，进位输出端（CO）输出一个高电平脉冲，其宽度为 Q0 的高电平部分。在不外加门电路的情况下，可级联成 *N* 位同步计数器。

74LS161 的引脚图如图 4-3 所示。

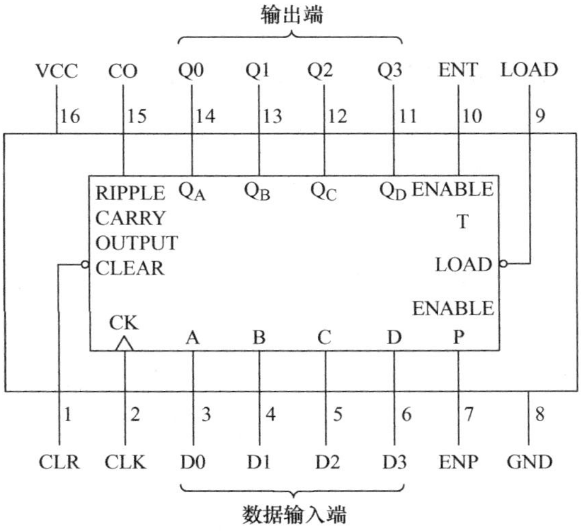

图 4-3　74LS161 的引脚图

74LS161 各引脚功能说明如下：

1）CO：进位输出端。

2）CLK：时钟输入端（上升沿有效）。

3）CLR：异步清除输入端（低电平有效）。

4）ENP：计数控制端。

5）ENT：计数控制端。

6）D0 ~ D3：预置数输入端。

7）LOAD ：同步并行置入控制端（低电平有效）。

8）Q0 ~ Q3：输出端。

74LS161 的功能表见表 4-1。

推荐工作条件见表 4-4。

表 4-4　74LS161 的工作条件

		CT54161/CT74161			CT54LS161/CT74LS161		
		最小	额定	最大	最小	额定	最大
电源电压 V_{CC}/V	54	4.5	5	5.5			5.5
	74	4.75	5	5.25	4.75	5	5.25
输入高电平电压 V_{IH}/V		2			2		
输入低电平电压 V_{IL}/V	54			0.8			0.7
	74			0.8			0.8
输出高电平电流 I_{OH}/μA				-800			-400

2. 74LS138 译码器的功能说明

74LS138 为 3 线-8 线译码器，共有 54/74S138 和 54/74LS138 两种线路结构类型，其工作原理为：当一个选通端（E1）为高电平，另两个选通端（$\overline{E2}$和$\overline{E3}$）为低电平时，可将地址端（A0、A1、A2）的二进制编码在一个对应的输出端以低电平译出。

74LS138 的引脚图如图 4-4 所示。

74LS138 各引脚功能说明如下：

1）A0 ~ A2：译码地址输入端。

2）E1：选通端或使能端。

3）$\overline{E2}$、$\overline{E3}$：选通端或使能端（低电平有效）。

4）$\overline{Y0}$ ~ $\overline{Y7}$：输出端（低电平有效）。

5）VCC：电源。

6）GND：地。

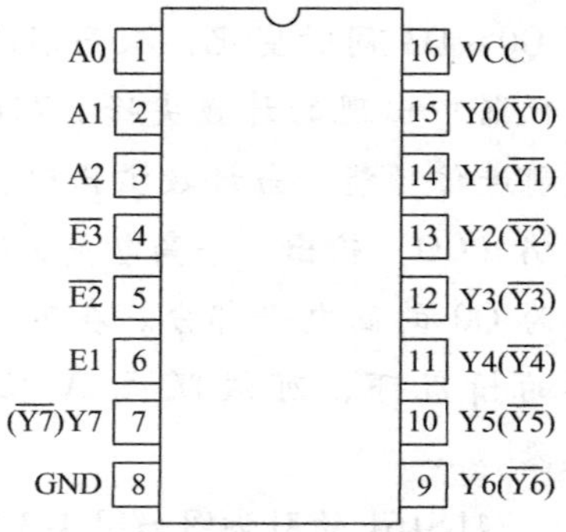

图 4-4　74LS138 的引脚图

A0 ~ A2 对应 Y0 ~ Y7；A0、A1、A2 以二进制形式输入，然后转换成十进制，相应 Y 的序号输出低电平，其他均为高电平。74LS138 的功能表见表 4-3。

3. NE555 集成电路的功能说明

NE555 是一个能产生精确定时脉冲的高稳态控制器，其输出驱动电流可达 200mA。在多谐振荡器工作方式时，其输出脉冲占空比由两个外接电阻和一个外接电容确定；在单稳态工作方式时，其延时时间由一个外接电阻和一个外接电容确定，可延时数微秒到数小时。工作电压范围为 5 ~ 15V。NE555 的引脚图如图 4-5 所示。

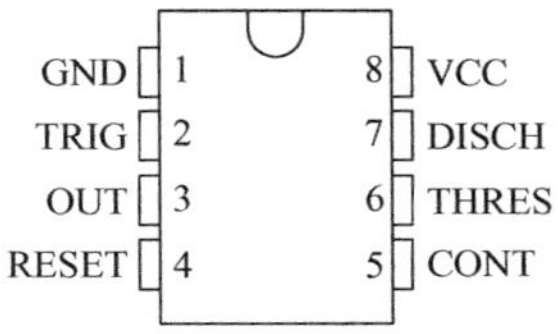

图 4-5　NE555 引脚图

NE555 各引脚定义如下：

1）1 脚为电源接地端。

2）2 脚为触发输入端。

3）3 脚为输出端。

4）4 脚是复位端。

5）5 脚是控制端。

6）6 脚为触发输入端。

7）7 脚称放电端。

8）8 脚为电源输入端。

NE555 的内部功能结构如图 4-6 所示。

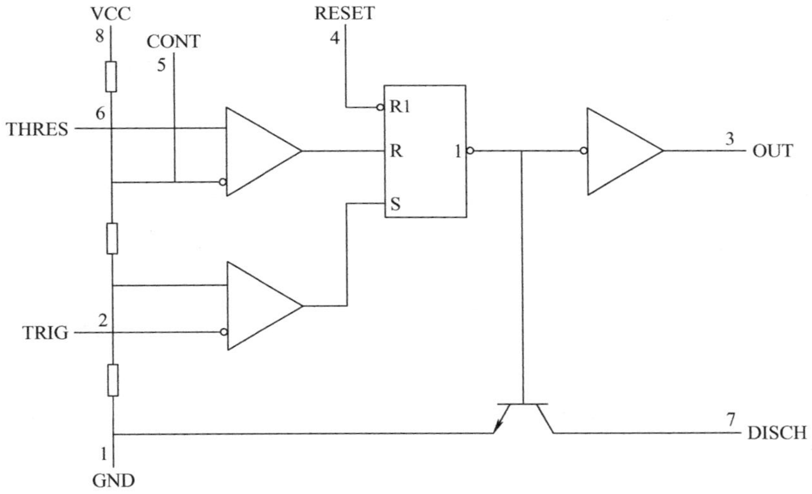

图 4-6　NE555 的内部功能结构

4.1.2　元器件认知

在图 4-2 中认识元器件的电路符号和编号，了解其在电路中所起的作用。

1. 电阻器

电阻器的认知请回顾项目 3 任务 3.1 的相关内容。在本电路中，共使用电阻 10 个（R_{201}、R_{203} ~ R_{211}）。

2. 电位器

电位器是一种可调电阻器。电位器对外有三个引出端，其中两个为固定端，另一个是滑动端（也称滑动臂）。滑动端可以在固定端之间的电阻体上做机械运动，使其与固定端之间的电阻发生变化。在电路中，常用电位器来调节电阻值或电位，其电路符号为 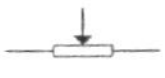，代号为“RP”或“W”。如图 4-2 中的 RP_{202} 则为电位器。在电路图中电位器的单位Ω与电阻器一样通常省略不写。

3. 电容器

电容器简称电容，具有充、放电能力，其特性可用12字口诀来记忆：通交流、隔直流、通高频、阻低频。电容器在电路中常用作交流信号的耦合、交流旁路、滤波、谐振选频等。电容器用代号“C”表示，其电路符号为$^{+}\dashv\vdash$或$\dashv\vdash$，前者表示有极性电容器，后者表示无极性电容器。通常普通电容为无极性电容器，电解电容、钽电容为有极性电容，在使用时必须注意极性。

电容的国际单位为F（法拉）。常用的有μF（微法）和pF（皮法）等。这三种单位之间的换算关系为

$$1\text{pF} = 10^{-6}\mu\text{F} = 10^{-12}\text{F}$$

在原理图中，单位F可以省略不写。图4-2中C_{201}为1μF的电解电容，C_{202}为1μF的普通电容。

4. 发光二极管（LED）

发光二极管的相关知识请回顾项目3任务3.1的相关内容。在本电路中，共使用LED 8个（VD_{201} ~ VD_{208}）。

5. 集成电路

集成电路是利用半导体工艺或厚膜、薄膜工艺，将电阻、电容、二极管、晶体管等元器件按照设计要求连接起来，制作在同一硅片上，成为具有特定功能的电路。这种器件打破了电路的传统概念，实现了材料、元器件、电路的三位一体，与分立元器件组成的电路相比，具有体积小、功耗低、性能好、重量轻、可靠性高、成本低等许多优点。

集成电路在电路中的符号通常是用一个方框加上若干引脚表示，其代号为“U”。图4-2中的U201、U202、U203为集成电路。

知识拓展

◆ 电容器

电容器是一种容纳电荷的器件，任何两个彼此绝缘且相隔很近的导体（包括导线）间都构成一个电容器。电容器广泛应用于电路中，在电路中起到隔直流、通交流、耦合、旁路、滤波、调谐回路等作用。电容的定义式为$C = Q/U$。

1. 电容器的分类

1）电容器一般可分为无极性电容器和有极性电容器（即电解电容）。

① 无极性电容器分为固定电容器和可变电容器。

② 电解电容器是一种介质有电解液涂层的有极性电容器。

固定电容器、可调电容器和电解电容器的常用符号与实物图见表4-5。

表 4-5　各类电容器的区别

类型	固定电容	可调电容	电解电容
符号	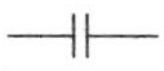		
实物			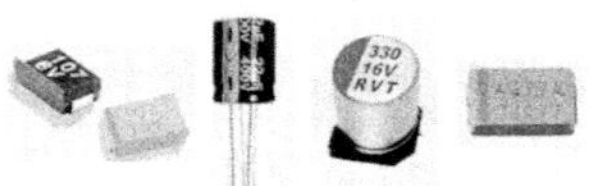

2）按用途不同，电容器可分有旁路电容器、滤波电容器、调谐电容器、耦合电容器等。

3）按电介质材料不同，电容器可分为纸介质电容器、涤纶电容器、聚苯乙烯电容器、聚丙烯电容器、聚四氟乙烯电容器、聚酰亚胺薄膜电容器、酸酯薄膜电容器、复合薄膜电容器、漆膜电容器、叠片形金属化聚碳酸酯电容器、云母电容器、瓷介电容器、玻璃釉电容器等。

2. 常用电容器介绍

(1) 电解电容器

电解电容器是目前用得较多的大容量电容器，它体积小、耐压高（一般耐压越高体积也就越大)，其介质为正极金属片表面上形成的一层氧化膜。负极为液体、半液体或胶状的电解液。因其有正负之分，故只能工作在直流状态下，如果极性用反，将使漏电流剧增，在此情况下电容器将会急剧变热而损坏，甚至会引起爆炸。一般厂家会在电容器的表面上标出正极或负极，通常新买来的电容器引脚长的一端为正极。

目前铝电解电容用得较多，钽、铌、钛电容相比之下漏电流小，体积小，但成本高，通常用在性能要求较高的电路中。

(2) 薄膜电容器

结构与纸质电容器相似，但用聚酯、聚苯乙烯等低损耗塑材作介质。其频率特性好，介电损耗小，但容量小，耐热能力差，主要应用在滤波、积分、振荡、定时电路中。

(3) 瓷介电容器

瓷介电容器采用高介电常数、低损耗的陶瓷材料作介质，电容器的体积小、损耗小、漏电流小、性能稳定、绝缘电阻大，但耐压低、受振动会引起容量变化，适用于高频旁路。

(4) 独石电容器

独石电容器是以钛酸钡为主的陶瓷材料烧结而成的一种瓷介质电容器，体积小、耐高温、绝缘性能好、成本低，Q 值高，多用于小型和超小型电子设备中，其容量误差较大。主要应用在噪声旁路、滤波器、积分电路、振荡电路中。

(5) 云母电容器

用云母片作介质的电容器，高频性能稳定、耐压高、漏电流小、频率特性好，Q 值高，温度系数小，但容量小。广泛应用在高频电路中，并可用作标准电容器。

(6) 陶瓷电容器

用高介电常数的陶瓷（钛酸钡一氧化钛）挤压成圆管、圆片或圆盘作为介质，并用烧渗法将银镀在陶瓷上作为电极制成。它又分高频瓷介和低频瓷介两种。具有小的正电容温度系数的电容器，用于高稳定振荡回路中，作为回路电容器及垫整电容器。低频瓷介电容器限于在工作频率较低的回路中作旁路或隔直流用，或对稳定性和损耗要求不高的场合（包括高频在内）。这种电容器不宜使用在脉冲电路中，因为它们易于被脉冲电压击穿。高频瓷介电容器适用于高频电路。

3. 电容器在不同电路中的作用

电容器是一种储能组件，具有“通交流、隔直流、通高频、阻低频”的特性，在不同的电路中起到的作用也不一样。

(1) 旁路

把输入信号中的高频噪声作为滤除对象，把前级携带的高频杂波滤除。旁路电容的主要功能是产生一个交流分路，从而消去进入易感区的那些不需要的能量，即当混有高频和低频的信号经过放大器被放大时，要求通过某一级时只允许低频信号输入到下一级，而不需要高频信号进入，则在该级的输入端加一个适当大小的接地电容，使较高频率的信号很容易通过此电容被旁路掉（这是因为电容对高频阻抗小），而低频信号由于电容对它的阻抗较大而被输送到下一级放大。

(2) 去耦

去耦又称解耦，去耦电容是电路中装设在元件的电源端的电容，此电容可以提供较稳定的电源，同时也可以降低元件耦合到电源端的噪声，间接可以减少其他元件受此元件噪声的影响。从电路来说，总是可以区分为驱动的源和被驱动的负载。如果负载电容比较大，驱动电路要把电容充电、放电，才能完成信号的跳变，在上升沿比较陡峭的时候，电流比较大，这样驱动的电流就会吸收很大的电源电流，由于电路中的电感、电阻(特别是芯片引脚上的电感，会产生反弹)，这种电流相对于正常情况来说实际上就是一种噪声，会影响前级的正常工作，这就是所谓的“耦合”。去耦电容就是起到一个电池的作用，满足驱动电路电流的变化，避免相互间的耦合干扰。

(3) 滤波

滤波电容是并联在整流电源电路输出端，用以降低交流脉动波纹系数、平滑直流输出的一种储能器件。在使用将交流转换为直流供电的电子电路中，滤波电容不仅使电源直流输出平稳，降低了交变脉动波纹对电子电路的影响，同时还可吸收电子电路工作过程中产生的电流波动和经由交流电源串入的干扰，使得电子电路的工作性能更加稳定。

(4) 耦合

耦合指信号由第一级向第二级传递的过程，一般不加注明时往往是指交流耦合，用以隔断直流电，让交流或脉动信号通过，使相邻的放大器直流工作点互不影响。

（5）起动电容

它是指用来起动单相异步电动机的交流电解电容器或聚丙烯、聚酯电容器。

4.1.3　任务小结

1. 任务工作单的填写

【填写要求】

回顾本任务所介绍的主要内容，检查对循环彩灯控制器基本原理的学习效果。请认真完成任务工作单4-1（见附录A）各项内容的填写。其中，学生自评分为优、良、中、差四个等级，填写完毕后请交指导老师评定签字，作为期末成绩评定参考的依据。

2. 巩固提高

1）请简述循环彩灯控制器的基本原理。

2）如果想让每个彩灯点亮时间为1s，请问脉冲产生电路应产生多大频率的脉冲？此时电阻R_{201}、R_{203}和电容C_{202}可以怎样取值？

3）如果想设计一个16路的循环彩灯控制器，可以在原来电路的基础上进行怎样的改进？

4）查阅有关资料，了解电容器的种类和主要参数。

5）查阅有关资料，了解集成电路的命名方法。

任务4.2　元器件的分类与检测

在循环彩灯控制器装配之前，必须对循环彩灯控制器套件的各类元器件进行分类。清点数量，检测元器件的好坏。在确定各元器件都是好的情况下，才能进行焊接。这是电子产品质量把关的第一步。

4.2.1　元器件的分类

循环彩灯控制器套件所包含的零部件见表4-6。

1. 熟悉各元器件

对套件中的各元器件进行仔细观察，分辨出电阻、发光二极管、电位器、电容器、集成电路、插针等元器件，并根据原理图，清点数量，看是否有遗漏或多余的器件。

2. 对各元器件进行分类

将各元器件进行归类，分成电阻器、发光二极管、电位器、电容器、集成电路、插针、电路板等几类。分类后分装在元器件盒里或固定在纸上，如图4-7所示。

操作视频4-1　循环彩灯控制器元器件分类

表 4-6　循环彩灯控制器套件

	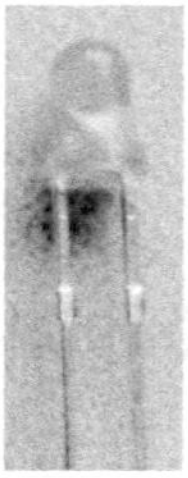				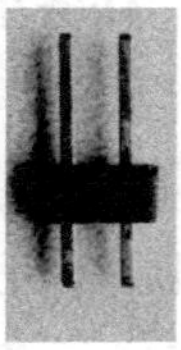
电阻器	LED	电位器	电容	电解电容	插针
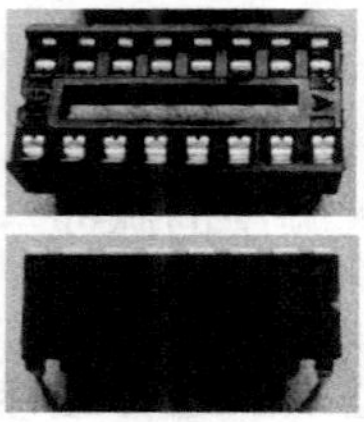		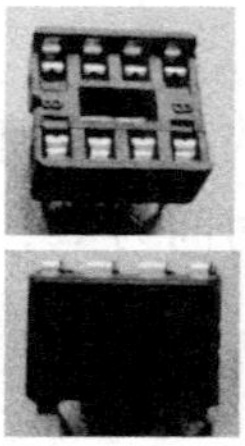	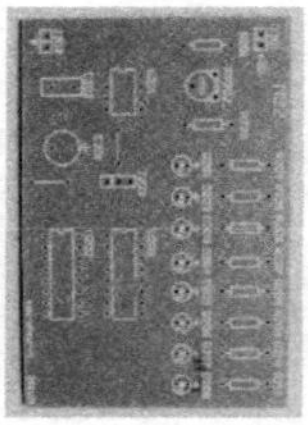		
74LS138	74LS161	NE555	电路板		

知识拓展

◆ 集成电路知识

集成电路简称 IC，是一种微型电子器件或部件。它是采用一定的工艺，把一个电路中所需的晶体管、电阻、电容和电感等元器件及布线互连在一起，能完成特定功能的电子电路。

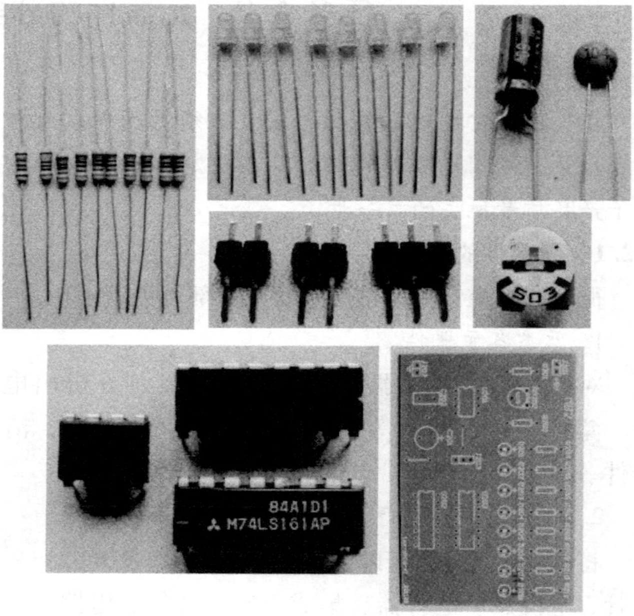

图 4-7　各元器件的归类

1. 集成电路的分类

1）按功能结构可以分为模拟集成电路、数字集成电路和数/模混合集成电路三大类。

2）按制作工艺可以分为半导体集成电路和膜集成电路。膜集成电路又分为厚膜集成电路和薄膜集成电路。

3）按集成度高低可以分为小规模集成电路、中规模集成电路、大规模集成电路、超大规模集成电路、特大规模集成电路和巨大规模集成电路（也被称作极大规模集成电路或超特大规模集成电路）。

4）按封装形式可以分为双列直插式、PLCC、SOP、QFP 和 BGA 等。

2. 集成电路引脚识别

集成电路按装配方式大概分成两大类：一类为直插式集成电路；另一类为贴装式集成电路。对于直插式集成电路，用缺口标示其方向，将集成电路正面朝自己，缺口朝左，如图 4-8 所示，缺口下面靠最左边的引脚就是第一个引脚，其余引脚编号按逆时针排列。有的集成电路直接在其正面用小圆点标示其第一个引脚的位置，其余引脚编号按逆时针排列，如图 4-8 所示。

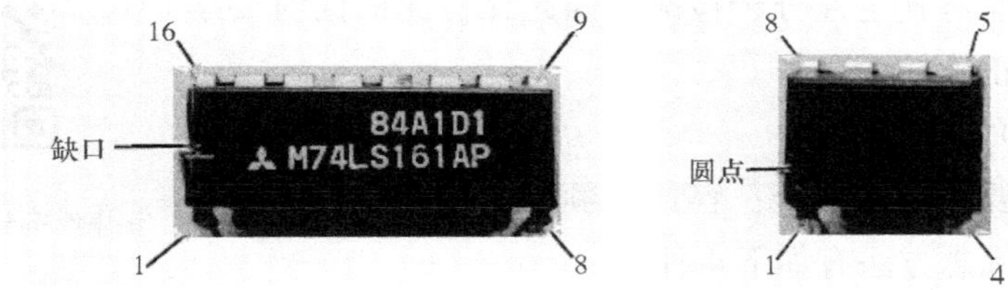

图 4-8　直插式集成电路引脚编号排列图

贴装式集成电路一般通过小圆点或者集成电路拐角形状不同来标示第一个引脚的位置，其余引脚编号按逆时针排列，如图 4-9 所示。

图 4-9　贴装式集成电路引脚编号排列图

4.2.2　主要元器件的检测

1. 电阻器的检测

循环彩灯控制器所用的电阻器都是 1/4W 的碳膜电阻，其大小规格都一样，阻值种类分为 3 种。在进行检测之前，先观察各电阻器上的色环，并进行读数，然后利用万用表测量该电阻器的阻值。若测量结果与其标称值基本相同，则该电阻器是好的，否则不能使用。详细操作请回顾项目 3 的任务 3.2。最后将检测完好的电阻器按照其阻值大小进行分类放好，以便于装配时进行选取。

2. 电位器的检测

循环彩灯控制器使用的电位器是微调电位器。该种电位器采用数字标称法，在其正面上印有数字 503，则表示该电位器的总阻值为 $50\times10^3\Omega$，即为 50kΩ。

在对电位器进行测量时，先测量电位器的总阻值，即两端片之间的阻值应为标称值，然后再测量它的中心端片与电阻体的接触情况。将一只表笔接电位器的中心焊接片，另一只表笔接其余两端片中的任意一个，慢慢将其转柄从一个极端位置旋转至另一个极端位置，其阻值则应从零（或标称值）连续变化到标称值（或零）。

操作视频 4-2　电位器的识别

3. 电容器的检测

循环彩灯控制器所采用的电容器有两种：电解电容器和小容量无极性电容器。一般用万用表对电容器的检测难以准确地测量其容量，只能对其定性分析检测。因此在检测的同时要学会对电容器进行正确的读数。

操作视频 4-3　电位器的检测

（1）电容器的读数

电容器的主要参数有两个：容量和额定耐压。一般电容器的容量和误差的标志方法有如下 4 种。

① 直标法。直标法是在产品的表面上直接标志出产品的主要参数和技术指标，如在电容器上标志：

$$33\mu F \pm 5\% 、32V$$

② 文字符号法。将主要参数与技术性能用文字、数学符号有规律地组合标志在产品的表面上。采用文字符号法时，将容量的整数部分写在容量单位标志符号前面，小数部分放在单位符号后面，如 3.3pF 标志为 3p3，1000p F 标志为 1n，6800 标志为 6n8，2.2μF 标志为 2μ2。

③ 数字表示法。体积较小的电容器常用数字标志法。一般用 3 位整数，第 1 位、第 2 位为有效数字，第 3 位表示有效数字后面零的个数，单位为皮法（pF）。但是第 3 位数是 9 时表示 10^{-1}，如“243”表示容量为 24000pF，而“339”表示容量为 33×10^{-1} pF（3.3pF）。

④ 色标法。电容器容量的色标法原则上与电阻器类似，其单位为皮法（pF）。

电容器的额定耐压是指在规定的温度范围下，电容器正常工作时能承受的最大直流电压。固定式电容器的耐压系列值有 1.6V、6.3V、10V、16V、25V、32V*、40V、50V、63V、100V、125V*、160V、250V、300V*、400V、450V*、500V、1000V 等（带 * 号者只限于电解电容使用）。耐压值一般直接标在电容器上，但是有些电解电容器在正极根部用色点来表示耐压等级，如 6.3V 用棕色，10V 用红色，16V 用灰色。电容器在使用时不允许超过这个耐压值，若超过此值，电容器就可能损坏或被击穿，甚至爆裂。

（2）电容器的测试

对电容器进行性能检查和容量测试，应视电容器型号和容量的不同而采取不同方法。

① 电解电容器的测试。对电解电容器的性能测量，最主要的是容量和漏电流的测量。对正、负极标志脱落的电容器，还应进行极性判别。

用万用表测量电解电容的漏电流时，可用万用表电阻档测电阻的方法来估测。万用表的黑表笔应接电容器的“+”极，红表笔接电容器的“-”极，此时表针迅速向右摆动，然后逐渐退回，待指针不动时其指示的电阻值越大表示电容器的漏电流越小；若指针根本不向右摆，说明电容器内部已断路或电解质已干涸而失去容量。

用上述方法还可以鉴别电容器的正、负极。对失掉正、负极标志的电解电容器，先假定某极为“+”，让其与万用表的黑表笔相接，另一个电极与万用表的红表笔相接，同时观察并记住表针向右摆动的幅度；将电容两电极短路，使其放电后，把两只表笔对调重新进行上述测量。哪一次测量中，表针最后停留的摆动幅度最小，说明该次对正、负极的假设是对的。

② 小容量无极性电容器的测试。这类电容器的特点是无正、负极之分，绝缘电阻很大，因而其漏电流很小。若用万用表的电阻档直接测量其绝缘电阻，则表针摆动范围极小不易观察，用此法主要是检查电容器的短路情况。对于 0.01μF 以上的电容器，必须根据容量的大小，分别选用万用表的合适量程，才能正确加以判断。例如，测 300μF 以上的电容器可选择“$R\times100$”或“$R\times1k$”档；测 0.47～10μF 的电容器可选用“$R\times1k$”档；测 0.01～0.47μF 的电容器可选用“$R\times10k$”档等。具体方法是：用两表笔分别接触电容的两根引线（注意双手不能同时接触电容器的两极），若表针在∞处不动，将表针对调再测，仍不动说明电容器内部开路；若表针在 0 处不动，说明其内部短路。

操作视频 4-4　电容器的识别

对于 0.01μF 以下的电容器一般不能用万用表的电阻档判断其好坏，只能用其他仪表（如 Q 表）进行鉴别。

操作视频 4-5　电容器的检测

4. 发光二极管的检测

循环彩灯控制器使用的发光二极管是 $\phi3$ 的规格，分红、绿两种颜色。检测的时候可以用万用表的电阻档进行检测，注意表笔的正、负极所接触的引脚要正确。若 LED 会正常发光，则该 LED 是好的，否则不能使用。详细操作请回顾项目 3 的任务 3.2。

5. 集成电路的识别

循环彩灯控制器使用的集成电路属于双列直插式封装，有 8 引脚和 16 引脚两种，这种封装形式的集成电路相邻两个引脚之间的间距为 0.1in（约 2.54mm）。集成电路的引脚排列次序有一定的规律，一般是从外壳顶部向下看，从左下脚按逆时针方向读数，其中第一脚附近一般有参考标志，如凹槽、色点等。常见集成电路的外形和封装形式如图 4-10 所示。

对集成电路的检测，一般要用专用的集成电路测试仪，本任务略去对集成电路进行检测。

操作视频 4-6　集成电路的识别

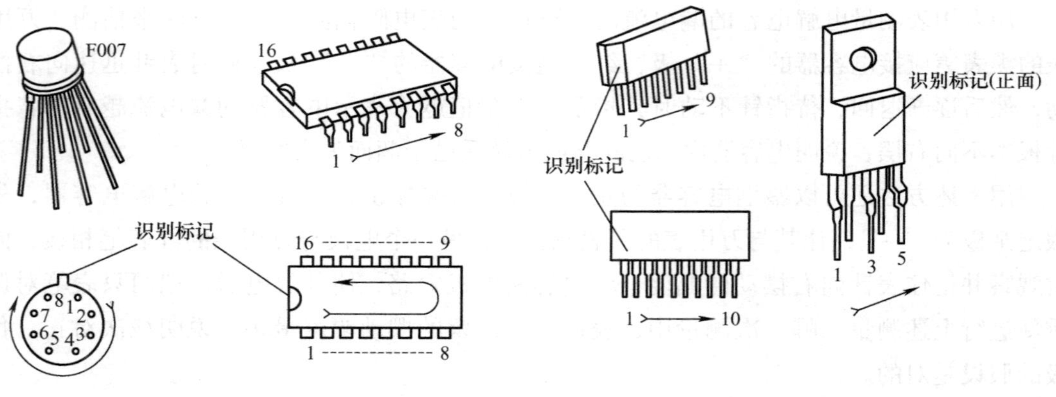

图 4-10　常见集成电路的外形和封装形式

知识拓展

◆ 集成电路的检测方法

集成电路的检测一般需要通过专业仪器进行，一些集成电路可以通过特定的电路验证其功能是否正确，比如数字逻辑芯片，通过电路给定相应的逻辑电平进行验证。

如果没有专业仪器的情况下，我们也可以通过测试芯片引脚之间的电阻和各个引脚对地电阻，与集成电路数据手册数据进行对比分析或者跟一片完好的芯片数据进行比较分析，来测试集成电路的好坏。首先将数字万用表选择电阻档合适的量程，测试一片完好的集成电路各个引脚对地电阻及引脚之间的电阻值进行记录，然后测试被测集成电路各个引脚对地电阻及引脚之间的电阻值进行记录。比较两次测量结果，初步判断被测集成电路的好坏。

另外可以参考集成电路数据手册的参数，在电路中测量各个引脚对地电压、电流，然后与数据手册中的数据对比，判断集成电路是否能正常工作。

4.2.3　任务小结

1. 任务工作单的填写

【填写要求】

回顾本任务所介绍的主要内容，检查对元器件的分类与检测的学习效果。请认真完成任务工作单 4-2（见附录 A）各项内容的填写。其中，学生自评分为优、良、中、差四个等级，填写完毕后请交指导老师评定签字，作为期末成绩评定参考的依据。

2. 巩固提高

1）写出下列标有色环的电阻器的标称阻值和误差，并指出其标志方法。

红黄红金棕棕黑黑棕棕蓝灰黑黑棕黄紫黑金棕

2）用数字标志法标注出以下电容。

0. 1μF、0. 047μF、30pF、6. 8nF

3）如何用万用表测量判断发光二极管的好坏和电极极性？

4）简述电容器的检测方法。

5）74LS161 与 74LS138 有何相同点？

任务4.3　印制电路板的设计

印制电路板的设计经常是采用计算机辅助设计，比较容易掌握的常用软件是 Protel 99se，作为一名电子工艺装配技术人员，必须掌握印制电路板的设计方法，能够利用计算机设计出电气性能合格的印制电路板。

4.3.1　元器件的布局设计

采用 Protel 99se 软件进行印制电路板设计时，要先进行元器件的布局设计，将循环彩灯控制器电路使用到的所有元器件合理地放置在大小规定好的矩形框中。印制电路板的尺寸大小为 9cm×6cm。

1. 元器件布局前准备

1）打开 Protel 99se 软件，创建一个工程文件，可命名为“循环彩灯控制器 . ddb”，如图 4-11 所示。

2）在刚创建的工程文件中创建一个 PCB 文件，可命名为“印制电路板 . pcb”，如图 4-12所示。

3）打开 PCB 文件，修改网格线间距的大小，一般间距为 100mil（2. 54mm）。

4）选择禁止布线层，画出一个 9cm×6cm 的矩形框，如图 4-13 所示。

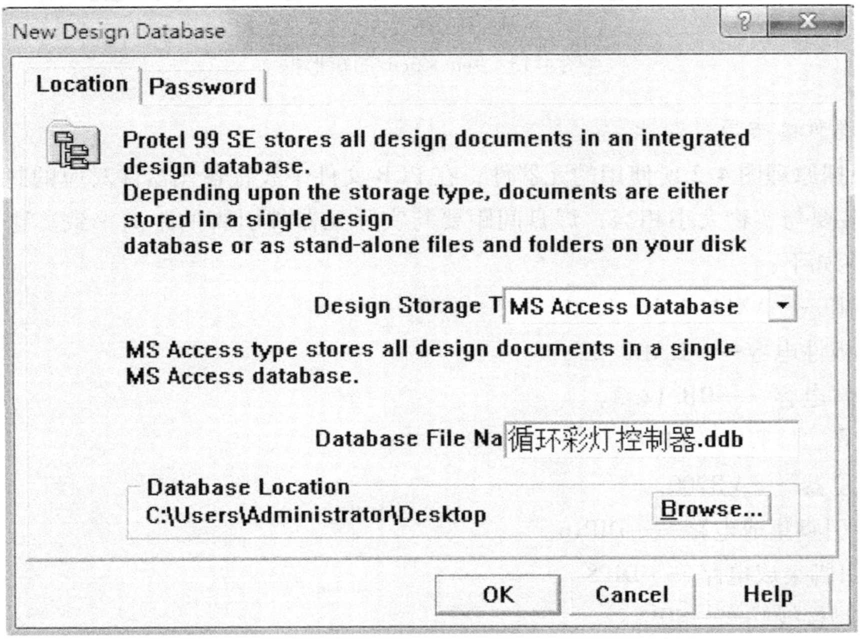

图 4-11　创建工程文件

图 4-12　新创建的 PCB 文件

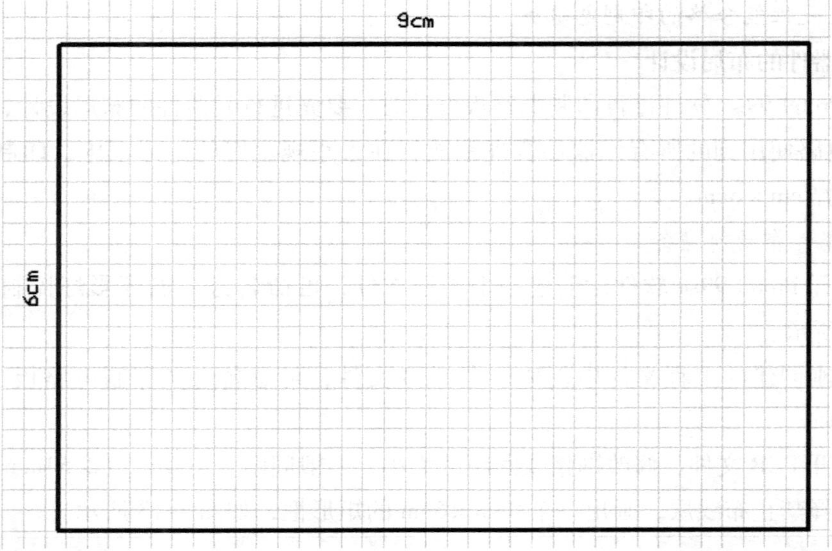

图 4-13　9cm×6cm 的矩形框

2. 元器件的布局与设计

1）根据原理图 4-2 所使用的元器件，在 PCB 文件中放置各元器件对应的封装，注意元器件封装要与实物大小相当，焊盘间距要与实际元器件引脚的距离一致。建议各元器件封装使用如下：

① 电阻——AXIAL0. 4。

② 无极性电容——RAD0. 2。

③ 电解电容——RB. 1/. 2。

④ 发光二极管——LED3。

⑤ 电位器——VR200。

⑥ 16 引脚集成电路——DIP16。

⑦ 8 引脚集成电路——DIP8。

⑧ 两脚接线柱——SIP2。

⑨ 三脚接线柱——SIP3。

2）修改各元器件封装的编号，该编号要与原理图中对应的元器件编号一致（封装图中，元器件符号均为正体、平排，这与原理图有区别），如图 4-14 所示。

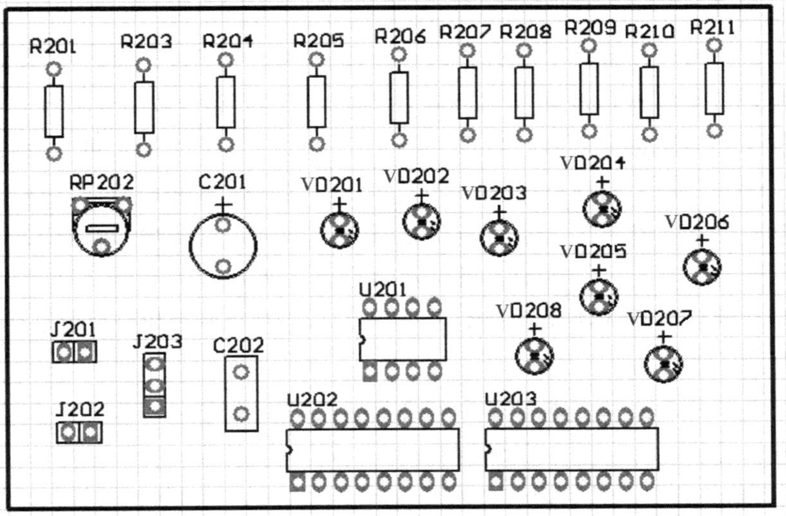

图 4-14　元器件封装及编号

3）根据电路信号的流向和预期想达到的彩灯显示效果，进行元器件的排版布局设计。元器件的布局图如图 4-15 所示。

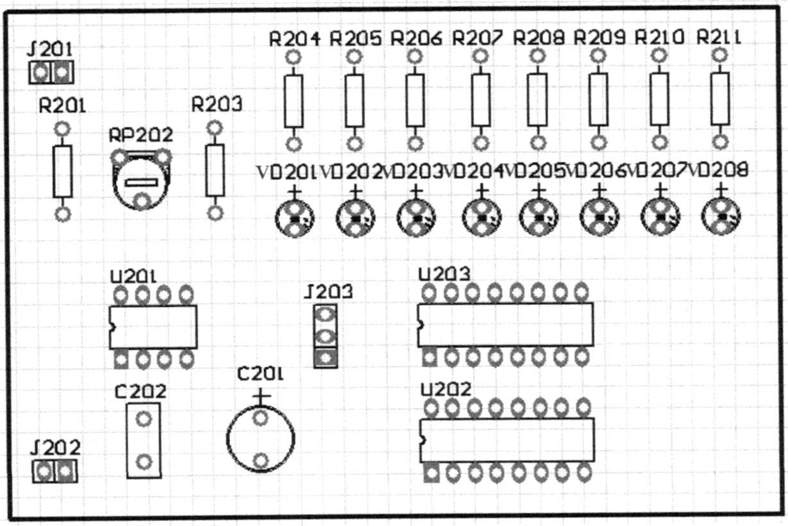

图 4-15　循环彩灯控制器电路板的元器件布局图

元器件的布局应遵循：各元器件的排列要整齐，尽量在同一水平线或垂直线上，元器件密集程度均衡，以方便后续的布线工作。

知识拓展

◆元器件封装常识

1. 什么叫封装

封装，就是指把硅片上的电路引脚，用导线接引到外部接头处，以便与其他器件连接。封装形式是指安装半导体集成电路芯片用的外壳。它不仅起着安装、固定、密封、保护芯片及增强电热性能等方面的作用，而且还通过芯片上的接点用导线连接到封装外壳的引脚上，这些引脚又通过印制电路板上的导线与其他器件相连接，从而实现内部芯片与外部电路的连接。因为芯片必须与外界隔离，以防止空气中的杂质对芯片电路的腐蚀而造成电气性能下降。另一方面，封装后的芯片也更便于安装和运输。由于封装技术的好坏还直接影响到芯片自身性能的发挥和与之连接的PCB（印制电路板）的设计和制造，因此它是至关重要的。

衡量一个芯片封装技术先进与否的重要指标是芯片面积与封装面积之比，这个比值越接近1越好。封装时主要考虑的因素有如下几点：

1）为提高封装效率，芯片面积与封装面积之比尽量接近1:1。

2）引脚要尽量短以减少延迟，引脚间的距离尽量远，以保证互不干扰，提高性能。

3）基于散热的要求，封装越薄越好。

封装主要分为DIP双列直插和SMD贴片封装两种。

从结构方面，封装从最早期的晶体管TO（如TO-89、TO92）封装发展到了双列直插封装，随后由PHILIPS公司开发出了SOP小外形封装，以后逐渐派生出SOJ（J型引脚小外形封装）、TSOP（薄小外形封装）、VSOP（甚小外形封装）、SSOP（缩小型SOP）、TSSOP（薄的缩小型SOP）及SOT（小外形晶体管）、SOIC（小外形集成电路）等。

从材料介质方面，包括金属、陶瓷、塑料，目前很多高强度工作条件需求的电路如军工和宇航级别仍有大量的金属封装。

封装大致经过了如下发展进程：

1）结构方面：TO→DIP→PLCC→QFP→BGA→CSP。

2）材料方面：金属→陶瓷→塑料。

3）引脚形状：长引线直插→短引线或无引线贴装→球状凸点。

4）装配方式：通孔插装→表面组装→直接安装。

2. 具体的封装形式

（1）SOP/SOIC

SOP是英文Small Outline Package的缩写，即小外形封装。SOP技术由1968～1969年飞利浦公司开发成功，以后逐渐派生出SOJ（J型引脚小外形封装）、TSOP（薄小外形封装）、VSOP（甚小外形封装）、SSOP（缩小型SOP）、TSSOP（薄的缩小型SOP）及SOT（小外形晶体管）、SOIC（小外形集成电路）等。

（2）DIP

DIP是英文Double In-line Package的缩写，即双列直插式封装。插装型封装之一，引脚从封装两侧引出，封装材料有塑料和陶瓷两种。DIP是最普及的插装型封装，应用范围包括标准逻辑IC、存储器LSI、微机电路等。

（3）PLCC封装

PLCC是英文Plastic Leaded Chip Carrier的缩写，即塑封J引线芯片封装。PLCC封装方式，外形呈正方形，32脚封装，四周都有引脚，外形尺寸比DIP小得多。PLCC封装适合用SMT表面安装技术在PCB上安装布线，具有外形尺寸小、可靠性高的优点。

（4）TQFP

TQFP是英文Thin Quad Flat Package的缩写，即薄塑封四角扁平封装。四角扁平封装（TQFP）工艺能有效利用空间，从而降低对印制电路板空间大小的要求。由于缩小了高度和体积，这种封装工艺非常适合对空间要求较高的应用，如PCMCIA卡和网络器件。几乎所有ALTERA的CPLD/FPGA都有TQFP。

（5）PQFP

PQFP是英文Plastic Quad Flat Package的缩写，即塑封四角扁平封装。PQFP的芯片引脚之间距离很小，引脚很细，一般大规模或超大规模集成电路采用这种封装形式，其引脚数一般都在100以上。

（6）TSOP

TSOP是英文Thin Small Outline Package的缩写，即薄型小尺寸封装。TSOP技术的一个典型特征就是在封装芯片的周围做出引脚，TSOP适合用SMT技术（表面安装技术）在PCB（印制电路板）上安装布线。TSOP外形尺寸小，寄生参数（电流大幅度变化时，引起输出电压扰动）减小，适合高频应用，操作比较方便，可靠性也比较高。

（7）BGA封装

BGA是英文Ball Grid Array的缩写，即球栅阵列。20世纪90年代随着技术的进步，芯片集成度不断提高，I/O引脚数急剧增加，功耗也随之增大，对集成电路封装的要求也更加严格。为了满足发展的需要，BGA封装开始被应用于生产。

采用BGA技术封装的内存，可以使内存在体积不变的情况下内存容量提高2~3倍，BGA与TSOP相比，具有更小的体积、更好的散热性能和电性能。BGA封装技术使每平方英寸的存储量有了很大提升，采用BGA封装技术的内存产品在相同容量下，体积只有TSOP封装的三分之一；另外，与传统TSOP封装方式相比，BGA封装方式有更加快速和有效的散热途径。

BGA封装的I/O端子以圆形或柱状焊点按阵列形式分布在封装下面，BGA技术的优点是I/O引脚数虽然增加了，但引脚间距并没有减小反而增加了，从而提高了组装成品率；虽然它的功耗增加，但BGA能用可控塌陷芯片法焊接，从而可以改善它的电热性能；厚度和重量都较以前的封装技术有所减小；寄生参数减小，信号传输延迟小，使用频率大大提高；组装可用共面焊接，可靠性高。

4.3.2　印制电路板的布线

在元器件的布局设计确定完之后，就可以进行印制电路板的布线，实现各元器件之间的电气连接。具体步骤如下：

1）设置布线方式和布线规则。选择布线规则，在“Design”下选择“Rules”对话框，选择不同网络布线的线宽、布线方式、布线的层数、安全间距、过孔大小等。本项目要求制作的是单面板，因此布线的层数只选择底层（bottom），关闭其他层的使用。线宽设置默认值为30mil，在实际布线过程中可根据实际情况进行修改。安全间距设置为20mil以上，如图4-16所示。

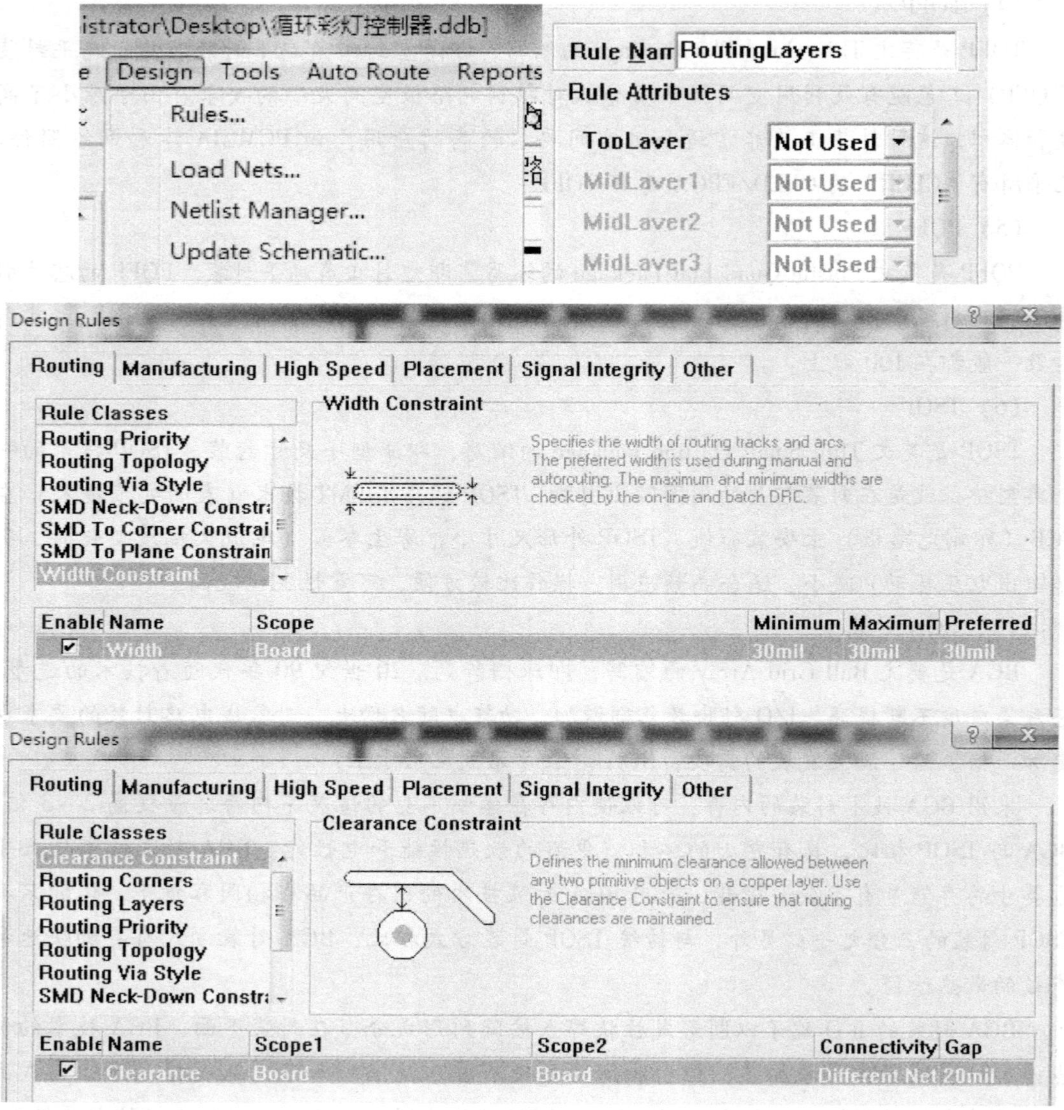

图4-16 布线规则的设定

2）根据原理图4-2各元器件之间的连接情况，进行手工布线，布线效果如图4-17所示。

由于采用的是单面板布线，因此在布线的时候，难免会出现某些焊盘难以直接进行连接，从而出现线路的交叉，这时候可以通过放置两个焊盘，等在装配的时候通过焊接跳线，使得电路连接起来。

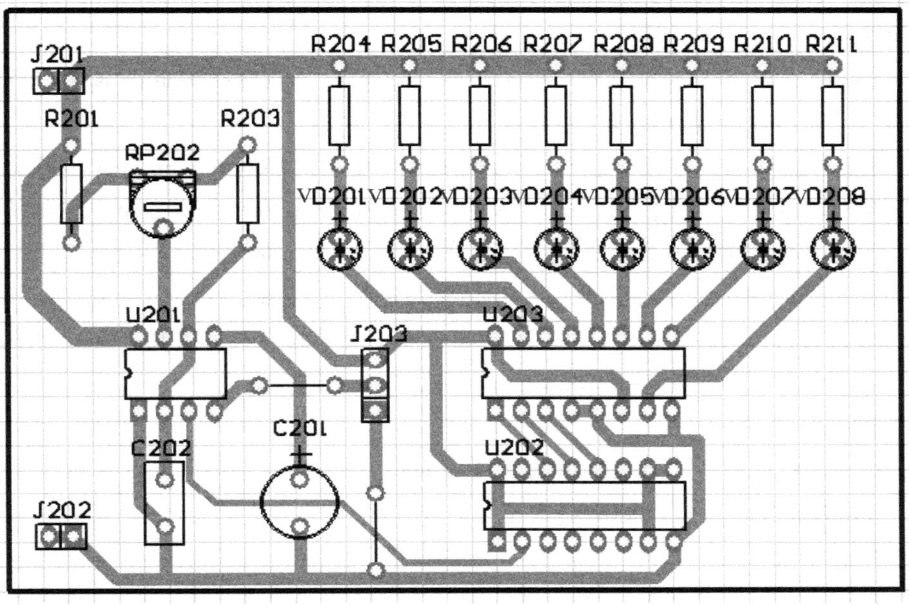

图 4-17　循环彩灯控制器印制电路板的整体设计

知识拓展

◆ 一般的布线规则

1. 连线精简原则

连线要精简，尽可能短，尽量少拐弯，力求线条简单明了，特别是在高频回路中，当然为了达到阻抗匹配而需要进行特殊延长的线就例外了，例如蛇行走线等。

2. 安全载流原则

铜线的宽度应以自己所能承载的电流为基础进行设计，铜线的载流能力取决于以下因素：线宽、线厚（铜箔厚度）、允许温升等，通常按 1mm 宽度导线可以通 1A 电流计算，根据这个基本的关系对导线宽度进行适当的考虑。

3. 电磁抗干扰原则

电磁抗干扰原则涉及的知识点比较多，例如铜膜线的拐弯处应为圆角或斜角（因为高频时直角或者尖角的拐弯会影响电气性能），双面板两面的导线应互相垂直、斜交或者弯曲走线，尽量避免平行走线，减小寄生耦合等。

4. 环境效应原则

要注意所应用的环境，例如在一个振动或者其他容易使板子变形的环境中采用过细的铜膜导线很容易起皮拉断等。

5. 安全工作原则

要保证安全工作，例如要保证两线最小间距能承受所加电压峰值，高压线应圆滑，不得有尖锐的倒角，否则容易造成板路击穿等。

6. 组装方便、规范原则

走线设计要考虑组装是否方便，例如印制板上有大面积地线和电源线区时（面积超过 $500mm^2$），应局部开窗口以方便腐蚀等。

此外还要考虑组装规范设计，例如元器件的焊接点用焊盘来表示，这些焊盘（包括过孔）均会自动不上阻焊油，但是如用填充块当表贴焊盘或用线段当金手指插头，而又不做特别处理（在阻焊层画出无阻焊油的区域），阻焊油将掩盖这些焊盘和金手指，容易造成误解性错误；SMD 器件的引脚与大面积覆铜连接时，要进行热隔离处理，一般是做一个 Track 到铜箔，以防止受热不均造成的应力集中而导致虚焊；PCB 上如果有 $\phi12$ 或方形 12mm 以上的过孔，必须做一个孔盖，以防止焊锡流出等。

7. 经济原则

要求设计者要对加工、组装的工艺有足够的认识和了解，例如 5mil 的线做腐蚀要比 8mil 难，所以价格要高，过孔越小越贵等。

8. 热效应原则

在印制板设计时可考虑用以下几种方法：均匀分布热负载，给零件装散热器，局部或全局强迫风冷。

从有利于散热的角度出发，印制板最好是直立安装，板与板的距离一般不应小于 2cm，而且元器件在印制板上的排列方式应遵循一定的规则：

1）同一印制板上的器件应尽可能按其发热量大小及散热程度分区排列，发热量小或耐热性差的器件（如小信号晶体管、小规模集成电路、电解电容等）放在冷却气流的最上（入口处），发热量大或耐热性好的器件（如功率晶体管、大规模集成电路等）放在冷却气流最下。

2）在水平方向上，大功率器件尽量靠近印刷板的边沿布置，以便缩短传热路径；在垂直方向上，大功率器件尽量靠近印刷板上方布置，以便减少这些器件在工作时对其他器件温度的影响。

3）对温度比较敏感的器件最好安置在温度最低的区域（如设备的底部），千万不要将它放在发热器件的正上方，多个器件最好是在水平面上交错布局。

4）设备内印制板的散热主要依靠空气流动，所以在设计时要研究空气流动的路径，合理配置器件或印制电路板。采用合理的器件排列方式，可以有效地降低印制电路的温升。

此外，通过降额使用、做等温处理等方法也是热设计中经常使用的手段。

4.3.3 任务小结

1. 任务工作单的填写

【填写要求】

回顾本任务所介绍的主要内容，检查对印制电路板制作的学习效果。请认真完成任务工作单4-3（见附录A）各项内容的填写。其中，学生自评分为优、良、中、差四个等级，填写完毕后请交指导老师评定签字，作为期末成绩评定参考的依据。

2. 巩固提高

1）什么叫印制电路板？它有何作用？

2）评价印制电路板的设计质量时，通常需要考虑哪些因素？

3）印制电路板设计首先要做哪些准备工作？

4）手动布线和自动布线的优缺点是什么？

5）你见过的元器件封装有哪些？

任务4.4　元器件的安装与焊接

循环彩灯控制器的性能好坏，关键在于电路板上各元器件的安装与焊接的工艺，因此完成本任务需要细心与灵巧的双手。——细节决定成败

4.4.1　元器件的选取

循环彩灯控制器装配前，必须按照原理图中的各元器件制定好装配表（装配材料清单），以方便装配时对各元器件的选取。循环彩灯控制器的装配表见表4-7。

表4-7　循环彩灯控制器的装配表

序号	元器件编号	名称	型号/规格	数量	备注
1	R_{201}	电阻器	10kΩ，1/4W	1个	
2	R_{203}	电阻器	50kΩ，1/4W	1个	
3	R_{204} ~ R_{211}	电阻器	680Ω，1/4W	8个	
4	RP_{202}	电位器	50kΩ，微调	1个	
5	C_{201}	电解电容器	1μF，50V	1个	
6	C_{202}	瓷片电容	1μF	1个	
7	VD_{201}	发光二极管	红色 $\phi3$	1个	
8	VD_{202}	发光二极管	绿色 $\phi3$	1个	
9	VD_{203}	发光二极管	红色 $\phi3$	1个	
10	VD_{204}	发光二极管	绿色 $\phi3$	1个	
11	VD_{205}	发光二极管	红色 $\phi3$	1个	
12	VD_{206}	发光二极管	绿色 $\phi3$	1个	
13	VD_{207}	发光二极管	红色 $\phi3$	1个	
14	VD_{208}	发光二极管	绿色 $\phi3$	1个	
15	U201	集成电路	NE 555	1块	
16	U202	集成电路	74LS161	1块	
17	U203	集成电路	74LS138	1块	
18	J201、J202	两脚插针		2个	
19	J203	三脚插针		1个	

循环彩灯控制器的印制电路板编号为 MB2，在装配元器件时可按照电路板上印制的元器件编号和图号（见图 4-18）在装配表中找到相应的元器件，然后再完成后续引脚的清洁、引脚的成形和装配焊接等步骤。

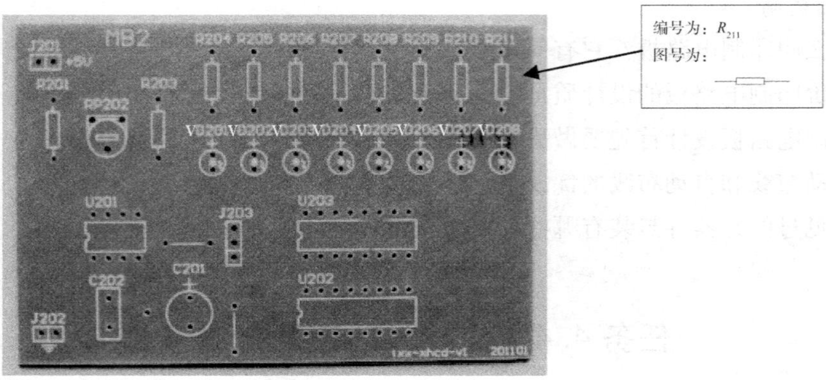

图 4-18　元器件编号与图号

4. 4. 2　元器件的装配与焊接

本循环彩灯控制器的印制电路板采用外加工电路板，其印制电路板如图 4-19 所示，编号为 MB2。

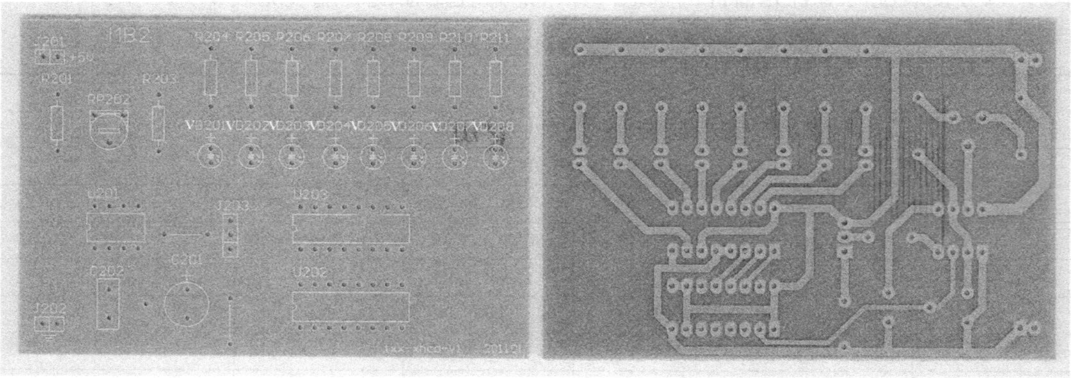

图 4-19　MB2 电路板

通过前一项目装配知识的学习，我们知道，在进行元器件插装时要遵循从小到大、从轻到重、从低到高、从里向外、先一般元器件后特殊元器件、先简单电路板后复杂电路板的基本原则。因此具体的装配焊接顺序如下：

1. 跳线的装配焊接

将两根跳线都安装到电路板上的适当位置。将电路板反向放置，焊接面朝上，压平电路板。对跳线进行焊接，焊接时要严格按照焊接工艺实施，焊点要求牢固漂亮。焊接完毕后对各引脚进行剪线。跳线的装配效果如图 4-20 所示。

2. 电阻器的装配焊接

按照电路板上标志的元件编号在装配表中查找相应的电阻值。通过色环读数选取正确的电阻器（例如，R_{201} 对应的电阻值是 10kΩ，从而选取色环为棕黑黑红棕的电阻器），并插装到相应的位置。按照前面装配电阻器的方法进行装配焊接（详见项目 3 任务 3.4），注意留好电阻器与电路板之间的间隙。焊接时要严格控制好焊点的质量，防止虚焊的出现。焊接完毕后用斜口钳进行引脚的剪线。电阻器的装配效果如图 4-21 所示。

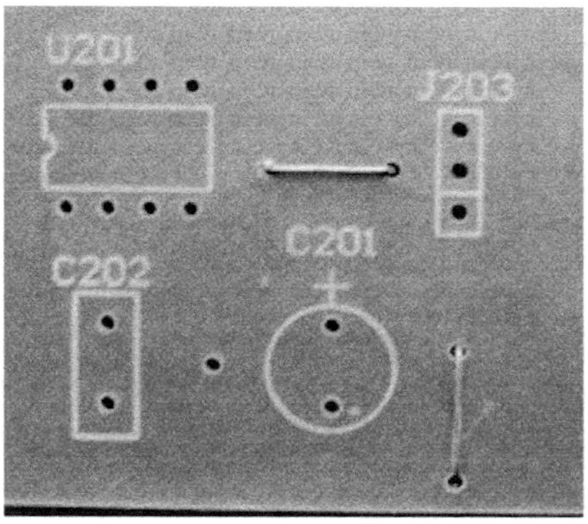

图 4-20　跳线的装配效果

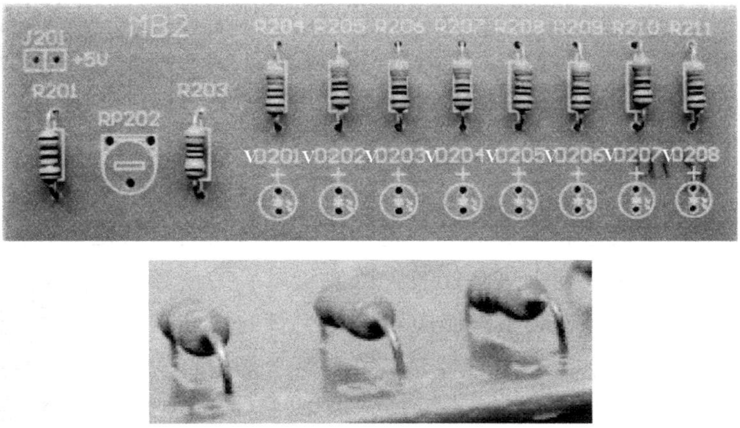

图 4-21　电阻器的装配效果

3. 集成电路的装配焊接

集成电路的装配比较简单。同样根据材料清单，找出正确的集成电路，然后安装到电路板上。此时要注意集成电路的缺口位置要对准电路板上元器件图号的缺口，如图 4-22所示，之后便可进行焊接。焊接时可先固定对角两个引脚，再逐一焊接其他引脚。焊接时要严格控制好焊接的时间与焊点的质量，防止虚焊的出现。

提示：集成电路在焊接时，每个焊点每次焊接的时间不能超过 3s。如第一次焊接效果不好，必须先移开电烙铁，待引脚冷却下来，再进行补焊，以避免集成电路累计热量太多而损坏。一般为了保护集成电路，可以使用 IC 管座来替代集成电路的焊接，等到调试的时候再插入集成电路芯片。

操作视频 4-7　集成电路的装配

4. 电位器的装配焊接

电位器的装配比较简单，装配时不需要对其引脚进行成形。

图 4-22　集成电路的放置

可按照其形状将电位器直接插装到电路板上相应位置，然后压紧电位器进行焊接。焊接时，要控制好焊接时间，一般不能超过 3s；不要使用过多的助焊剂，以免影响电位器滑动端的性能。要严格控制好焊点的质量，防止虚焊的出现。

操作视频 4-8　电位器的装配

5．电容器的装配焊接

电容器装配时按照瓷片电容、电解电容的顺序进行焊接。根据电路板上的元件编号找出正确的电容器，然后进行插装。其中瓷片电容引脚没有极性之分，但插装时，统一按照电容器的标称值朝左或朝上进行插装，以便于以后的读数与美观。而对于电解电容，就必须按照电解电容引脚的极性来进行安装，一般长引脚表示正，短引脚表示负。至于是垂直安装，还是卧式安装就必须根据电路板上的位置而定（一般根据电路上印制的图号可以判断出应选用哪一种方式）。在确认安装无误后，便可进行焊接。焊接前可将两个引脚掰开一定的角度，暂时固定电容器，再进行焊接。焊接时也要严格控制焊点的质量，防止虚焊的出现。焊接完毕后进行引脚的剪线。

操作视频 4-9　电容器的装配

6．发光二极管的装配焊接

发光二极管采用竖直安装。将发光二极管插装到电路板上相应的位置，注意引脚的正、负极。使其引脚根部距离电路板正面约 1cm（请参照项目 3 任务 3.4 的相关内容）。焊接时可先固定一个引脚，调整好高度，再焊另外一个引脚。同样要严格控制焊点的质量，防止虚焊的出现。

7．插针的装配焊接

本电路所用的插针分为两脚插针和三脚插针。两脚插针是为电路板提供对外连接的桥梁，在 MB2 电路板中的电源（J201）和地线（J202）便是采用插针外接电源。三脚插针 J203 是作为脉冲输出的控制器，通过跳线可控制集成电路 555 的 RESET 脚接高电

操作视频 4-10　插针的装配

平或是接低电平（接高电平有脉冲输出，接低电平无脉冲输出）。装配时，将插针的短针一头插装到电路板上相应的位置，并进行焊接固定即可，插针没有极性之分。

所有元器件焊接完毕后，MB2 电路板应如图 4-23 所示。

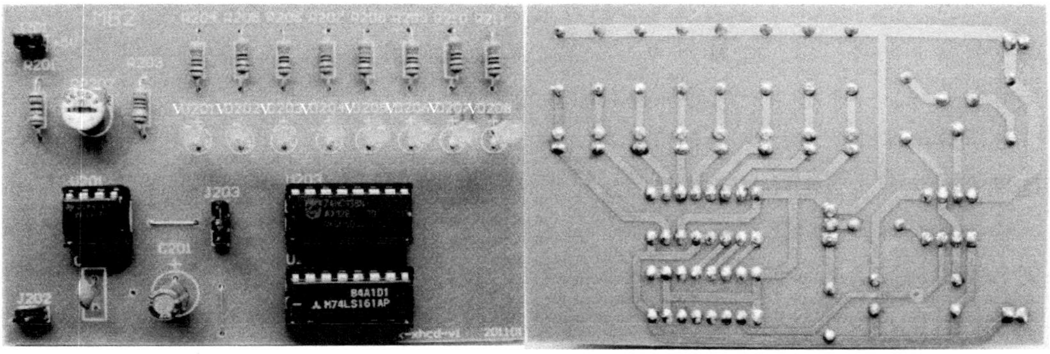

图 4-23　MB2 电路板的装配效果

知识拓展

◆ 集成电路使用注意事项

1. 全面了解所用集成电路的性能与特点

集成电路的系列多达几十甚至上百种，其型号更是繁多。欲选择一种适合需要的集成电路，充分发挥电子线路的性能，必须全面了解所用集成电路的性能与特点。当判断为集成电路损坏时，选择一块同型号的集成电路换上即可。这里应注意，当原型号的集成电路有改进型产品时，则应选用其改进型。因为改进型产品的性能，一般均优于其原来产品；如果原型号的集成电路（包括其改进型）买不到，特别是选择新设计电子线路中所用的集成电路时，应十分慎重。此时，应全面了解适合电路要求的该系列各个品种集成电路的性能与特点，并注意其价格比较便宜、市场上易于购买、损坏率低等因素，确定所用集成电路的具体型号。了解集成电路的性能时，应重视生产厂家的推荐工作条件和典型应用电路。除特殊情况外，一般应选用生产厂家推荐的应用电路和工作条件。这样做有利于延长集成电路的使用寿命和取得较好的电路效果。

2. 焊接前注意性能检查

集成电路焊接前，最好进行性能检查，对新设计的电路或者是从市场上买来的集成电路，尤其必要。检查集成电路性能时，最理想、最科学的方法是按照规定的测试线路，逐项检测其指标。显然，这一方法对大批量使用某一型号集成电路时，焊接专门测试线路才有价值。对维修工作，可先在安装集成电路的地方，焊接一管座，将待测集成电路插上，观察电路的实际工作情况。也可以通过检测集成电路各引脚对其接地脚之间的正向与反向内部电阻值，通过与其正常值（预先测出）做比较，判断其好坏。

3. 安装、拆卸应十分小心、仔细

中、大规模集成电路的引脚多达几十个，而且彼此间距小、机械强度差。因此，安装和拆卸时应十分小心、仔细，以免造成损坏。安装时，应轻轻地将每个引脚插入其对应的插孔内，切忌硬插，以免将引脚折断。焊接应使用绝缘性能良好的内热式电烙铁，功率以20W为宜。焊接时最好将电烙铁外壳接地，或将电烙铁从插座上拔下来焊接，以免漏电将集成电路损坏。对MOS电路应更小心，若使用6~8V低压电烙铁就比较安全。焊接时间要短，一个引脚一次的焊接时间不宜超过3s。

一次焊接不牢，可以多焊几次。焊点要圆滑、可靠，切忌虚焊，各引脚之间不得有互连现象。拆卸集成电路时应慎重，经反复测试基本断定集成电路已损坏时，方可拆卸。

将集成电路各引脚上的焊锡除去，可采用金属编织带吸锡、空气负压吸锡、空心针头剥离或特制烙铁头熔锡等方法，确认每个引脚都与印制电路板相脱离时，方可将集成电路轻轻拔出。此时尚应记住集成电路的安装顺序，对单列直插式更应注意，以免重新安装时出现错误；对附有散热片的集成电路，散热片的安装、拆卸顺序应正确，松紧要适当，固定方法应符合要求；当集成电路有空脚时，根据电路的设计要求，该接地的一定要严格接地，不该接地的切勿盲目接地；安装或拆卸集成电路，应严格在电路不带电的情况下进行。

4. 通电时要慎重

集成电路焊接完毕，应仔细检查各引脚焊接顺序是否正确，各引脚有无虚焊及互连现象，一切正常后方可通电。初次通电时，一手按住电源开关，眼睛注意电路，一旦出现冒烟、打火、响声等异常现象时，应立即切断电源，以防事故扩大。当无上述异常现象时，方可对电路进行通电调试。除此之外，集成电路通电时还应注意：各个引脚应同时通电，即不允许存在应与电路焊接而未焊的引脚；尽量避免较高的感应电压和较大的浪涌电流传入集成电路；电源电压稳定，不允许有忽高忽低现象；各引脚上的引线要尽量短捷，在不可避免的较长引线上应加装过电压保护电路。

5. 注意工作温度

集成电路内部包含着几十、几百个PN结，因此，它对工作温度很敏感。集成电路的各项指标，一般是在室温25℃情况下测出的。环境温度过高或过低，都不利于其正常工作。集成电路使用中，应控制在规定温度范围内，一般为-25~75℃；集成电路的储存温度也有一定要求，一般为-40~125℃；波峰焊和浸焊时承受的最高温度，一般为260℃持续10s、350℃持续3s。这是当集成电路全部引脚同时浸入离封装基底平面的距离大于1~1.5mm所允许的最长时间，因此波峰焊和浸焊温度一般控制在240~260℃，持续时间约7s。

4.4.3 任务小结

1. 任务工作单的填写

【填写要求】

回顾本任务所学习的主要内容，检查对元器件的装配与焊接的学习效果。请认真完成任务工作单4-4（见附录A）各项内容的填写。其中，学生自评分为优、良、中、差四个等级，填写完毕后请交指导老师评定签字，作为期末成绩评定参考的依据。

2. 巩固提高

1）请总结出元器件在装配焊接过程中的几个步骤。

2）请简述电容器的装配工艺。

3）对集成电路进行装配焊接时，应注意哪些事项？

4）在装配 LED 时，为了保证高度统一，有什么办法？

5）在条件允许的情况下，用万用板装配循环彩灯控制器。

任务 4.5 性能调试

调试是检验装配焊接工艺最直接的手段，只有调试通过了，才能证明产品的好坏。因此，本任务的重点在于对 MB2 电路板的调试。

4.5.1 脉冲产生电路的调试

请按照以下步骤对脉冲产生电路进行调试。

1）直流电源电路检测：在通电调试之前，先取下所有集成电路，用万用表的电阻档检测 MB2 电路板上的电源插针 J201 与各集成电路的电源引脚是否连通；接地插针 J202 与各集成电路的接地引脚是否连通。若有断路出现，请查找原因，排除故障，方可进行下一步操作。

2）电源引脚插针之间电阻的检测：用万用表的电阻档测量 MB2 电路板上 J201 与 J202 两个插针之间的电阻，判断其是否出现短路；若两个插针之间的电阻为 0，则需认真检查焊接质量，排除故障。

3）安装集成电路 NE555：将集成电路 NE555 插装到 MB2 电路板上的 U201 插座上，注意集成电路正面的缺口或标志点要与电路板上的电路符号的缺口一致。

4）连接直流电源：将直流电源电压调到 5V，关闭电源；用连线将电源的“+”极接到 MB2 电路板上的电源插针 J201，电源“-”极接到接地插针 J202，如图 4-24 所示。

图 4-24 MB2 电路板电源连接图

5）连接跳线帽：用跳线帽连接 MB2 电路板上的插针 J203 的最上面两个插针，如

图 4-25所示，使 U201 的第 4 脚接高电平 VCC。

6）电源电压的测试：将万用表调到直流电压档，量程为 10V，万用表的红表笔接电路板上的 J201 插针，黑表笔接电路板上的 J202 插针，打开电源，对万用表进行读数，记录测量结果为____ V。

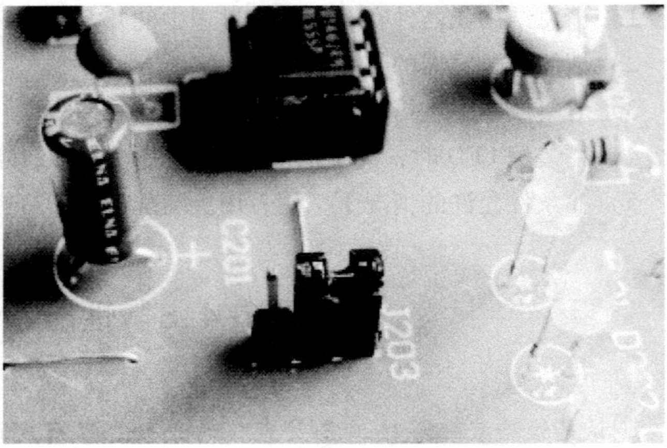

图 4-25　跳线帽的插装位置图

若万用表测量结果为 5V，或相差小于 0.5V，则可以进行下面操作；否则必须立马关闭电源，查找原因，排除故障。

7）输出脉冲波形的检测：打开示波器，将示波器的时间扫描调在 50ms，幅度调在 2V，用示波器的探针测量 U201 集成电路的第 3 脚，观察脉冲输出的波形，并画出波形，记录脉冲的频率为____ Hz。

8）脉冲波形频率调节测试：用一字螺钉旋具调节电位器 RP_{202}，观察脉冲输出波形和频率的变化，记录当电位器 RP_{202} 调到最左端和最右端时，脉冲的频率分别为____ Hz 和____Hz。

若示波器能观察到脉冲输出波形，且脉冲频率在 5 ~ 10Hz 之间，则说明该脉冲产生电路交流通路正常；否则说明交流通路存在故障，需检查 R_{201}、R_{203}、RP_{202}、C_{202} 等元器件是否完好，尤其是电容器的容量和焊点，集成电路 NE555 是否插装正确，排除故障，重新进行第 7）、第 8）步的调试。

操作视频 4-11　脉冲产生电路的调试

9）禁止脉冲波形输出检测：将跳线帽拔起，插到 J203 下面的两个插针，观察示波器的变化，此时脉冲输出波形应该消失，屏幕出现一条直线。

10）关闭电源，调试完毕。

知识拓展

◆ 脉冲产生电路故障分析

脉冲产生电路在通电调试之前，应先检查电路是否有漏焊及短路的现象。常见的故障及原因如下：

故障 1：电源没有接通。

原因：①电源没打开；②电源插针没有焊接好，接触不良；③焊接时将铜导线烫断了。

故障 2：通电后 NE555 集成芯片发烫。

原因：①NE555 集成芯片安装方向反了；②NE555 集成芯片已经烧坏。

NE555 集成芯片安装方向应如图 4-26 所示。

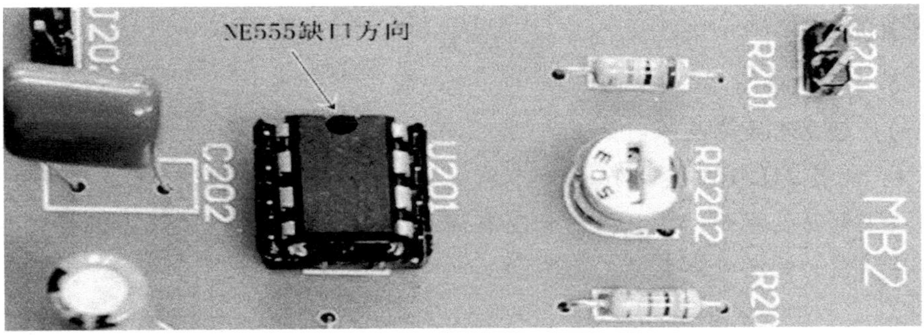

图 4-26　NE555 集成芯片安装示意图

故障 3：脉冲输出无信号。

原因：①电容 C_{202}、电阻 R_{201}、R_{202}、R_{203} 有虚焊或漏焊；②C_{201} 电容器正、负安装错误；③NE555 集成芯片已损坏。

4.5.2　计数电路的调试

在确保脉冲产生电路是完好的条件下，进行以下步骤，对计数电路进行调试。

1）安装集成电路 74LS161：将集成电路 74LS161 插装到 MB2 电路板上的 U202 插座上，注意集成电路正面的缺口或标志点要与电路板上的电路符号的缺口一致。

2）电源电压的测试：打开电源，用万用表的直流电压档测量集成电路 74LS161 的第 16 脚与第 8 脚之间的电压，记录测量结果为____ V。

若万用表测量结果为 5V，或相差小于 0.5V，则可以进行下面操作；否则必须立马关闭电源，查找原因，排除故障。

3）输入脉冲波形的检测：用示波器的探针测量 U202 集成电路的第 2 脚，观察其波形，记录波形的频率为____ Hz。

若此处测量不到脉冲信号，请检查该引脚与前面脉冲产生电路之间是否有断路。

4）输出 2 分频脉冲波形的检测：将示波器的时间扫描改调为 100ms，用示波器的探针测量 U202 集成电路的第 14 脚，观察其波形，记录波形的频率为____ Hz。

5）输出 4 分频脉冲波形的检测：用示波器的探针测量 U202 集成电路的第 13 脚，观察其波形，记录波形的频率为____ Hz。

6）输出 8 分频脉冲波形的检测：用示波器的探针测量 U202 集成电路的第 12 脚，观察其波形，记录波形的频率为____ Hz。

若第 4）步的测量结果为第 3）步的 1/2，第 5）步的测量结果为第 3）步的 1/4，第 6）步的测量结果为第 3）步的 1/8，则说明该计数器工作正常；否则，请检查集成电路 74LS161 是否接触不良，是否插装正确，若不存在此方面问题，则说明该集成电路是坏的，请更换之，并再重新进行调试。

操作视频 4-12　计数电路的调试

7）关闭电源，调试完毕。

知识拓展

◆ 计数电路故障分析

常见的计数电路故障及原因如下：

故障1：测量74LS161芯片16脚和8脚（见图4-27）之间没有5V电压或电压为0。

原因：①电源没打开；②电源插针没有焊接好，接触不良；③焊接时将铜导线烫断了；④芯片插座的电源引脚虚焊或漏焊。

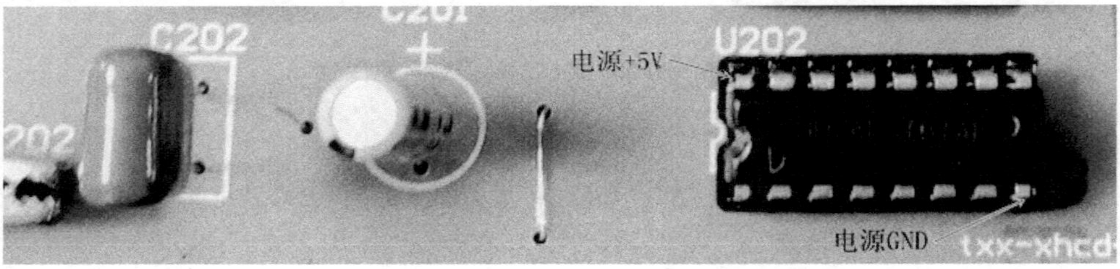

图4-27　74LS161芯片电源引脚示意图

故障2：通电后74LS161芯片发烫。

原因：①74LS161芯片安装方向反了；②74LS161芯片已经烧坏。

74LS161芯片安装方向如图4-28所示。

故障3：用示波器检测74LS161芯片的14脚Q0、13脚Q1、12脚Q2（各引脚如图4-28所示）均无脉冲波形输出。

原因：①芯片引脚出现折断或没有插装好；②脉冲产生电路无脉冲输出；③74LS161芯片各引脚的焊接出现短路，如图4-29所示；④74LS161芯片已经损坏。

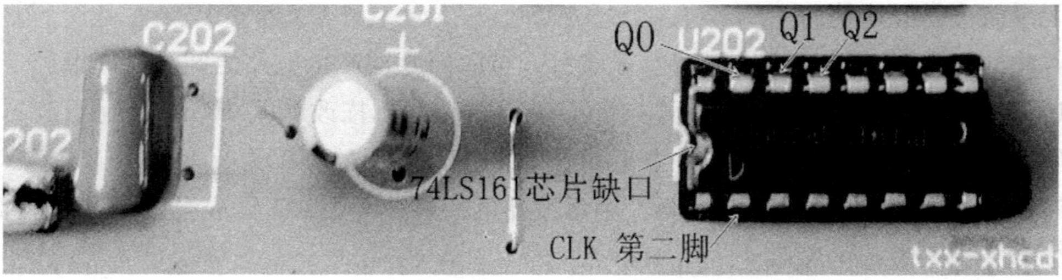

图4-28　74LS161芯片安装方向及各引脚示意图

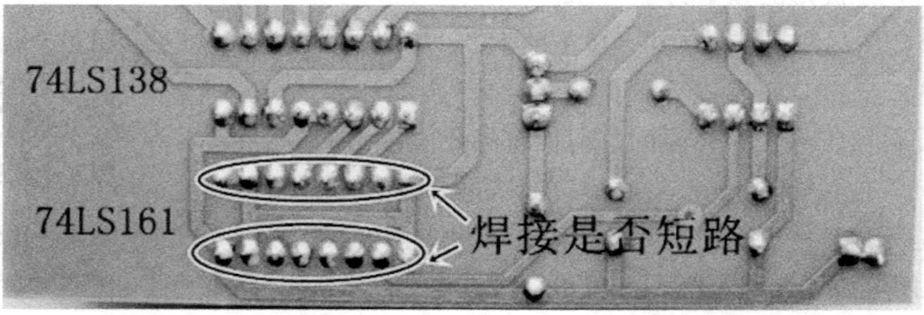

图4-29　检查芯片各引脚是否有短路

故障 4：用示波器检测 74LS161 芯片的 14 脚 Q0、13 脚 Q1、12 脚 Q2 有脉冲波形输出，但脉冲波形频率不对。

原因：①脉冲产生电路输出波形频率不对；②74LS161 芯片电源电压不正常；③14 脚 Q0、13 脚 Q1、12 脚 Q2 出现短接现象；④74LS161 芯片已经损坏。

4.5.3　循环彩灯控制器的整机调试

在确保脉冲产生电路和计数电路都是完好的条件下，进行以下步骤，对彩灯控制器进行整体调试。

1）安装集成电路 74LS138：将集成电路 74LS138 插装到 MB2 电路板上的 U203 插座上，注意集成电路正面的缺口或标志点要与电路板上的电路符号的缺口一致。

2）电源电压的测试：打开电源，用万用表的直流电压档测量集成电路 74LS138 的第 16 脚与第 8 脚之间的电压，记录测量结果为____ V。

若万用表测量结果为 5V，或相差小于 0.5V，则可以进行下面操作；否则必须立马关闭电源，查找原因，排除故障。

3）观察 LED 灯的点亮情况：观察 8 个 LED 灯是否能循环依次闪烁点亮，如能实现，则说明循环彩灯控制器的功能已经实现。

4）LED 灯点亮频率的测量：用示波器的探针测量 U203 集成电路的第 7、9 ~ 15 脚的输出，观察其波形，这 8 个引脚输出的波形频率应该一样，记录波形的频率为____ Hz。

若 U203 集成电路的第 7、9 ~ 15 脚的输出波形频率不一样，或无输出，则可判断集成电路 74LS138 是坏的，请更换之，重新测量；若 U203 集成电路的第 7、9 ~ 15 脚的输出都为频率一样的脉冲信号，且 8 个 LED 灯能循环依次闪烁点亮，则说明该彩灯控制器是好的；若 U203 集成电路的第 7、9 ~ 15 脚的输出都为频率一样的脉冲信号，但有些 LED 灯能被点亮，有些始终不亮，则必须检查始终不亮的 LED 灯及其限流电阻是否完好，或是否装配正确，排除故障，重新进行调试。

5）调节 LED 灯点亮循环速度：旋转电位器 RP_{202} 的滑动端，观察 LED 灯循环速度的变化。

6）关闭电源，撤销所有连线，调试完毕。

操作视频 4-13　译码电路的调试

操作视频 4-14　循环彩灯控制器作品展示

知识拓展

◆ 循环彩灯控制器的整机故障分析

脉冲产生电路和计数电路调试完毕后，接上电源后，8 个发光二极管应能轮流逐个点亮，则电路焊接安装正确。如果 8 个发光二极管不亮或不是轮流逐个点亮，则还需进一步查找原因。常见的故障与原因如下：

故障 1：通电后发光二极管均无点亮。

原因：①电源接触不良；②发光二极管焊接时正负极均装反（正负极如图 4-30 所示）；③忘记安装 74LS138 芯片。

故障 2：通电后有个别发光二极管亮，个别发光二极管不亮。

原因：①个别发光二极管安装时正负极装反；②个别发光二极管安装时出现引脚短接（如图 4-31 所示）；③74LS138 芯片的 Y0 ~ Y7 引脚有虚焊或漏焊现象；④R_{204} ~ R_{211} 有个别损坏；⑤74LS138 芯片损坏。

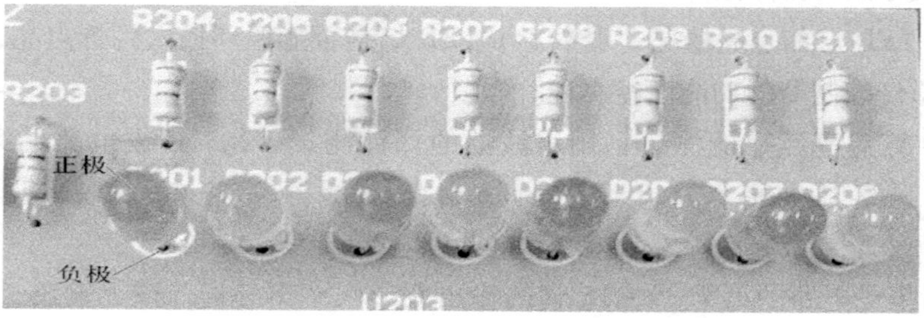

图 4-30　发光二极管安装正负极示意图

图 4-31　检查各焊点是否有短接、虚焊、脱落

故障 3：8 个发光二极管均点亮。

原因：①脉冲产生电路输出波形频率太高；②74LS138 芯片 Y0 ~ Y7 引脚出现短接现象；③74LS138 芯片损坏。

4.5.4　任务小结

1. 任务工作单的填写

【填写要求】

回顾本任务所学习的主要内容，检查对电路性能调试的学习效果。请认真完成任务工作单 4-5（见附录 A）各项内容的填写。其中，学生自评分为优、良、中、差四个等级，填写完毕后请交指导老师评定签字，作为期末成绩评定参考的依据。

2. 巩固提高

1）请总结出循环彩灯控制器的调试过程。

2）若想加快LED灯的循环速度，可采取什么方法？

3）有什么办法可使循环彩灯控制器受前面红外遥控器的控制？

4）若74LS161与74LS138相互插错了，会出现什么现象？

5）在电子产品的调试过程中，一般要考虑哪些安全措施？

项目5

贴片收音机的装配

项目要求

本项目通过对贴片收音机实物的装配，要求学生初步掌握对各类常见贴片元器件的识别，掌握常见贴片元器件的检测方法；了解贴片元器件的焊接工艺；熟练掌握贴片收音机的装配技能；能自己动手安装一台调频收音机，并对其进行性能调试。

【知识要求】

（1）了解调频收音机的基本工作原理。

（2）掌握常见贴片元器件的识别与检测。

（3）了解贴片元器件的焊接工艺。

（4）掌握贴片收音机的装配技能。

（5）掌握对调频收音机的安装与调试。

【能力要求】

（1）了解调频收音机的工作原理。

（2）能判断、识别常见电子元器件的种类，能正确说出常见电子元器件的名称。

（3）会使用万用表对常见电子元器件进行正确测量，并对其做出评价。

（4）能说出贴片元器件的焊接工艺。

（5）熟练使用装配工具，能按照工艺要求对电子产品进行装配。

（6）能对调频收音机进行性能调试。

【学习方法】

（1）装配前认真阅读本教程，了解相关装配知识。

（2）通过实际的装配训练，掌握贴片元器件的装配工艺。

（3）勤于思考，拓展装配知识。

任务5.1　基本原理认知

通过本任务的学习，了解调频收音机的基本原理，为后面的功能调试奠定理论基础。

了解基本原理，读懂电路图是从事电子产品装配和调试工作的基本技能之一。

5.1.1　基本原理介绍

本项目装配的贴片收音机为调频收音机，它由两部分电路组成：调频接收电路和功放电路。调频接收电路采用集成电路 SP7021，功放电路采用集成电路 TDA2822。调频收音机的总体框图如图 5-1 所示，电路原理图如图 5-2 所示。

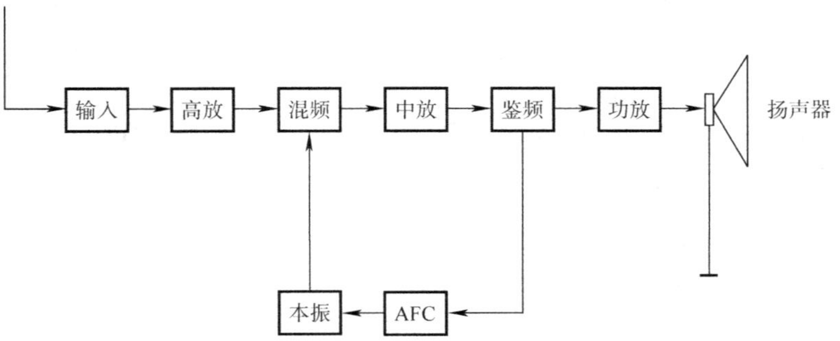

图 5-1　调频收音机总体框图

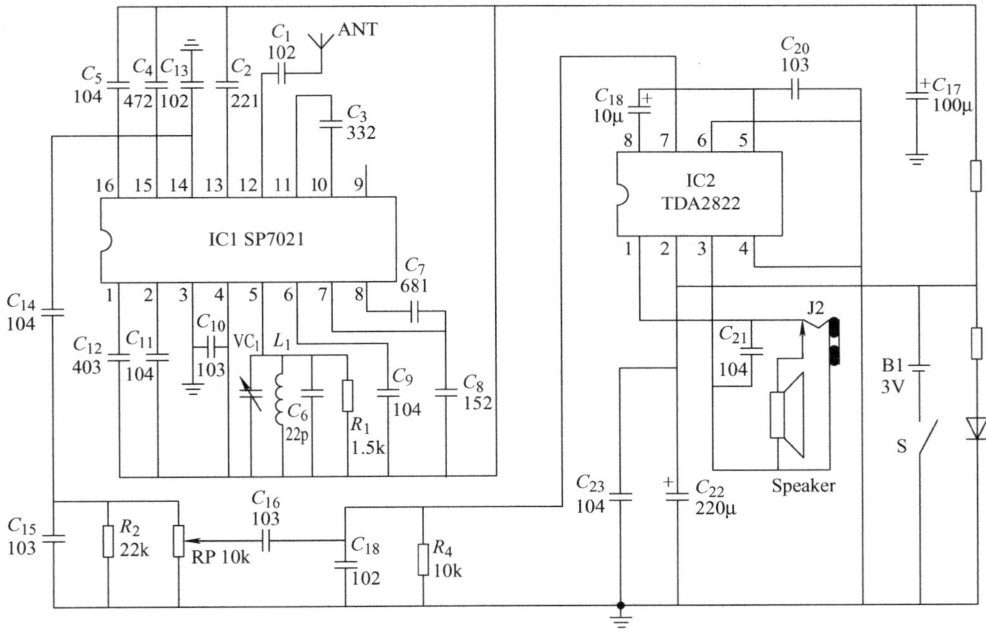

图 5-2　调频收音机电路原理图

调频收音机的工作原理：调频广播的高频信号通过接收天线接收到达输入回路，由输入回路选择不同的电台，然后经高频放大电路对高频信号进行放大，被放大的信号与本地振荡器产生的本振信号在内部进行 FM 混频产生 FM 混频信号，该信号由 FM 中频回路进行选择并提取以中频 76kHz 为载波的调频波，随后 FM 混频信号通过中频放大进行信号的放大，再经鉴频器得到音频信号，最后通过功放输出耦合到扬声器，还原为声音。

调频收音机各部分电路原理如下：

1. 谐振回路

与集成电路 SP7021 的引脚 5 相连接的 VC_1、L_1、C_6 以及 R_1 组成一个 LC 并联谐振回路。图 5-3 是 LC 并联谐振回路的典型电路，图 5-3a 是电感 L、电容 C 和外加信号源 I_s 组成的并联谐振回路。r 是电感 L 的损耗电阻，电容的损耗一般可以忽略。图 5-3b 是其等效转换电路，g_{e0} 和 R_{e0} 分别称为回路谐振电导和回路谐振电阻。根据电路分析基础知识，可以直接给出 LC 并联谐振回路的某些主要参数及其表达式。

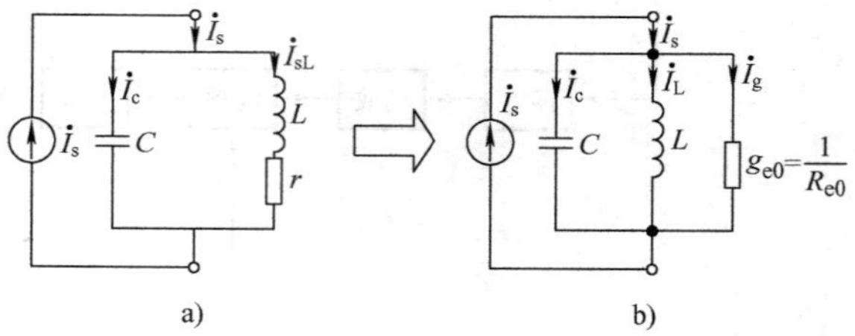

图 5-3　典型 LC 并联谐振回路

（1）回路谐振电导

$$g_{e0}=\frac{1}{R_{e0}}=\frac{r}{r^2+(\omega_0 L)^2}\approx\frac{r}{(\omega_0 L)^2}$$

（2）回路总导纳

$$Y=g_{e0}+\mathrm{j}\left(\omega C-\frac{1}{\omega L}\right)$$

（3）谐振频率

$$\omega_0=\frac{1}{\sqrt{LC}}\text{或}f_0=\frac{1}{2\pi\sqrt{LC}}$$

（4）回路两端谐振电压

$$U_{o0}=\frac{1}{g_{e0}\omega_0 L}$$

（5）回路空载 Q 值

$$Q_0=\frac{1}{g_{e0}\omega_0 L}=\omega_0 C/g_{e0}$$

（6）单位谐振曲线

谐振时，回路呈现纯电导，且谐振导纳最小（或谐振阻抗最大）。回路电压 U 与外加信号源频率之间的幅频特性曲线称为谐振曲线。谐振时，回路电压 U_{o0} 最大。任意频率下的回路电压 U 与谐振时回路电压 U_{o0} 之比称为单位谐振函数，用 $N(f)$ 表示。$N(f)$ 曲线称为单位谐振曲线。

$$N(f)=\frac{U}{U_{o0}}=\frac{1}{\sqrt{1+\left(2\pi fC-\frac{1}{2\pi fL}\right)^2/g_{e0}^2}}=\frac{1}{\sqrt{1+Q_0^2\left(\frac{f}{f_0}-\frac{f}{f_0}\right)^2}}$$

由 $N(f)$ 定义可知，它的值总是小于或等于 1。

（7）通频带、选择性、矩形系数

由图 5-4 可知，Q_0越大，谐振曲线越尖锐，选择性越好。为了衡量回路对于不同频率信号的通过能力，定义单位谐振曲线上 $N(f) \geq 1/\sqrt{2}$ 所包含的频率范围为回路的通频带，用 $BW_{0.7}$ 表示，$BW_{0.7} = f_2 - f_1 = f_0/Q_0$。

可见，通频带与回路 Q 值成反比。也就是说，通频带与回路 Q 值（即选择性）是互相矛盾的两个性能指标。选择性是指谐振回路对不需要信号的抑制能力，即要求在通频带之外，谐振曲线 $N(f)$ 应陡峭下降。所以，Q 值越高，谐振曲线越陡峭，选择性越好，但通频带却越窄。一个理想的谐振回路，其幅频特性曲线应该是通频带内完全平坦，信号可以无衰减通过，而在通频带以外则为零，信号完全通不过，如图 5-4 所示宽度为 $BW_{0.7}$、高度为 1 的矩形。

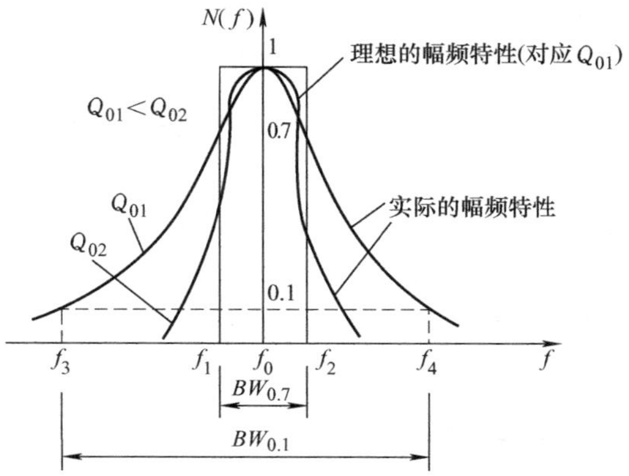

图 5-4　单位谐振曲线

2. 集成电路 SP7021

SP7021 内包含有高放、混频、本振、二级有源中频滤波器、中频限幅放大器、鉴频器、低频放大器、静噪电路以及相关静噪系统等。它具有单声道 FM 收音机的全部功能，工作电源电压范围为 1.8～6V，推荐值为 3V。它适用单声道或立体声 FM 收音机，尤其适用于低压微调谐系统。该电路采用 16 脚双列扁平封装，各引脚功能说明如图 5-5 所示。

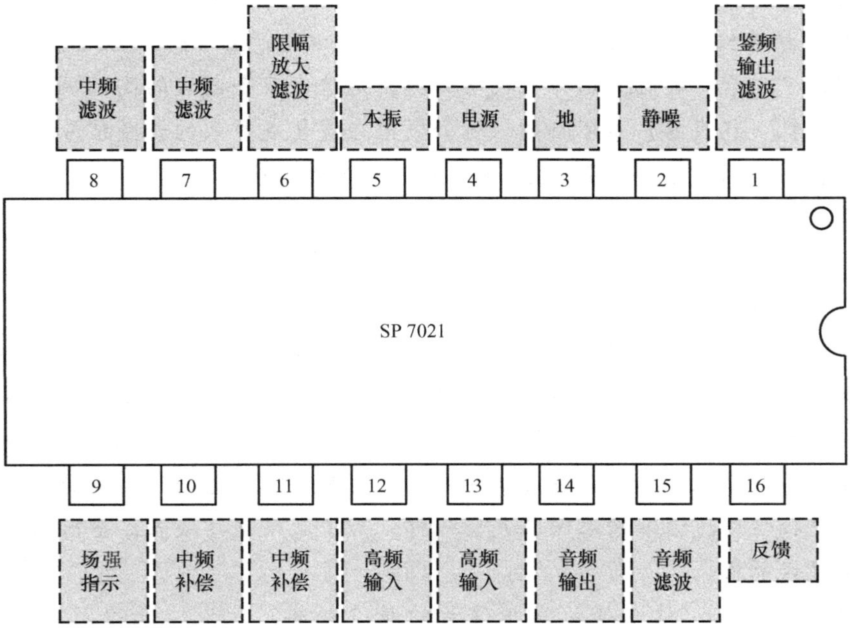

图 5-5　SP7021 引脚排列图

3. 集成电路 TDA2822

TDA2822 是双声道音频功率放大（功放）电路，适用于袖珍式盒式放音机（WALKMAN）、收录机和多媒体音箱中作音频放大器。

该电路的特点如下：电源电压范围宽（1.8～15V），电源电压可低至 1.8V 仍能工作，因此，该电路适合在低电源电压下工作；静态电流小，交越失真也小；适用于单声道桥式（BTL）或立体声线路两种工作状态。该电路采用 8 脚双列扁平封装，各引脚功能说明如图 5-6 所示。

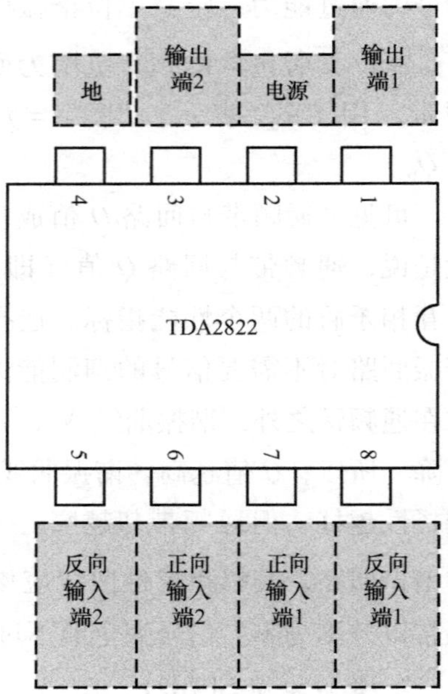

图 5-6　TDA2822 引脚排列图

知识拓展

◆ 收音机工作原理

收音机，由机械器件、电子器件、磁铁等构造而成，用电能将电波信号转换并能收听广播电台发射的音频信号的一种机器。

收音机的工作原理就是把从天线接收到的高频信号经检波（解调）还原成音频信号，送到耳机或扬声器变成声波。

由于科技进步，天空中有了很多不同频率的无线电波。如果把这许多电波全都接收下来，音频信号就会像处于闹市之中一样，许多声音混杂在一起，结果什么也听不清了。为了设法选择所需要的节目，在接收天线后，有一个选择性电路，它的作用是把所需的信号（电台）挑选出来，并把不要的信号“滤掉”，以免产生干扰，这就是我们收听广播时，所使用的“选台”按钮。选择性电路的输出是选出某个电台的高频调幅信号，利用它直接推动耳机（扬声器）是不行的，还必须把它恢复成原来的音频信号，这种还原电路称为解调，把解调的音频信号送到耳机，就可以收到广播。

最简单收音机称为直接检波机。但从接收天线得到的高频无线电信号一般非常微弱，直接把它送到检波器不太合适。最好在选择电路和检波器之间插入一个高频放大器，把高频信号放大。即使已经增加高频放大器，检波输出的功率通常也只有几毫瓦，用耳机听还可以，但要用扬声器就嫌太小，因此在检波输出后增加音频放大器来推动扬声器。高放式收音机比直接检波式收音机灵敏度高、功率大，但是选择性还较差，调谐也比较复杂。把从天线接收到的高频信号放大几百甚至几万倍，一般要有几级的高频放大，每一级电路都有一个谐振回路，当被接收的频率改变时，谐振电路都要重新调整，而且每次调整后的选择性和通频带很难保证完全一样，为了克服这些缺点，当前的收音机几乎都采用超外差式电路。

超外差的特点是：被选择的高频信号的载波频率，变为较低的固定不变的中频（465kHz），再利用中频放大器放大，满足检波的要求，然后才进行检波。在超外差接收机中，为了产生变频作用，还要有一个外加的正弦信号，这个信号通常叫外差信号，产生外差信号的电路，习惯叫本地振荡。收音机本振频率和被接收信号的频率相差一个中频，因此在混频器之前的选择电路，和本振采用统一调谐线，如用同轴的双联电容器（PVC）进行调谐，使之差保持固定的中频数值。由于中频固定，且频率比高频已调信号低，中放的增益可以做得较大，工作也比较稳定，通频带特性也可做得比较理想，这样可以使检波器获得足够大的信号，从而使整机输出音质较好的音频信号。

常用的是超外差式收音机，主要有调幅收音机、调频收音机和调频立体声收音机三类。

5.1.2　元器件认知

在原理图 5-2 中认识元器件的电路符号和编号，了解其在电路中所起的作用。

1. 电阻器

电阻器的认知请回顾项目 3 任务 3.1 的相关内容。在本电路中，共使用贴片电阻 5 个（$R_1 \sim R_5$）。

2. 电位器

电位器的认知请回顾项目 4 任务 4.1 的相关内容。在本电路中，电位器的代号为“RP”。本项目采用的电位器还带着一个开关，作为电源开关。

3. 电容器

电容器的认知请回顾项目 4 任务 4.1 的相关内容。在本电路中共使用电容器 23 个（$C_1 \sim C_{23}$）

4. 发光二极管（LED）

发光二极管的认知请回顾项目 3 任务 3.1 的相关内容。在本电路中，共使用 LED 1 个。

5. 集成电路

集成电路在电路中的符号通常是用一个矩形方框加上若干引脚表示，在图 5-2 中的代号为“IC”。本项目用了 IC1（SP7021）和 IC2（TDA2822）集成电路。

6. 空心线圈

电感是衡量线圈产生电磁感应能力的物理量，单位是亨利（H），其特性与电容器正好相反，可用 12 字口诀来记忆：通直流、隔交流、通低频、阻高频。电感器在电路中经常和电容一起工作，构成 *LC* 滤波器、*LC* 振荡器等。电感器用代号“*L*”表示，其电路符号为。

电感的国际单位为亨（H）。常用的有毫亨（mH）和微亨（μH）等。这三种单位之间的换算关系为

$$1\text{H} = 1000\text{mH} = 1000000\mu\text{H}。$$

按照外形，电感器可分为空心电感器（空心线圈）与实心电感器（实心线圈）。按照工作性质，电感器可分为高频电感器（各种天线线圈、振荡线圈）和低频电感器（各种扼流圈、滤波线圈等）。按照封装形式，电感器可分为普通电感器、色环电感器、环氧树

脂电感器、贴片电感器等。按照电感量，电感器可分为固定电感器和可调电感器。

7. 四联可变电容

四联可变电容共有八个电容器，其中四个可变电容器，四个半可变电容器。它由动片和定片组成，定片是固定的，动片则固定在转轴上。动片全部旋入时，容量最大；全部旋出时，容量最小。在图 5-2 中的代号为 VC_1，其电路符号为。

8. 拉杆天线

拉杆天线由一组可伸缩的金属环组成。当无线电波遇到金属物质时，其电场部分就会在金属表面感应出电流，这就实现了电波信号到电信号的转化。对于短波、调频、电视信号的接收，拉杆天线均可以实现。拉杆天线的电路符号为，代号为“ANT”。

5.1.3 任务小结

1. 任务工作单的填写

【填写要求】

回顾本任务所介绍的主要内容，检查对调频收音机基本原理的学习效果。请认真完成任务工作单 5-1（见附录 A）各项内容的填写。其中，学生自评分为优、良、中、差四个等级，填写完毕后请交指导老师评定签字，作为期末成绩评定参考的依据。

2. 巩固提高

1）请简述调频收音机的工作原理。

2）如果需要选台，应该对哪个元器件进行调节？

3）如果想调节声音大小，应该对哪个元器件进行调节？

4）查阅有关资料，了解电感器的种类和主要参数。

5）查阅有关资料，了解集成电路 TDA2822 立体声应用线路以及单声道桥式应用线路的不同接法。

任务 5.2 元器件的分类与检测

在调频收音机装配之前，必须对调频收音机套件的各类元器件进行分类。清点数量，检测元器件的好坏。在确定各元器件都是好的情况下，才能进行焊接，这是电子产品质量把关的第一步。

5.2.1 元器件的分类

调频收音机套件所包含的零部件见表 5-1。

1. 熟悉各元器件

对套件中的各元器件进行仔细观察，分辨出贴片电阻、贴片电容、空心线圈、四联电容、发光二极管、拉杆天线、耳机插座、电位器、电解电容和集成电路等元器件。并根据原理图，清点数量，看是否有

收音机元器件实物图与分类

遗漏或多余的器件，尤其是贴片电阻、电容。

表 5-1　调频收音机套件

		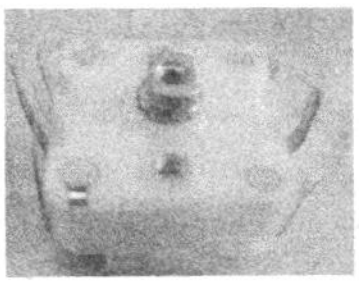		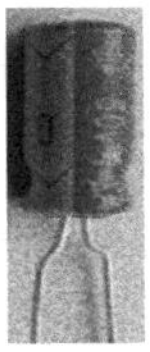	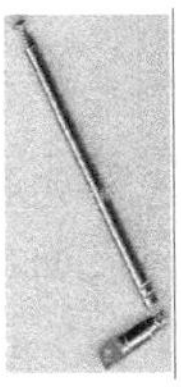
贴片电阻	贴片电容	空心线圈	四联电容	电解电容	拉杆天线
			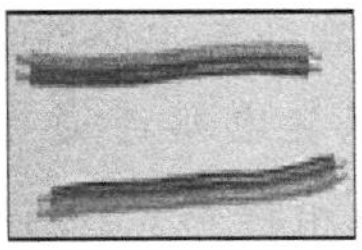	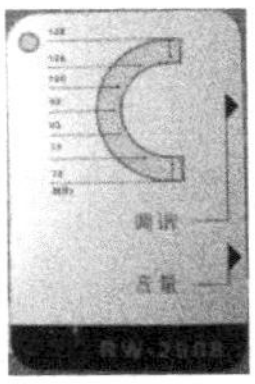	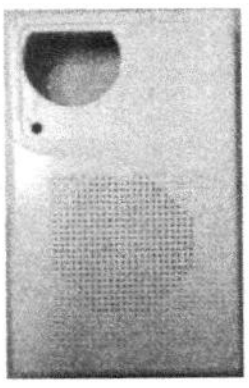
电路板	耳机插座	发光二极管	导线	刻度盘	机壳
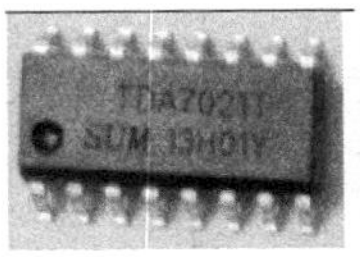		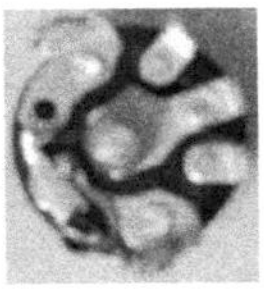			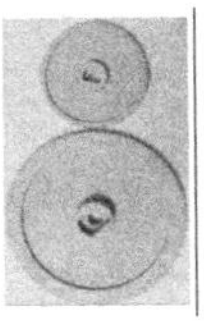
SP7021	TDA2822	电位器	扬声器	电池弹簧	拨盘

2. 对各元器件进行分类

将各元器件进行归类，分成电阻器、发光二极管、电位器、电容器、集成电路、插针和电路板等几类。分类后分装在元器件盒里或固定在纸上，如图 5-7 所示。

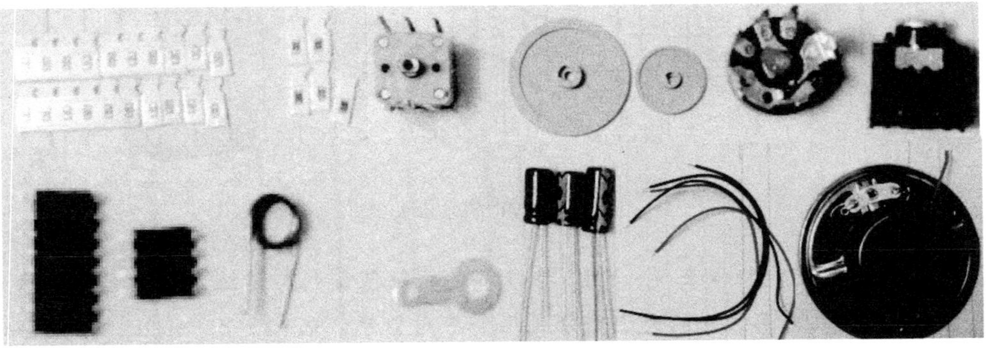

图 5-7　各元器件的归类

知识拓展

◆表面贴装元器件介绍

1. 表面贴装元器件的特点

应该说，电子整机产品制造工艺技术的进步，取决于电子元器件的发展。与此相同，SMT 技术的发展，是由于表面贴装元器件的出现。

表面贴装元器件也称贴片元器件或片状元器件，它有两个显著的特点：

1）在 SMT 元器件的电极上，有些完全没有引出线，有些只有非常短小的引线；相邻电极之间的距离比传统的双列直插式集成电路的引线间距（2.54mm）小很多，目前间距最小的达到 0.3mm。在集成度相同的情况下，SMT 元器件的体积比传统的元器件小很多；或者说，与同样体积的传统电路芯片比较，SMT 元器件的集成度提高了很多倍。

2）SMT 元器件直接贴装在印制电路板的表面，将电极焊接在与元器件同一面的焊盘上。这样，印制板上的通孔只起电路连通导线的作用，孔的直径仅由制板时金属化孔的工艺水平决定，通孔的周围没有焊盘，使印制板的布线密度大大提高。

2. 表面贴装元器件的种类

表面贴装元器件基本上都是片状结构的。这里所说的片状是个广义的概念。从结构形状说，包括薄片矩形、圆柱形、扁平异形等；表面贴装元器件同传统元器件一样，也可以从功能上分类为无源元件（SMC）和有源器件（SMD）。

片状元器件最重要的特点是小型化和标准化。国外已经制定了有关标准，对片状元器件的外形尺寸、结构与电极形状等都作了规定，这对表面装配技术的发展无疑具有非常重要的意义。

（1）无源元件（SMC）

SMC 包括片状电阻器、电容器、电感器、滤波器和陶瓷振荡器等。应该说，随着 SMT 技术的发展，几乎全部传统电子元件的每个品种都已经被“SMT 化”了。

图 5-8 列出了 SMC 的一些常见形状，有长方体、圆柱体、异形等。

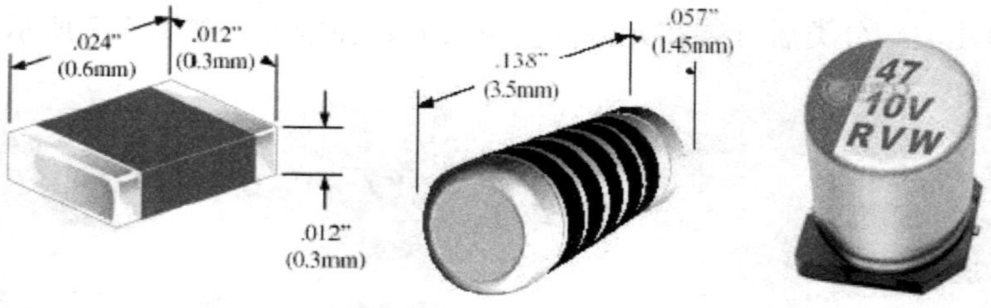

图 5-8　SMC 的基本外形

从电子元件的功能特性来说，SMC 特性参数的数值系列与传统元件的差别不大。长方体 SMC 是根据其外形尺寸的大小划分成几个系列型号，见表 5-2。并且，系列型号的发展变化也反映了 SMC 元件的小型化进程：3225→3216→2520→2125→2012→1608→1005→0603→0402。

表 5-2　典型 SMC 的外形尺寸　（单位：mm）

系列型号	长（L）	宽（W）	高（H）
3216	3.2	1.6	0.6
2125	2.0	1.25	0.6
1608	1.6	0.8	0.45
1005	1.0	0.5	0.35
0603	0.6	0.3	0.40
0402	0.4	0.2	0.30

SMC 的种类用型号加后缀的方法表示。例如，3216C 是 3216 系列的电容器；2025R 表示 2025 系列的电阻器。由于表面积太小，SMC 的标称数值一般用印在元件表面上的三位数字表示：前两位数字是有效数字，第三位是倍率乘数。例如电阻器上印有 114，表示阻值 110kΩ，电容器上的 103，表示容量为 10000pF，即 0.01μF。

片状元器件可以用三种包装形式提供给用户：散装、管状料斗和盘状纸带。SMC 的阻容元件一般用纸编带包装，便于采用自动化装配设备。

（2）有源器件 SMD

SMD 的种类包括各种半导体器件，既有分立器件的二极管、晶体管、场效应晶体管，也有数字电路和模拟电路的集成器件。并且，由于工艺技术的进步，SMD 器件的电气性能指标更好一些。

① SMD 分立器件。典型 SMD 分立器件的外形如图 5-9 所示，电极引脚数为 2～6 个。

二端、三端 SMD 全部是二极管类器件，四～六端 SMD 器件内大多封装了两只晶体管或场效应晶体管。各厂商产品的电极引出不同，在选用时必须查阅手册资料。

图 5-9　典型 SMD 分立器件的外形

② SMD 集成电路。SMD 的封装有两种形式：小型封装（0.15in 宽的 SO 型封装、0.9in 宽的 SOL 型封装）和矩形封装（PLCC 型与 QFP 型封装）。这两种封装采用与标准的双列直插式 DIP 封装同样的材料和封装技术，电极引脚的间距为 0.05in（≈1.27mm）。SO/SOL 型封装采用双列翼形电极引脚，PLCC 型封装采用四边出脚的 J 型电极，QFP 型封装采用四边出脚的翼形电极，引脚的弯曲形状都是为器件直接贴装在印制板的表面上而设计的。SO/SOL 型封装用于引脚较少的器件，一般 SO 型的电极为 8、14、16 脚，SOL 型的电极不超过 28 脚；而 PLCC/QFP 型封装的 SMD 器件的电极数目较多，比较典型的是 84 脚，再多的可达到 240 脚甚至更多。SMD 集成电路各种封装的外形如图 5-10 所示。

a) b) c) d)

图 5-10　SMD 集成电路各种封装的外形

a) SO 型封装　b) SOL 型封装　c) PLCC 型封装　d) QFP 型封装

电极引脚数目较少的 SMD 器件，一般采用盘状纸编带包装，便于自动化设备拾取；引脚数目多的集成电路通常放置在防静电多塑料管中或塑料托盘上。

5.2.2　主要元器件的检测

1. 贴片电阻的检测

对矩形贴片电阻的检测，主要是检测其实际阻值与标称值是否相符。通常采用万用表的电阻档进行测量。矩形贴片电阻一般采用数字标称法，电阻的阻值标示如图 5-11 所示，其一般由三位数字来标明其阻值。它的第一位和第二位为有效数字，第三位标示在有效数字后面所加“0”的个数，这一位不出现字母。例如“103”表示“10000Ω”；“472”表示“4700Ω”；“151”表示“150Ω”。如果是小数，则用“R”表示“小数点”，并占用一位有效数字，其余两位是有效数字。例如“2R4”表示“2.4Ω”；“R15”表示“0.15Ω”。

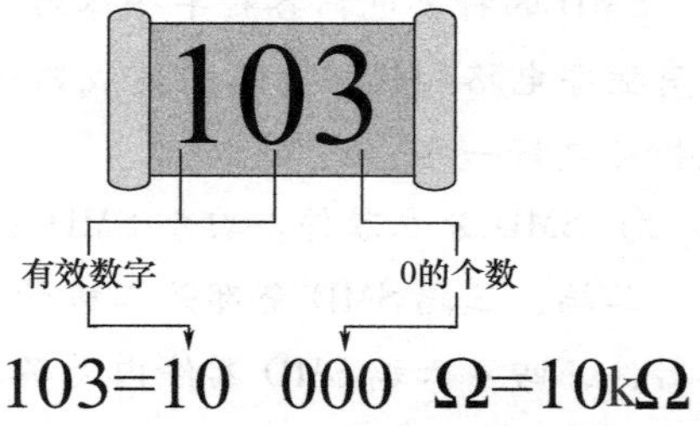

图 5-11　贴片电阻的标称法

2. 电位器的检测

检查电位器时，首先要转动旋柄，看看旋柄转动是否平滑，开关是否灵活，开关通、断时“咔哒”声是否清脆，并听一听电位器内部接触点和电阻体摩擦的声音，如有“沙沙”声，说明质量不好。用万用表测试时，先根据被测电位器阻值的大小，选择好万用表的合适电阻档位，然后可按下述方法进行检测。

1）用万用表的电阻档测“1”“2”两端，其读数应为电位器的标称阻值，如万用表的指针不动或阻值相差很多，则表明该电位器已损坏。

2）检测电位器的活动臂与电阻片的接触是否良好。用万用表的电阻档测“1”“3”（或“2”“3”）两端，将电位器的转轴按逆时针方向旋至接近“关”的位置，这时电阻值越小越好。再顺时针慢慢旋转轴柄，电阻值应逐渐增大，表头中的指针应平稳移动。当轴柄旋至极端位置“3”时，阻值应接近电位器的标称值。如万用表的指针在电位器的轴柄转动过程中有跳动现象，说明活动触点有接触不良的故障。

3. 贴片电容检测

针对贴片电容的容量测量，需要用到专门的容量测试仪对其进行测量，而本项目中的贴片电容已经标示了其容量大小，因此无须再对其进行测量，仅要求能正确对贴片电容进行读数。贴片电容的容量大小的标示与贴片电阻类似，只是单位默认为 pF。例如“473”表示“47000pF”；“103”表示“10000pF”；“151”表示“150pF”。

4. 发光二极管的检测

发光二极管的检测可以参考项目 3 的相关任务对其进行相应的检测。

5. 集成电路的识别

集成电路的识别可以参考项目 4 的相关任务对其进行相应的识别。

6. 空心线圈的检测

欲准确检测电感线圈的电感量和品质因数 Q，一般均需要专门仪器，而且测试方法较为复杂。在实际工作中，一般不进行这种检测，仅进行线圈的通断检查和 Q 值的大小判断。可先利用万用表电阻档测量线圈的直流电阻，再与原确定的阻值或标称阻值相比较，如果所测阻值比原确定阻值或标称阻值增大许多，甚至指针不动（阻值趋向无穷大），可判断线圈断线；若所测阻值极小，则判定是短路，不能使用。如果检测电阻与原确定的或标称阻值相差不大，可判定此线圈是好的。

7. 扬声器的检测

一般在扬声器磁体的标牌上都标有阻抗值，但有时也可能遇到标记不清或标记脱落的情况。因为一般电动扬声器的实测电阻值为其标称阻抗的 80% ~90%，一只 8 Ω 的扬声器，实测电阻值为 6.4 ~7.2 Ω，所以可用下述方法进行估测。

将万用表置于“$R\times1$”档，调零后，测出扬声器线圈的直流电阻 R，然后用估算公式 $Z=1.17R$ 即可估算出扬声器的阻抗。例如，测得一只无标记扬声器的直流电阻为 6.8 Ω，则阻抗 $Z=1.17\times6.8\Omega=8\ \Omega$。

扬声器是否正常，除可用以上方法测其阻抗外，还可用以下方法进行简易判断。方法是：将万用表置 $R\times1$ 档，把任意一只表笔与扬声器的任一引出端相接，用另一只表笔断续触碰扬声器另一引出端，此时，扬声器应发出“咔咔”声，指针也相应摆动。如触碰时扬声器不发声，指针也不摆动，说明扬声器内部线圈断路或引线断裂。

5.2.3 任务小结

1. 任务工作单的填写

【填写要求】

回顾本任务所介绍的主要内容，检查对元器件的分类与检测的学习效果。请认真完成任务工作单 5-2（见附录 A）各项内容的填写。其中，学生自评分为优、良、中、差四个等级，填写完毕后请交指导老师评定签字，作为期末成绩评定参考的依据。

2. 巩固提高

1）写出下列贴片电阻的阻值。

526、120、234、300、203

2）写出下列贴片电容的容量。

245、367、213、518、108

3）如何用万用表测量判断扬声器的好坏和阻值？

4）简述空心线圈的好坏检测方法。

5）查阅有关资料，画出 SP7021 内部工作原理框图。

任务 5.3　贴片元器件的焊接训练

在电子整机装配过程中，贴片元器件的装配与焊接主要是由自动化设备完成的。贴片元器件的手工焊接主要用于简易电子产品的装配或调试与维修。因此，练习贴片元器件的焊接操作技能，了解其焊接方法，对掌握电子装配工艺起到丰富技能的作用。

5.3.1 贴片元器件的焊接方法

1. 焊接要点

一般的 SMC、SMD 分立元器件，只要心细手稳，掌握方法就可以熟练进行焊接。关键是 SMD 集成电路除了心细之外，还得有些好的工具。例如一把好的电烙铁（专用于焊 SMD 集成电路的），头儿细得像锥子一样，但长时间烧也不坏。贴片焊膏是必不可少的。如果想焊得更好些、更快些，买一台热风枪就可以了。先拿小烙铁焊上两三个引脚，对准位置后，涂上焊膏，热风一吹，非常漂亮！但这种焊法，最后一定要拿放大镜、针尖，用这两样工具一个一个引脚地检验，以防接触不良。对于引脚间距细密的，首先在干净的焊盘上涂上一层焊锡膏，再用干净的恒温电烙铁往焊盘上涂薄薄一层焊锡，把元器件放置上去对准，上锡固定好对角，然后随意挑一边用电烙铁垂直引脚出线方向较缓滑过，同时稍用力下压元器件这条边；然后就用同样的方法焊对边；然后焊另外两边。最后检查，不好的地方重新焊过。

2. 所需工具

①普通温控电烙铁；②酒精；③脱脂棉；④镊子；⑤防静电腕带；⑥焊锡丝；⑦松香焊锡膏；⑧放大镜。

3. 焊接方法

1）在焊接之前先在焊盘上涂上助焊剂，用电烙铁处理一遍，以免焊盘镀锡不良或被氧化，造成不好焊，芯片则一般不需处理。

2）用镊子小心地将 QFP 芯片放到 PCB 上，注意不要损坏引脚。使其与焊盘对齐，要保证芯片的放置方向正确。把电烙铁的温度调到 300℃以上，将烙铁尖沾上少量的焊锡。用工具向下按住已对准位置的芯片，在两个对角位置的引脚上加少量的焊锡，仍然向下按住芯片，焊接两个对角位置上的引脚，使芯片固定而不能移动。在焊完对角后重新检查芯片的位置是否对准。如有必要可进行调整或拆除并重新在 PCB 上对准位置。

3）开始焊接所有的引脚时，应在烙铁尖上加上焊锡，将所有的引脚涂上焊锡使引脚保持湿润。用烙铁尖接触芯片每个引脚的末端，直到看见焊锡流入引脚。在焊接时要保持烙铁尖与被焊引脚并行，防止因焊锡过量发生搭接。

4）焊完所有的引脚后，用助焊剂浸湿所有引脚以便清洗焊锡。在需要的地方吸掉多余的焊锡，以消除任何可能的短路和搭接。最后用镊子检查是否有虚焊，检查完成后，从电路板上清除助焊剂，将硬毛刷浸上酒精沿引脚方向仔细擦拭，直到助焊剂消失为止。

5）贴片阻容元件则相对容易焊一些，可以先在一个焊点上点上锡，然后放上元件的一头，用镊子夹住元件，焊上一头之后，再看看是否放正了；如果已放正，就再焊上另外一头。如果引脚很细在第2）步时可以先对芯片引脚加锡，然后用镊子夹好芯片，在桌边轻磕，墩除多余焊锡，第3）步电烙铁不用上锡，用电烙铁直接焊接。

4. 焊点质量判断

当我们完成一块电路板的焊接工作后，就要对电路板上的焊点质量进行检查，并进行修理、补焊。符合下面标准的焊点认为是合格的焊点：

1）焊点成内弧形（圆锥形）。

2）焊点整体要圆满、光滑，无针孔，无松香渍。

3）如果有引线、引脚，它们的露出引脚长度要在1～1.2mm之间。

4）零件脚外形可见锡的流散性好。

5）焊锡将整个上锡位置及零件脚包围。

不符合上面标准的焊点认为是不合格的焊点，需要进行二次修理。

1）虚焊：看似焊住其实没有焊住，主要原因是焊盘和引脚脏，助焊剂不足或加热时间不够。

2）短路：有脚零件在脚与脚之间被多余的焊锡所连接短路，也包括残余锡渣使脚与脚短路。

3）偏位：由于器件在焊前定位不准，或在焊接时造成失误导致引脚不在规定的焊盘区域内。

4）少锡：是指锡点太薄，不能将零件铜皮充分覆盖，影响连接固定作用。

5）多锡：零件脚完全被锡覆盖，即形成外弧形，使零件外形及焊盘位不能见到，不能确定零件及焊盘是否上锡良好。

6）锡球、锡渣：PCB表面附着多余的焊锡球、锡渣，会导致细小引脚短路。

5. 具体器件的焊接举例

（1）焊贴片电阻电容

先在一个焊盘上上一点锡，用镊子夹住元件焊在这个焊盘上，如果不平可用镊子调整，最后可统一在另一个焊盘上上锡，完成焊接。

（2）焊贴片集成电路/连接器

用松香酒精溶液做助焊剂。焊接前先用棉签沾上助焊剂涂抹在焊盘上，稍等一会，待酒精略微挥发一些后助焊剂会发粘，此时可将元件或连接器放好，略微压一下即可，注意一定要对正！然后用电烙铁把对角线的两个引脚烫一下，即可固定元件，然后就一个脚一个脚地进行焊接。也可以在烙铁头上稍微多上点锡，在元件的引脚上轻轻拉过。但是这样容易使引脚之间短路，不过也好解决，涂上些松香酒精溶液，趁酒精尚未挥发之际拿电烙铁再烫一次就可以了。

知识拓展

◆表面装配设备及装配焊接材料

1. 表面装配设备

表面装配设备主要有 3 大类：涂布设备、贴片设备和焊接设备。

（1）涂布设备

涂布设备的作用是往板上涂布粘合剂和焊锡膏，主要有针印法、注射法和丝印法。

针印法是利用针状物浸入粘合剂中，在提起时针头就挂上一定的粘合剂，将其放到 SMB（表面贴装电路板）的预定位置，使粘合剂点到板上。当针蘸入粘合剂中的深度一定且胶水的黏度一定时，重力保证了每次针头携带的粘合剂的量相等，如果按印制板上元器件装配的位置做成针板，并用自动系统控制胶的黏度和针插入的深度，即可完成自动针印工序。

注射法如同用医用注射器一样的方式将粘合剂或焊锡膏注到 SMB 上，通过选择注射孔的大小和形状，调节注射压力就可改变注射胶的形状和数量。

丝印法是用丝网漏印的方法涂布粘合剂或焊锡膏，是现在常用的一种方法。丝网是用 100～200 目的不锈钢金属网，通过涂感光膜形成感光漏孔，制成丝印网板。

丝印方法精确度高，涂布均匀，效率高，是目前 SMT 生产中主要的涂布方法。生产设备有手动、半手动、自动式的各种型号规格商品丝印机。

（2）贴片设备

贴片设备是往板上装配各种贴片元器件的专用设备。

贴片机有小型、中型和大型之分。一般小型机有 20 个以内的 SMC/SMD 料架，采用手动或自动送料，贴片速度较低。中型机有 20～50 个材料架，一般为自动送料，贴片速度为低速或中速。大型机则有 50 个以上的材料架，贴片速度为中速或高速。

贴片机主要由材料储运装置、工作台、贴片头和控制系统组成。

图 5-12 所示为成套表面装配生产设备的生产线示意图。

（3）焊接设备

目前对采用 SMT 元器件的电路板，大都采用再流焊炉，炉中的温度会按照事先设定的变化规律上升和下降，将 SMT 元器件自动焊接在电路板上。

在早期的表面贴装设备中，曾经广泛使用过波峰焊工艺来进行表面元器件的装配。

常用的再流焊加热方法有热风加热、红外线加热和激光加热，其中红外线加热方法具有操作方便、使用安全、结构简单等优点，在实际生产中使用的较多。

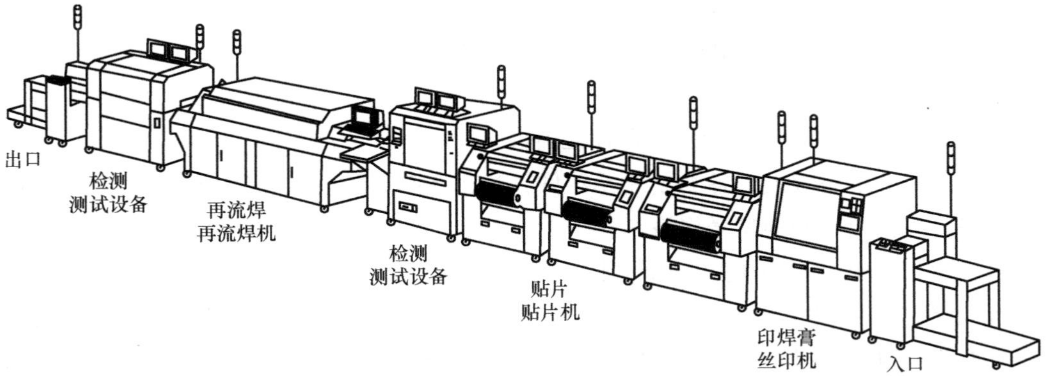

图5-12　成套表面装配生产设备的生产线示意图

2. 装配焊接材料

（1）表面贴装元器件专用粘合剂

表面贴装元器件在安装时，常常需要先用粘合剂将元器件固定在PCB上，然后才能进行焊接。常用的粘合剂按材料分有环氧树脂、丙烯酸树脂及其他聚合物粘合剂；按固化方式分有热固化、光固化、光热双固化及超声波固化粘合剂；按粘合剂的使用方法分为用丝网漏印、压力注射、针式转移等类型的粘合剂。

（2）表面贴装元器件专用焊锡膏

焊锡膏由焊料合金粉末和助焊剂组成，简称焊膏。焊膏是由专业工厂生产的成品，使用者应掌握选用方法。选用焊膏要从以下几个方面入手。

① 焊膏的活性。根据SMB的表面清洁度确定，一般可选中等活性，必要时选高活性或无活性级、超活性级。

② 焊膏的黏度。根据涂覆法选择，一般液料分配器用100～200Pa·s，丝印用100～300Pa·s，漏模板印刷用200～600Pa·s。

③ 焊料粒度的选择，PCB上的导电图形越精细，焊料粒度应越小。

④ 电路采用双面焊时，PCB两面所用的焊膏熔点应相差30～40℃。

⑤ 电路中含有热敏感元件时应选用低熔点焊膏。

（3）表面贴装元器件使用的助焊剂和清洗剂

SMT对助焊剂的要求和选用原则，基本上与THT相同，只是更严格，更有针对性。

SMT的高密度装配使清洗剂的作用大为增加，至少在免清洗技术尚未完全成熟时，还离不开清洗剂。

目前常用的清洗剂有两类：CFC-113（三氟三氯乙烷）和甲基氯仿，在实际使用时，还需加入乙醇酯、丙烯酸酯等稳定剂，以改善清洗剂的性能。

清洗方式则除了浸注清洗和喷淋清洗外，还可用超声波清洗、气相清洗等方法。

5.3.2　贴片元器件的焊接训练

1. 训练目的

1）能识别各类贴片元器件。

2）练习拆卸 SMC 或 SMD 分立元器件。

3）练习焊接 SMC 或 SMD 分立元器件。

2. 训练步骤

（1）在废旧的电路板上识别出贴片元器件

观察所领的电路板上的各类贴片元器件，找出 SMC 元器件、SMD 分立元器件、SMD 集成电路，并指出它们的型号规格。

（2）拆卸 SMC 或 SMD 分立元器件

将电烙铁的烙铁头蘸一下助焊剂（松香）；然后在贴片元器件上，将其原来两端焊好的焊锡熔解，通过左右来回加热，使贴片元器件两端的焊锡达到同时熔解，此时便可以用镊子将其取下。来回加热时，要控制好加热时间和移动速度，加热时间过长，会损坏元器件，因此可通过加快移动速度来减少加热时间，但要保证焊锡能完全熔解。

取下贴片元器件后，要用电烙铁将焊盘上多余的焊锡去掉（可用吸锡器进行吸锡），排除与附近焊盘或线路有粘连的现象，以便再次焊接使用。

（3）SMC 或 SMD 分立元器件的焊接训练

将第（2）步拆卸下来的贴片元器件重新焊回原来位置。操作时，可根据前面介绍的贴片元器件的焊接方法进行焊接训练。

知识拓展

◆表面装配技术的工艺流程

1. SMT 印制板波峰焊接工艺流程

印制板采用波峰焊接的工艺流程如图 5-13 所示。

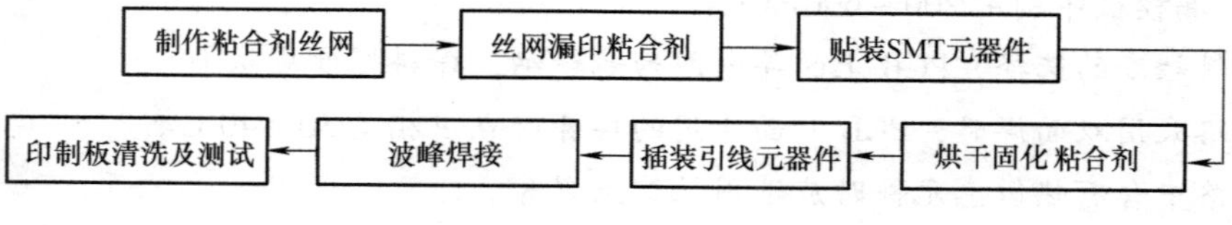

图 5-13　SMT 印制板波峰焊接工艺流程

1）制作粘合剂丝网：按照 SMT 元器件在印制板上的位置，制作用于漏印粘合剂的丝网。

2）丝网漏印粘合剂：把粘合剂丝网覆盖在印制电路板上，漏印粘合剂。要精确保证粘合剂漏印在元器件的中心，尤其要避免粘合剂污染元器件的焊盘。

3）贴装 SMT 元器件：把 SMT 元器件贴装到印制板上，使它们的电极准确定位于各自的焊盘。

4）烘干固化粘合剂：用加热或紫外线照射的方法，使粘合剂固化，把 SMT 元器件比较牢固地固定在印制板上。

5）插装引线元器件：把印制电路板翻转180°，在另一面插装传统的引线元器件。

6）波峰焊接：与普通印制板的焊接工艺相同，用波峰焊接设备进行焊接。在印制板焊接过程中，SMT元器件浸没在熔融的锡液中。可见，SMT元器件应该具有良好的耐热性能。

7）印制板清洗及测试：对经过焊接的印制板进行清洗，去除残留的助焊剂，避免对电路板的腐蚀；然后进行电路检验测试。

2. SMT印制板再流焊工艺流程

印制板采用再流焊的工艺流程如图5-14所示。

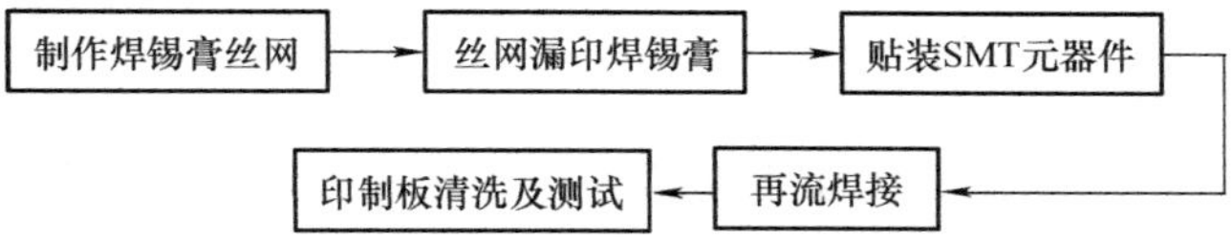

图5-14　SMT印制板再流焊工艺流程

1）制作焊锡膏丝网：按照SMT元器件在印制板上的位置及焊盘的形状，制作用于漏印焊锡膏的丝网。

2）丝网漏印焊锡膏：把焊锡膏丝网覆盖在印制电路板上，漏印焊锡膏，要精确保证焊锡膏均匀地漏印在元器件的电极焊盘上。

3）贴装SMT元器件：把SMT元器件贴装到印制板上，使它们的电极准确定位于各自的焊盘。

4）再流焊接：用再流焊接设备进行焊接，在焊接过程中，焊锡膏熔化再次流动，充分浸润元器件和印制板的焊盘，焊锡溶液的表面张力使相邻焊盘之间的焊锡分离而不至于短路。

5）印制板清洗及测试：由于再流焊接过程中焊剂的挥发，焊剂不仅会残留在焊接点的电极附近，还会沾染电路基板的整个表面。因此，再流焊接以后的清洗工序特别重要。在有条件的企业里，通常都采用超声波清洗机，把焊接后的电路板浸泡在无机溶液或去离子水中，用超声波冲击清洗，可以得到很好的效果。

如果是双面混合装配结构的，即在印制板的A面（“元器件面”）上同时还装有SMT元器件，则先要对A面经过贴装和再流焊接工序；然后，对印制板的B面（“焊接面”）粘贴SMT元器件，翻转印制板并在A面插装引线元器件后，执行波峰焊接工艺流程。

5.3.3　任务小结

1. 任务工作单的填写

【填写要求】

回顾本任务所介绍的主要内容，检查对贴片元器件的焊接学习效果。请认真完成任务工作单5-3（见附录A）各项内容的填写。其中，学生自评分为优、良、中、差四个等级，填写完毕后请交指导老师评定签字，作为期末成绩评定参考的依据。

2. 巩固提高

1）请简述贴片元器件的手工焊接方法。

2）手工焊接贴片元器件所需的工具是什么？

3）简述手工拆卸 SMC 元器件的步骤。

4）手工焊接贴片元器件与直插式元器件在工艺上有什么区别？

5）如需手工焊接 SMD 集成电路，用什么方法？

任务 5.4　元器件的安装与焊接

调频收音机的性能好坏，关键在于电路板上各元器件的安装与焊接的工艺，因此完成本任务需要细心与灵巧的双手。——细节决定成败

5.4.1　元器件的选取

调频收音机装配前，必须按照原理图中的各元器件制定好装配表（装配材料清单），以方便装配时对各元器件的选取。表 5-3 为调频收音机装配表。

表 5-3　调频收音机装配表

序号	元器件编号	名称	型号/规格	数量	备注
1	IC1	集成电路	SP7021（贴片）	1 块	
2	IC2	集成电路	TDA2822（贴片）	1 块	
3	L_1	电感器	空心线圈 ϕ0.6×4.5×4T5	1 个	
4	VC_1	可调电容器	PVC 四联电容（20p）	1 个	
5	LED	发光二极管	（红色 ϕ3）	1 个	
6	J2	接插件	耳机插座 EJ-3507	1 个	
7	RP	电位器	B10K 直插带开关	1 个	
8	R_1	电阻器	贴片电阻/0805-1.5k	1 个	
9	R_2	电阻器	贴片电阻/0805-22k	1 个	
10	R_3	电阻器	贴片电阻/0805-10R	1 个	
11	R_4	电阻器	贴片电阻/0805-10k	1 个	
12	R_5	电阻器	贴片电阻/0805-1k	1 个	
13	C_1、C_{13}、C_{18}	电容器	贴片电容/0805-102p	3 个	
14	C_2	电容器	贴片电容/0805-221p	1 个	
15	C_3	电容器	贴片电容/0805-332p	1 个	

（续）

序号	元器件编号	名称	型号/规格	数量	备注
16	C_4	电容器	贴片电容/0805-472p	1 个	
17	C_5、C_9、C_{11}	电容器	贴片电容/0805-104p	3 个	
18	C_6	电容器	贴片电阻/0805-22p	1 个	
19	C_7	电容器	贴片电容/0805-681p	1 个	
20	C_8	电容器	贴片电容/0805-152p	1 个	
21	C_{10}、C_{15}、C_{16}、C_{20}	电容器	贴片电容/0805-103p	4 个	
22	C_{12}	电容器	贴片电容/0805-403p	1 个	
23	C_{14}、C_{21}、C_{23}	电容器	贴片电容/0805-104p	3 个	
24	C_{17}	电容器	电解电容 100μF/16V	1 个	
25	C_{19}	电容器	电解电容 10μF/16V	1 个	
26	C_{22}	电容器	电解电容 220μF/16V	1 个	
27	SP+、SP-		导线 ϕ1. 2mm×120mm	2 根	接扬声器
28	VCC、GND	电源、地	导线 ϕ1. 2mm×120mm	2 根	接电池正、负极
29	ANT	天线	导线 ϕ1. 2mm×120mm	1 根	接拉杆天线
30		扬声器	ϕ57，8Ω，0. 5W	1 个	
31		焊片	天线焊片 ϕ2. 2	1 个	安装天线
32		螺钉	M2. 5×4. 5	3 个	
33		螺钉	M1. 7×4	1 个	
34		螺钉	M2×6	1 个	
35		螺钉	BM2×3. 5	1 个	
36		调谐拨盘	大	1 个	
37		音量拨盘	小	1 个	
38		刻度盘		1 个	
39		天线	拉杆天线	1 个	
40		电池弹弓	三件一套	1 套	
41		机壳上下盖		1 套	
42		线路板	RW-2908	1 块	

调频收音机的印制电路板编号为 RW-2908，在装配元器件时可按照电路板上印制的元器件编号和图号（见图 5-15）在装配表中找到相应的元器件，然后再进行装配焊接。

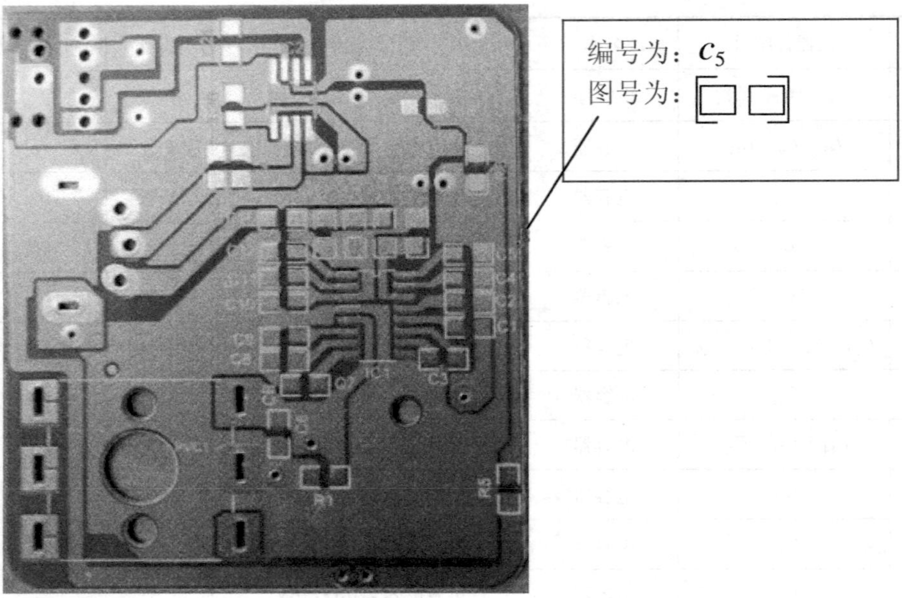

图 5-15　元器件编号与图号

5.4.2　元器件的装配与焊接

调频收音机装配的电路板正反面及型号如图 5-16 所示。通过之前项目装配知识的学习，我们知道，在进行元器件插装时要遵循从小到大、从轻到重、从低到高、从里向外、先一般元器件后特殊元器件、先简单电路板后复杂电路板的基本原则。元器件尽量贴着底板，“对号入座”不得将元器件插错，由于集成电路 SP7021 是采用双排 16 脚贴片式结构，它的脚排列比较密集，焊接时请用尖烙铁头进行快速焊接，如果一次不成功，应等

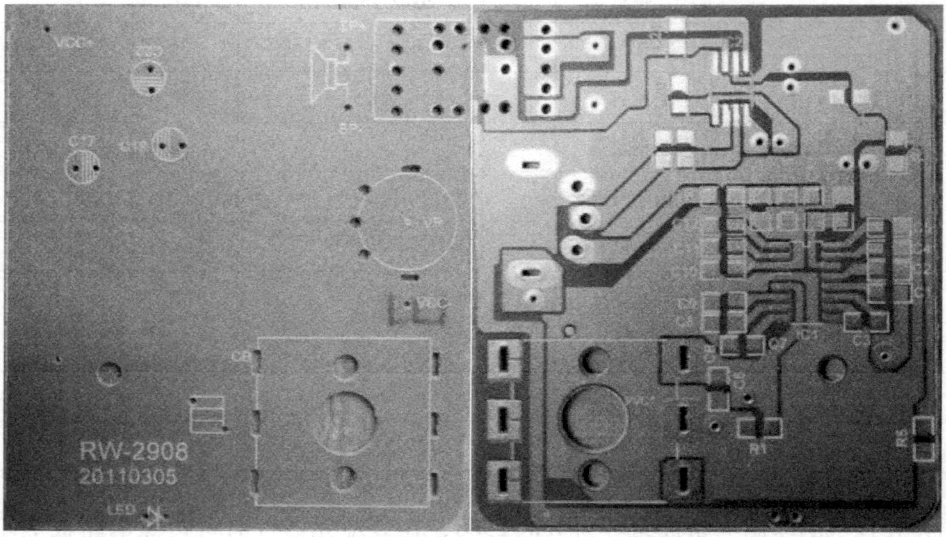

图 5-16　RW-2908 电路板

冷却后再进行下一次焊接，以免烫坏集成电路，焊完后应反复检查有无虚焊、假焊、错焊，有无拖焊时造成的短路故障。只要按照上述要求根据装配表焊接组装后，装上电池，旋动 PVC 可变电容即可收听 FM 广播。

下面就几个重要的元器件焊接方法进行介绍：

1. 贴片电阻与电容

（1）电烙铁预热

将电烙铁插在烙铁架上，接上电源进行预热。

（2）识别元器件

贴片电阻、电容的焊接方法大致是一样的，焊接点也很相似，都是平铺的两个接触点，但电容的接触点中间有一条白线用以区分电阻的焊接点。具体判别如下：

1）电阻一般都是黑色的，在正面标有相应的数字代表其规格。在电路板上也会有相应标识标出其位置，如在相应的电阻焊接位置旁边标有“R + 数字”。

2）无极性贴片电容一般为小正方形，呈米黄色，表面没有特殊标记，其四面都可以做焊接面。在电路板上标有“C + 数字”的图号为电容的焊接位置。

3）有极性贴片电容相对较大，电容只有一个焊接面，在正面标有一条深色的直线为正极，电路板上对应的焊接位置有“ + ”号的一端为正极（本项目没有该类型电容）。

常见的贴片电阻和贴片电容的实物图如图 5-17 所示。

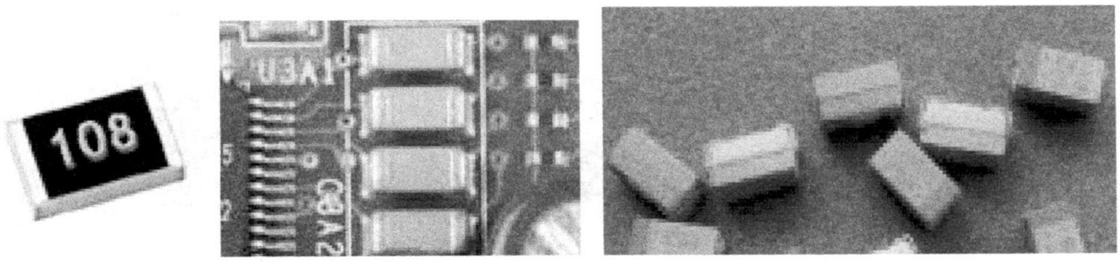

a)　　　　b)　　　　c)

图 5-17　贴片电阻和贴片电容实物图

a）贴片电阻　b）无极性贴片电容　c）有极性贴片电容

（3）定位

先用电烙铁在电路板上对应的焊盘焊上一点焊锡，然后用镊子夹取贴片电阻或电容放置到刚焊接的焊盘上，再用电烙铁熔化刚焊上去的焊锡，使贴片电阻或电容的一端固定在焊盘上。注意：贴片电阻或电容要尽量放置在两个焊盘正中间，若偏差比较大，要用电烙铁熔化焊锡后调整，使其正对中间即可，如图 5-18 所示。

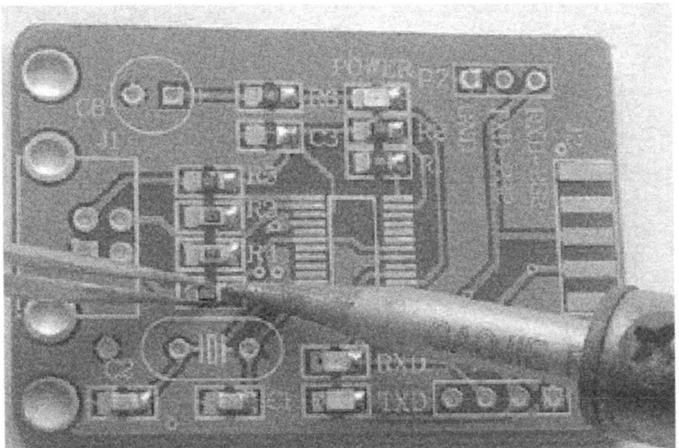

图 5-18　定位焊接

（4）焊接

根据之前焊接训练的要求，焊接贴片电阻或电容的另外一个引脚。焊接时需要控制好焊接时间和温度，不宜过长过热。贴片电阻或电容的体积都很小，有的仅有两三根头发大而已，焊接时需注意、细心。

（5）修饰

在焊接好贴片电阻或电容后，观察其焊接点是否合格美观。若不符合要求，则应重焊，可再点适当松香，使焊锡表面圆润。

（6）清洗

取一小块棉花团，用镊子夹住，蘸取95%酒精将电路板表面的松香洗净。

2. 贴片集成块的装配焊接

焊接贴片集成块时，最好选用如图5-19a所示的小型刀头烙铁头。首先将集成块的对角两个引脚焊上以固定好集成块的位置，然后一边送焊锡一边烙铁头融化焊锡朝箭头方向拖，如图5-19b所示。若焊接过程中有连焊的现象，可用烙铁头点松香或刷液体助焊剂至连焊的地方，再通过电烙铁加热将多余的焊锡带走。若焊接完后，发现电路板上有少量的残渣，可以使用专业的洗板水或者乙醇酒精对其进行清洗。

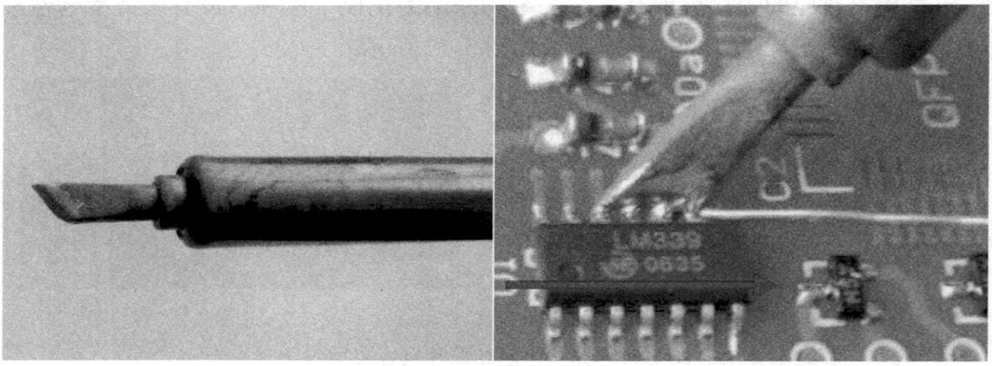

a) b)

图5-19 贴片集成电路焊接方法

a）小型刀头烙铁头 b）拖焊

3. 电位器的装配焊接

电位器的装配请回顾项目4的任务4.4的装配方法进行装配焊接。

4. 电解电容器的装配焊接

电解电容器的装配请回顾项目4的任务4.4的装配方法进行装配焊接。

5. 发光二极管的装配焊接

发光二极管的装配请回顾项目3的任务3.4的装配方法进行装配焊接。

6. 空心线圈的装配焊接

空心线圈并无正负极性，在焊接时只要找对其在电路板上的位置就可以对其进行焊接。在焊接时需要注意的是，不要用手去固定空心线圈，而用镊子，以免烫伤。

所有元器件焊接完毕和其他配件安装后，调频收音机应如图5-20所示。

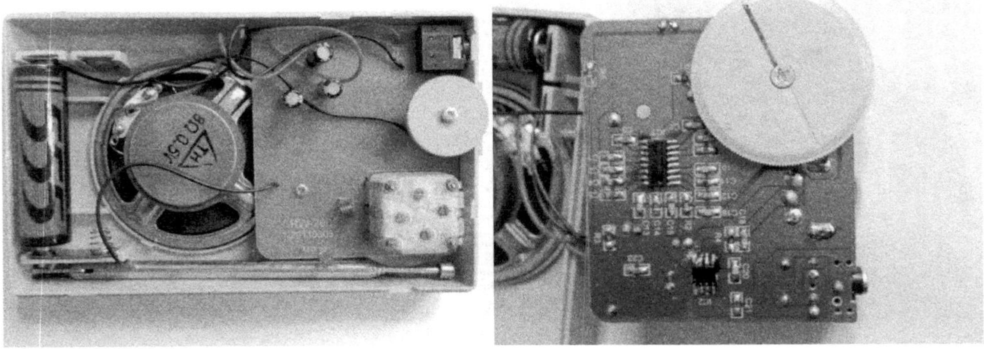

图5-20　RW-2908电路板的装配效果

知识拓展

◆图解贴片元器件的焊接过程

图解贴片元器件的焊接过程

1. SMC元器件的焊接过程及步骤

1）焊接贴片元器件的必需工具如图5-21所示。

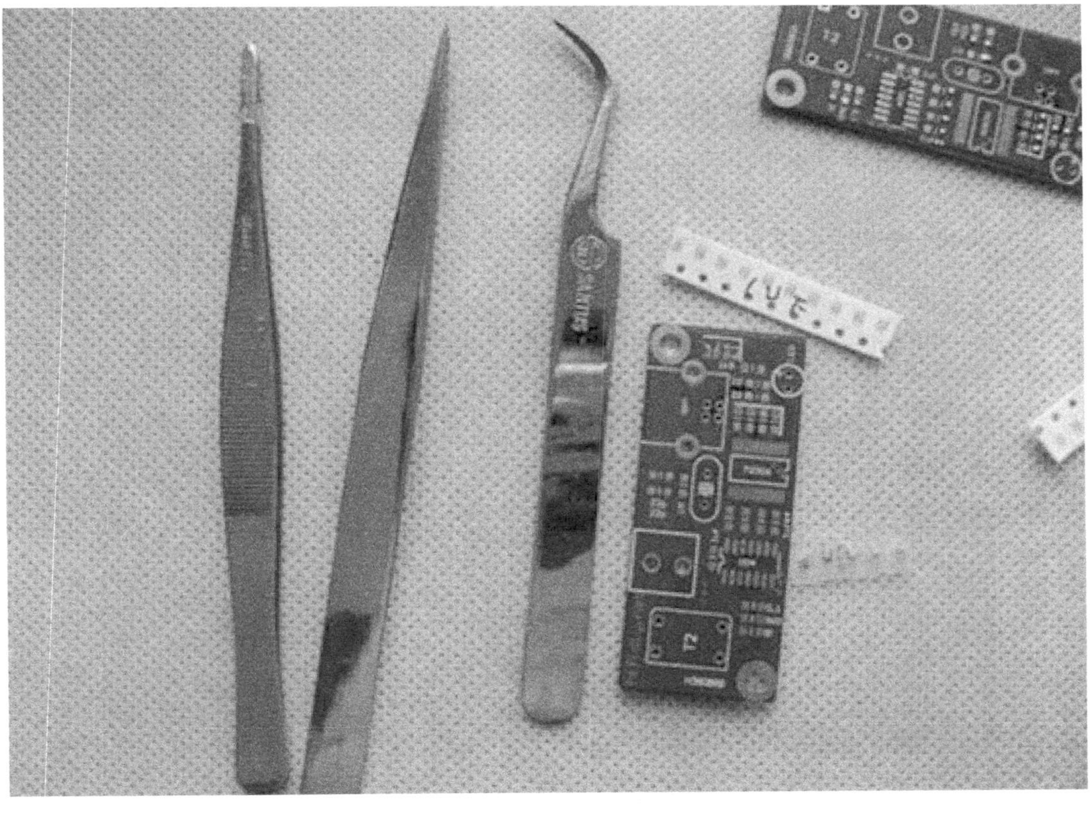

图5-21　焊接贴片元器件的必需工具

2）先焊接 PCB 上的一个焊点，如图 5-22 所示。

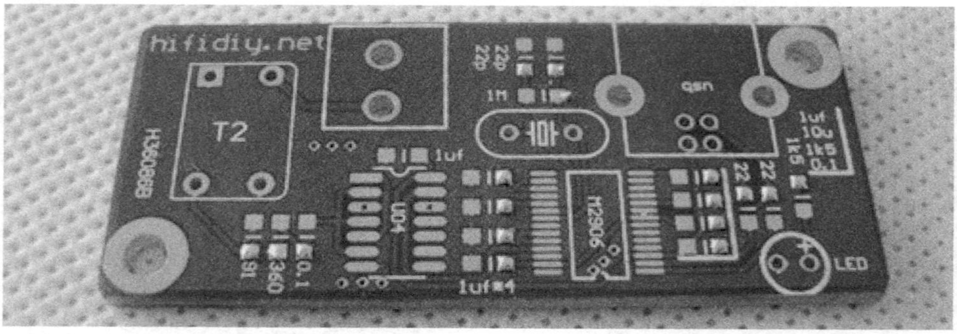

图 5-22　焊接 PCB 上的一个焊点

3）准备好需要焊接的元器件，如图 5-23 所示。

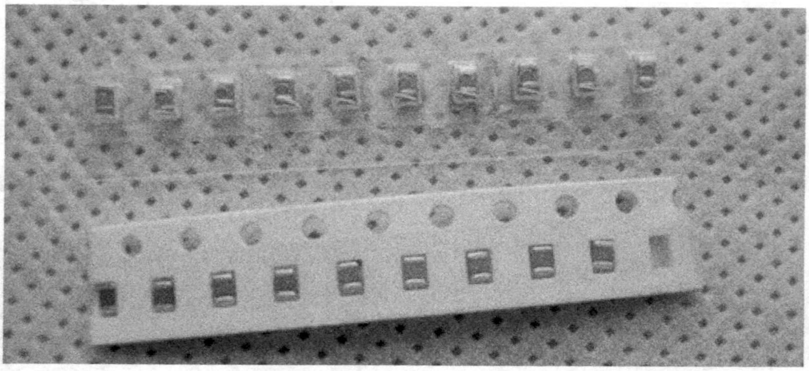

图 5-23　需要焊接的元器件

4）夹好一个贴片元器件，如图 5-24 所示。

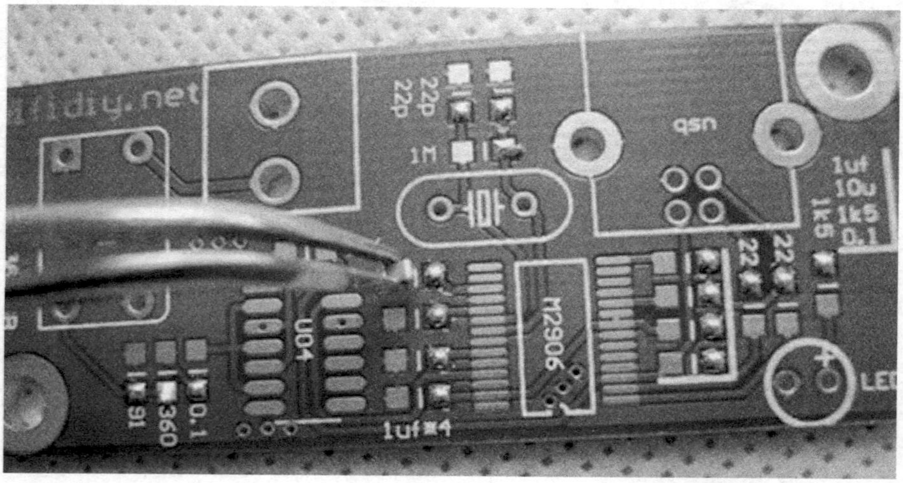

图 5-24　夹好一个贴片元器件

5）先用电烙铁加热焊点，如图 5-25 所示。

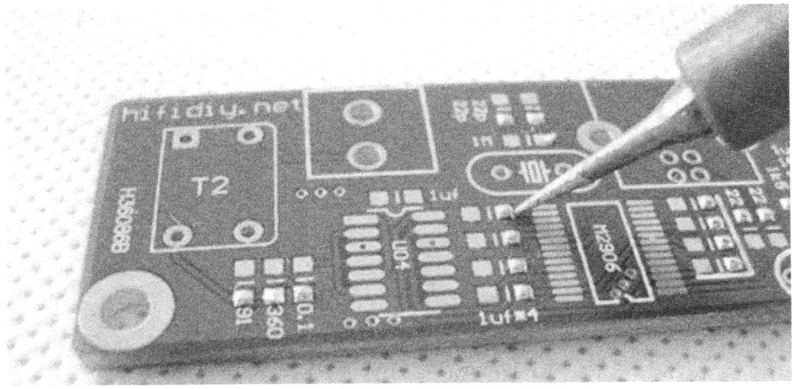

图 5-25　用电烙铁加热焊点

6）将夹好的贴片元器件迅速放下去，如图 5-26 所示。

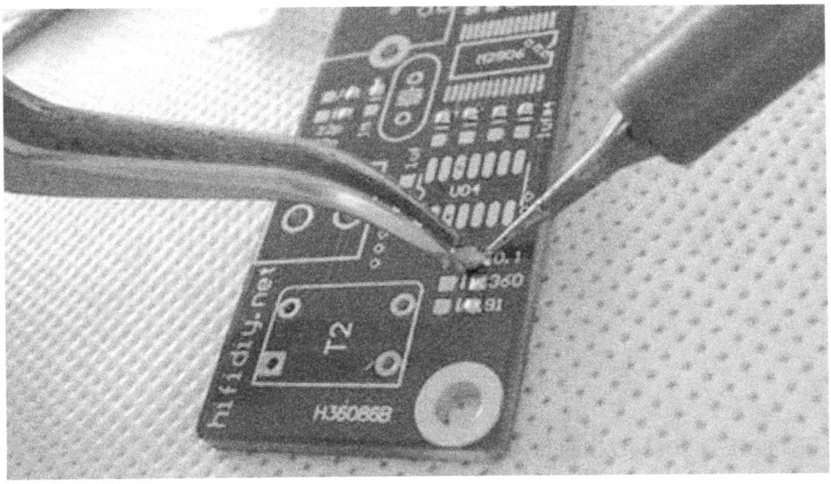

图 5-26　迅速放下夹好的贴片元器件

7）等固定后焊接另外一边，完成焊接，如图 5-27 所示。

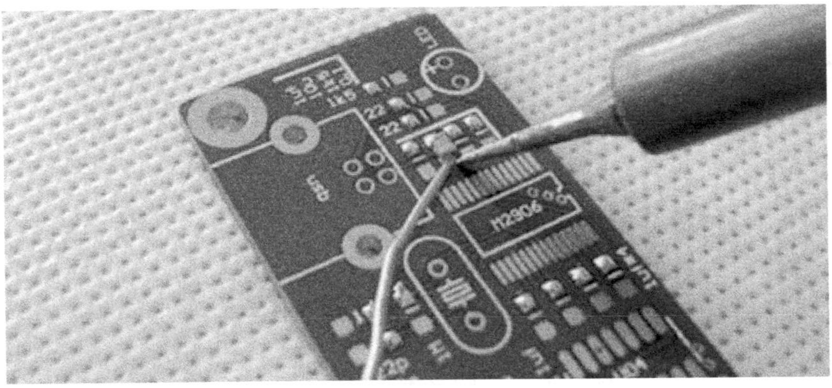

图 5-27　完成焊接

2. SMD 元器件的焊接过程及步骤

1）在 PCB 上 IC 的焊接位置焊接固定 IC 的一个引脚，如图 5-28 所示。

图 5-28　焊接固定 IC 的一个引脚

2）将 IC 两边引脚焊接堆满焊锡，如图 5-29 所示。

图 5-29　IC 两边引脚焊接

3）找根细铜丝蘸点熔化后的松香，如图 5-30 所示。

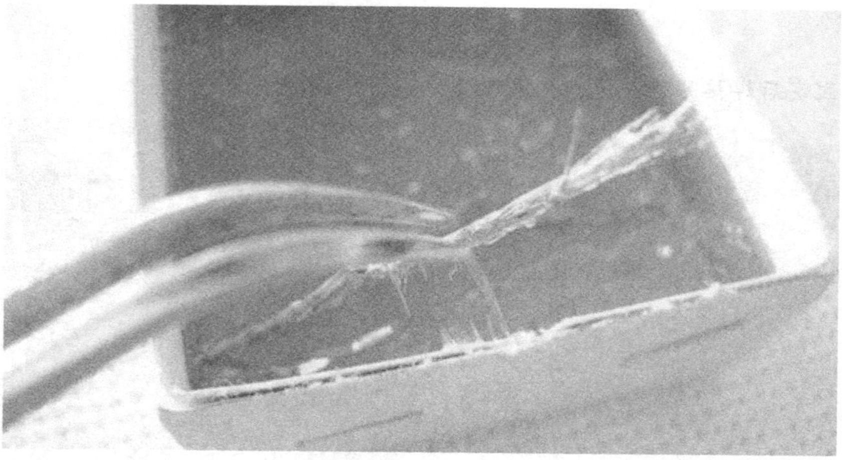

图 5-30　将细铜丝蘸点熔化后的松香

4）将细铜丝放到 IC 引脚上，用电烙铁加热铜丝，使铜丝吸锡，如图 5-31 所示。

图 5-31　将细铜丝放到 IC 引脚上并加热

5）用酒精清洗集成电路上残留的松香，如图 5-32 所示。

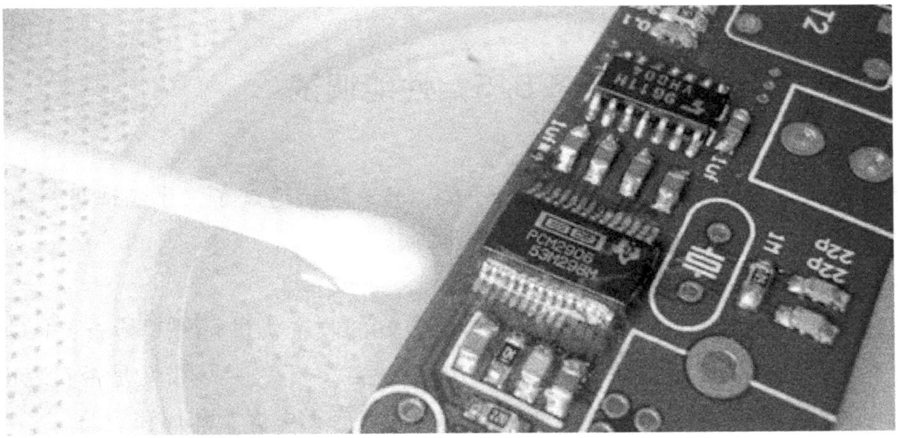

图 5-32　清洗集成电路上残留的松香

6）用棉签擦拭集成电路表面及引脚，完成结尾工作，如图 5-33 所示。

图 5-33　擦拭集成电路表面及引脚

5.4.3 任务小结

1. 任务工作单的填写

【填写要求】

回顾本任务所学习的主要内容，检查对元器件的装配焊接的学习效果。请认真完成任务工作单5-4（见附录A）各项内容的填写。其中，学生自评分为优、良、中、差四个等级，填写完毕后请交指导老师评定签字，作为期末成绩评定参考的依据。

2. 巩固提高

1）请总结出元器件在装配焊接过程中的几个步骤。

2）请简述贴片电阻或贴片电容的装配工艺。

3）请简述本项目中集成块的装配工艺。

4）若焊接完后，发现电路板上有少量的残渣，有什么办法可以清除？

5）在条件允许的情况下，用万用板安装调频收音机。

任务5.5 性能调试

调试是检验装配焊接工艺的最直接的手段，只有调试通过了，才能证明产品的好坏。因此本任务的重点在于对RW-2908电路板的调试。

5.5.1 各主要电路的调试

在进行各主要电路的调试之前，应先对安装好的收音机进行外观检查：检查各元器件安装是否有误，尤其是集成块不得装反，电解电容“+”“-”极性是否安装正确；检查天线、电源线、扬声器及连接线是否连好，各焊点有无虚焊、漏焊和短路。

1. 直流电源电路的检测

1）在通电调试之前，用万用表的电阻档检测RW-2908电路板上的电源正极与两块集成芯片的电源引脚是否连通（注意：SP7021芯片的第4引脚与电源正极之间有个电阻R_3），测量电源负极与两块集成芯片的接地引脚是否连通，若有断路出现，请查找原因，排除故障。

2）先将电位器拨到关机状态，装上两个5号电池。

3）用万用表的直流电压档测量电源的正负极之间的电压，测量值若为3V或接近3V，则电池为好的，否则，应更换新的电池。

4）将电位器拨到开机状态，用万用表的直流电压档分别测量两块集成芯片的电源引脚与地之间的电压，测量值若为3V或接近3V，则电源电路没问题，否则应查找原因，排除故障。

2. 音频功率放大电路的调试

装好电池，打开收音机，如能听到“沙沙沙”声音，则说明音频功率放大电路是好的，如果一点声音都没有听到，请按照下面步骤进行判断调试。

1）在开机状态下，使用万用表电阻 $R\times10$ 档，将红表笔单接电池负极（地），黑表笔触碰集成芯片 TDA2822 输入端（第7脚），此时，从扬声器可听到“咯咯”声；否则，说明芯片 TDA2822 有问题，需更换。

2）保持红表笔单接电池负极（地），将黑表笔触碰点移至集成芯片 SP7021 的音频输出端（第14脚），并进行多次触碰，此时，从扬声器可听到“咯咯”声，通过调整音量旋钮，可听到“咯咯”声大小有变化；如果一点声音都没有，则说明音频滤波电路和音量控制电路有问题，请检查电阻 R_2、R_4 和电容 C_{14}、C_{15}、C_{16}、C_{18} 及电位器 RP 的好坏和焊接是否正确，排除故障后再重新进行检测。

3. 调频接收电路的调试

1）装好电池，打开收音机，用万用表的电压档测量集成芯片 SP7021 各引脚电压，记录各引脚的电压值，并填写在表5-4中相应的位置，最后将记录的电压值与表5-5的参考电压值进行比较。若各对应值都很接近，则说明集成芯片 SP7021 是好的；否则，需更换集成芯片 SP7021。

2）检查天线是否焊好，四联电容器的三个头是否焊好。

表5-4　SP7021 各引脚实测电压值

脚位	1	2	3	4	5	6	7	8
电压/V								
脚位	9	10	11	12	13	14	15	16
电压/V								

表5-5　SP7021 各引脚参考电压值

脚位	1	2	3	4	5	6	7	8
电压/V)	2.71	2.07	GND	2.9	2.9	2.35	2.3	2.3
脚位	9	10	11	12	13	14	15	16
电压/V	2.9	2.3	2.3	0.85	0.85	1.21	0.58	1.2

3）调整音量旋钮使音量处于最大，慢慢转动选台旋钮，若能听到电台广播的声音，则调频接收电路没问题，否则，应检查集成芯片 SP7021 的外围器件是否完好，焊接是否正确。

5.5.2　频率调整

在收音机各主要电路调试完毕之后，需要对收音机接收频率范围进行调整。调频收音机的频率范围是 FM88 ~ 108MHz，因此需要将制作好的收音机接收的最低频率定为 88MHz，最高频率定为 108MHz，使得在转动选台旋钮时，刻度盘显示的频率与实际接收的电台频率一致。

在本收音机电路中，跟接收频率大小相关的元器件有空心线圈 L_1 和 PVC 四联电容器 VC_1，因此可以通过调整这两个元器件来调整接收频率的大小。具体步骤如下：

1）装好电池，打开收音机，将音量调至最大。

2）旋转选台旋钮，使刻度盘指示在频率低端的一个已知电台的频率位置（可找一台标准收音机对照），用无感螺钉旋具调整空心线圈 L_1 的宽度（可拉长或缩短），使能收听到该电台的广播声音，并使收听到的声音音质为最好。

3）旋转选台旋钮，使刻度盘指示在频率高端的一个已知电台的频率位置，用无感螺钉旋具调整 PVC 四联电容器 VC_1 顶上的微调螺钉，使能收听到该电台的广播声音，并使收听到的声音音质为最好。

4）重复步骤2)，再微调空心线圈 L_1 的宽度，使得收听到的声音音质为最好。

5）重复步骤3)，再微调 PVC 四联电容器 VC_1 顶上的螺钉，使得收听到的声音音质为最好。

6）反复重复步骤2）和3）两三次，使得接收到的电台频率和刻度盘显示的频率很接近，并且收听到的电台声音音质为最好，便完成了收音机接收频率的调整。

知识拓展

◆ 收音机波段频率的划分

收音机按调制方式可分为 AM（调幅）和 FM（调频）两种。AM 使用的波段有长波、中波、和短波，分别由相应波段的无线电波传送信号。我国只有中波和短波两个大波段的无线电广播。中波广播使用的频段为 550～1600kHz，主要靠地波传播，也伴有部分天波；短波广播使用的频段为 2～24MHz，主要靠天波传播，近距离内伴有地波。通常收音机中的 AM 波段指的就是中波广播，SW 波段指的就是短波广播，此两个波段采用的都是调幅的调制方式。FM 多用超短波（甚高频）无线电波传送信号，使用频率为 88～108MHz，主要靠空间波传送信号。

◆ 无线电信号的频段划分

无线电信号按频率高低可分为甚低频、低频、中频、高频、甚高频、超高频、特高频、极高频等，各频段的频率范围、传播特性和应用情况见表 5-6。

表 5-6 无线电信号的频段划分及主要用途

名称	符号	频率	波段	波长	传播特性	主要用途
甚低频	VLF	3～30kHz	超长波	1000～100km	地波为主	海岸潜艇通信、远距离通信、超远距离导航
低频	LF	30～300kHz	长波	10～1km	地波为主	越洋通信、中距离通信、地下岩层通信、远距离导航
中频	MF	0.3～3MHz	中波	1km～100m	地波与天波	船用通信、业余无线电通信、移动通信、中距离导航
高频	HF	3～30 MHz	短波	100～10m	天波与地波	远距离短波通信、国际定点通信
甚高频	VHF	30～300 MHz	米波	10～1m	空间波	电离层散射、流星余迹通信、人造电离层通信、对空间飞行体通信、移动通信

（续）

名称	符号	频率	波段	波长	传播特性	主要用途
超高频	UHF	0.3～3GHz	分米波	1～0.1m	空间波	小容量微波中继通信、对流层散射通信
特高频	SHF	3～30 GHz	厘米波	10～1cm	空间波	大容量微波中继通信、数字通信、卫星通信、国际海事卫星通信
极高频	EHF	30～300 GHz	毫米波	10～1mm	空间波	再入大气层时的通信、波导通信

5.5.3　试听

1）打开收音机，将频率调到一个自己喜欢听的电台频率，收听广播内容，感受自己组装的收音机的音质效果。

2）从频率最低慢慢调到频率最高，记录一下自己组装的收音机总共能接收多少个电台。

3）考虑是否可以进一步改善音质和增加接收电台数量。

5.5.4　任务小结

1. 任务工作单的填写

【填写要求】

回顾本任务所学习的主要内容，检查对电路性能调试的学习效果。请认真完成任务工作单5-5（见附录A）各项内容的填写。其中，学生自评分为优、良、中、差四个等级，填写完毕后请交指导老师评定签字，作为期末成绩评定参考的依据。

2. 巩固提高

1）请总结出功率放大电路的调试过程。

2）请总结出空心线圈宽度的调整过程。

3）请总结出调频接收电路的调试过程。

4）若想声音更大些，可采取什么直接方法？

5）在电子产品的调试过程中，一般要考虑哪些安全措施？

附　录

附录 A　任务工作单

任务工作单 1-1

任务名称					
学生姓名		所在班级		学　号	
实施场所		实施时间		指导老师	

一、下列行为哪些不符合国家安全用电的规定？

1. 用电设备周围留有足够安全通道和工作空间。
2. 浴室、蒸汽房、游泳池等潮湿场所使用了可移动的插座。
3. 电炉、电熨斗放置在桌面上，未垫隔热底座。
4. 保护装置动作后，先查明原因，确认正常后恢复工作，更换熔体注意规格。
5. 用电设备暂停或停止使用没有及时切断电源。
6. 将暖气管、煤气管、自来水管作为保护线使用。
7. 软电缆的绿/黄双色线在任何情况下只能用作保护线。
8. 自备发电装置应并入供电电网。
9. 发生触电事故没有立即切断电源。
10. 产生飞溅火花、灼热飞屑的用电设备旁边堆放了易燃物质。

二、将安全用电常用工具特性填入下表。

序　号	名　称	用　途
1		
2		
3		
4		

三、将触电类型填入下表。

序　号	触电类型	原　因
1		
2		
3		
4		

四、将常见触电事故填入下表。

序　号	事故现象	原　因
1		
2		
3		
4		
5		

学生自评		老师评价		指导老师签字	

任务工作单 1-2

任务名称					
学生姓名		所在班级		学　　号	
实施场所		实施时间		指导老师	

一、用试电笔测试交流电插座的三个孔，将氖管亮灭情况填入下表。

序　号	名　称	现　象
1	左孔	
2	右孔	
3	中孔	

由此可判断交流插座的相线位于：左孔□，右孔□，中孔□。

二、检查你所用的万用表，将其各个功能档位特性填入下表。

序　号	名　称	功　能
1		
2		
3		
4		
5		
6		
7		
8		
9		
10		

三、用万用表交流电压档测量交流电三根线的电压，将测量结果填入下表。

序　号	测量部位	测量结果/V
1	相线 - 地线	
2	相线 - 中性线	
3	地线 - 中性线	

学生自评		老师评价		指导老师签字	

任务工作单 1-3

任务名称					
学生姓名		所在班级		学　　号	
实施场所		实施时间		指导老师	

一、下列行为哪些不符合国家对危险品的规定？

1. 执行《化工企业安全管理制度》，并到化工行政部门登记注册。
2. 挂贴“危险化学品安全”标签，但未填写“技术说明书”。
3. 在作业点利用“安全周知卡”或“安全标志”等标明其危险性。
4. 安全技术说明书每6年更换一次。
5. 购进危险化学品时，没有核对包装上的标签。
6. 转移或分装时，标明了其内容；对于危险化学品，还贴了安全标签。
7. 定期检查和评估，其结果建立了档案，化学品浓度未高于国家标准。
8. 通过各种方式消除、减少和控制了工作场所化学品产生的危害。
9. 在危险化学品工作场所未设有急救设施，也未提供应急处理的方法。
10. 按国家规定，及时清除了化学废料及其废旧容器。

二、将危险品分类等级填入下表。

序　号	类　别	名　称	危　害
1	第一类		
2	第二类		
3	第三类		
4	第四类		
5	第五类		
6	第六类		
7	第七类		
8	第八类		

三、写出下列危险品警示标志的中文意义。

学生自评		老师评价		指导老师签字	

任务工作单 2-1

任务名称					
学生姓名		所在班级		学　号	
实施场所		实施时间		指导老师	

一、通过对焊接工具及材料的认知任务的学习，回答以下问题。

1. 请写出你所知道的电烙铁的种类，你使用过的有哪些？

____

____

____

____

2. 手工焊接所采用的焊锡丝是一种什么材料？其内部含有什么焊剂？通常有哪些规格？

____

____

____

____

3. 手工拆焊需要什么工具？

____

____

____

二、检查你所领的工具箱，将各种工具填写在以下表格。

名　称	类　型	规　格	数　量	备　注

学生自评		老师评价		指导老师签字	

任务工作单 2-2

任务名称					
学生姓名		所在班级		学　　号	
实施场所		实施时间		指导老师	

一、焊接前准备。

1. 你所使用的电烙铁功率为________ W，你觉得该功率合适吗？____________
   电烙铁类型属于：内热式□，外热式□。
   烙铁头是否经过修整：是□，否□。
   修整后烙铁头的使用情况：很好用□，好用□，一般□，不好用□。
   不好用原因是____
2. 焊接所采用的焊锡丝直径为________ mm。
   其中锡铅比例为：锡占________%，铅占________%。
   焊锡丝中是否含有助焊剂：是□，否□，若是，含有________助焊剂。
   此种焊锡丝是否好用：很好用□，好用□，一般□，不好用□。
   有何建议：____
3. 此次焊接训练，你还使用了什么工具？

____

____

二、训练过程。

1. 请简述你完成焊接过程的几个步骤。

____

____

____

2. 焊接训练过程中共用了大约多长的焊锡丝？练习时间大约多少？

____

____

3. 焊接训练过程中是否存在着一些安全隐患？有何意见和建议？

____

____

三、小结。

该次焊接工艺训练，你有何体会，对本任务的教学有何意见和建议？

____

____

____

学生自评		老师评价		指导老师签字	

任务工作单 3-1

任务名称					
学生姓名		所在班级		学　号	
实施场所		实施时间		指导老师	

一、通过对红外遥控器基本原理认知任务的学习，请画出红外遥控器的原理框图，并简述其工作过程。

二、从原理图图 3-2 和图 3-3 中寻找各元器件。

电路名称	电路所需元器件（编号、名称、参数）或配件
红外发射系统电路	
红外接收系统电路	

学生自评		老师评价		指导老师签字	

任务工作单 3-2

任务名称					
学生姓名		所在班级		学　　号	
实施场所		实施时间		指导老师	

一、电阻读数训练，写出下列色环电阻的阻值。

棕黑棕　金：______________________________

棕黑黑棕　棕：____________________________

橙黑黑红　棕：____________________________

橙黑棕　金：______________________________

二、记录对各元器件进行测量的结果。

1. 对电阻器的测量结果为 R_1：______，R_2：______，R_3：______，R_4：______。

2. 经过检测，发光二极管的正向电阻为：______，反向电阻为：______，由此判断发光二极管是：好□，坏□。

3. 经过检测，红外发射二极管的正向电阻为：______，反向电阻为：______，由此判断红外发射二极管是：好□，坏□。

4. 经过检测，红外接收二极管的正向电阻为：______，反向电阻为：______，由此判断红外接收二极管是：好□，坏□。

5. 对两个晶体管 9012 和 9014 进行检测，完成下列题目。

1）极性判断，写出下列晶体管的三个电极。

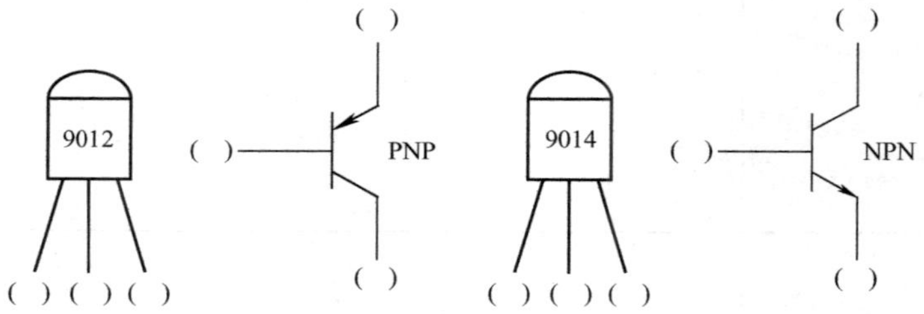

2）测量 9012 晶体管 BE 间正向电阻为：______，BC 间正向电阻为：______，CE 间电阻为：______，由此可判断该晶体管是：好□，坏□。

3）测量 9014 晶体管 BE 间正向电阻为：______，BC 间正向电阻为：______，CE 间电阻为：______，由此可判断该晶体管是：好□，坏□。

6. 对按钮进行检测，当按下按钮时开关两端的电阻为：______，松开按钮时开关两端电阻为：______，由此判断该按钮是：好□，坏□。

学生自评		老师评价		指导老师签字	

任务工作单 3-3

任务名称					
学生姓名		所在班级		学　号	
实施场所		实施时间		指导老师	

一、在印制电路板制作过程中，元器件的排版布局应遵循什么原则？

二、在焊盘设计时，如何确定焊盘大小？焊盘设计有哪几种形式？

三、在布线时，导线宽度如何确定？布线应遵循什么原则？

四、请设计画出红外遥控器的印制电路图，在有兴趣和有条件时自己手工制作红外遥控器的印制电路板。

学生自评		老师评价		指导老师签字	

任务工作单 3-4

任务名称					
学生姓名		所在班级		学　　号	
实施场所		实施时间		指导老师	

一、装配前，根据装配图和原理图制作红外遥控器装配表。

1. 红外发射板装配表

序号	编号	名称	型号/规格	数量	备注

2. 红外接收板装配表

序号	编号	名称	型号/规格	数量	备注

二、谈谈你对红外遥控器的装配心得与体会。

学生自评		老师评价		指导老师签字	

任务工作单 3-5

任务名称					
学生姓名		所在班级		学　号	
实施场所		实施时间		指导老师	

一、MB1_1 电路板的测量结果记录。

1）测量纽扣电池电压为：__________ V。

2）当松开按钮时，红外发射二极管两个引脚之间电压为：__________ V。

当按下按钮时，红外发射二极管两个引脚之间电压为：__________ V。

由此可判断 MB1_1 电路板是：正常□，不正常□。

二、MB1_2 电路板的测量结果记录。

1）测量 J1、J2 插针之间电压为：__________ V。

2）测量 VT_2 的 B 极电位为：__________ V，C 极电位为：__________ V。

测量 VT_1 的 E 极电位为：__________ V。

3）测量红外接收二极管两个引脚之间的电压为：__________ V。

由此可判断 MB1_2 电路板的静态工作点是：正常□，不正常□。

三、红外遥控器的整体统调测量结果记录。

1）按下 MB1_1 电路板的按钮时，发光二极管 VD_3：点亮□，不亮□。

测量晶体管 VT_2 的 C 极的电位为：__________ V。

2）松开 MB1_1 电路板的按钮时，发光二极管 VD_3：点亮□，不亮□。

测量晶体管 VT_2 的 C 极的电位为：__________ V。

由此判断自己所装配的红外遥控器的状态是：好□，坏□。

3）测量红外遥控的最大距离为：__________ cm。

四、谈谈自己对红外遥控器整个装配调试过程的体会。

学生自评		老师评价		指导老师签字	

任务工作单 4-1

任务名称					
学生姓名		所在班级		学　　号	
实施场所		实施时间		指导老师	

一、通过对循环彩灯控制器基本原理认知任务的学习，请画出循环彩灯控制器的原理框图。

二、从原理图图 4-2 中寻找各元器件。

电路名称	电路所需元器件（编号、名称、参数）或配件
脉冲产生电路	
计数电路	
译码输出电路	

学生自评		老师评价		指导老师签字	

任务工作单 4-2

任务名称					
学生姓名		所在班级		学　号	
实施场所		实施时间		指导老师	

一、记录对各元器件进行测量的结果。

1. 对电阻器的测量结果，各阻值为 R_{201}：______，R_{203}：______，
R_{204}：______，R_{205}：______，R_{206}：______，R_{207}：______，
R_{208}：______，R_{209}：______，R_{210}：______，R_{211}：______。

2. 经过检测，电位器 RP_{202} 的总电阻为：______，旋转活动端时，活动端片与两固定端片之间的电阻变化是否连续：是□，否□，由此可判断该电位器是：好□，坏□。

3. 经过检测，电解电容 C_{201} 充放电是否正常：正常□，不正常□，其漏电电阻为：______，由此判断该电容器是：好□，坏□。

4. 经过检测，普通电容 C_{202} 充放电是否正常：正常□，不正常□，其漏电电阻为：______，由此判断该电容器是：好□，坏□。

5. 对 8 个发光二极管进行检测，将检测结果填写在下表。

发光二极管编号	正向电阻/Ω	反向电阻/Ω	判断结果	
			好	坏
VD_{201}				
VD_{202}				
VD_{203}				
VD_{204}				
VD_{205}				
VD_{206}				
VD_{207}				
VD_{208}				

学生自评		老师评价		指导老师签字	

任务工作单 4-3

任务名称					
学生姓名		所在班级		学　　号	
实施场所		实施时间		指导老师	

一、请设计循环彩灯控制器的电路板布局图。

二、请设计循环彩灯控制器的印制电路图，在有兴趣和有条件的情况下自己手工制作循环彩灯控制器的印制电路板。

学生自评		老师评价		指导老师签字	

任务工作单 4-4

任务名称					
学生姓名		所在班级		学 号	
实施场所		实施时间		指导老师	

一、装配前，根据装配图和原理图制作循环彩灯控制器装配表。

序号	编号	名称	型号/规格	数量	备注

二、谈谈你对红外遥控器的装配心得与体会。

学生自评		老师评价		指导老师签字	

任务工作单 4-5

<table>
<tr><td>任务名称</td><td colspan="5"></td></tr>
<tr><td>学生姓名</td><td></td><td>所在班级</td><td></td><td>学　　号</td><td></td></tr>
<tr><td>实施场所</td><td></td><td>实施时间</td><td></td><td>指导老师</td><td></td></tr>
</table>

一、脉冲产生电路调试结果记录。

1）测量 J201 插针与 J202 插针之间电压为：______ V。

2）画出用示波器测量脉冲输出的波形。

该脉冲波形的频率为：______ Hz。

3）经过调节电位器 RP_{202}，测得输出脉冲的最小频率为：______ Hz，最大频率为：______ Hz。

由此可判断该脉冲产生电路是：正常□，不正常□。

二、计数器电路调试结果记录

1）测量集成电路 74LS161 的第 16 脚与第 8 脚之间的电压为：______ V。

2）测量 U202 集成电路的第 2 脚输出波形的频率为：______ Hz。

3）测量 U202 集成电路的第 14 脚输出波形的频率为：______ Hz。

4）测量 U202 集成电路的第 13 脚输出波形的频率为：______ Hz。

5）测量 U202 集成电路的第 12 脚输出波形的频率为：______ Hz。

由此可判断计数器电路是：正常□，不正常□。

三、循环彩灯控制器的整体调试结果记录

1）测量集成电路 74LS138 的第 16 脚与第 8 脚之间的电压为：______ V。

2）观察 8 个 LED 灯的点亮情况，判断其是否符合本电路所要实现的功能，判断结果是：符合□，不符合□。

3）测量 U203 集成电路的第 7、9 ~ 15 脚输出波形的频率为：______ Hz。

由此判断自己所装配的循环彩灯控制器的状态是：好□，坏□。

四、谈谈自己对循环彩灯控制器整个装配调试过程的体会。

____

____

____

____

学生自评		老师评价		指导老师签字	

任务工作单 5-1

任务名称					
学生姓名		所在班级		学　号	
实施场所		实施时间		指导老师	

一、通过对调频收音机基本原理认知任务的学习，请画出调频收音机的工作原理框图。

二、从原理图图 5－2 中寻找各元器件。

电路名称	电路所需元器件（编号、名称、参数）或配件
谐振回路	
调频接收电路	
功率放大电路	

学生自评		老师评价		指导老师签字	

任务工作单 5-2

任务名称					
学生姓名		所在班级		学　　号	
实施场所		实施时间		指导老师	

记录对各元器件进行测量的结果。

1. 对贴片电阻的测量结果，各阻值为 R_1：______，R_2：______，R_3：______，R_4：______，R_5：______。

2. 经过检测，电位器 VR 的总电阻为：__________，旋转活动端时，活动端片与两固定端片之间的电阻变化是否连续：是□，否□，由此可判断该电位器是：好□，坏□。

3. 经过检测，扬声器是否正常：正常□，不正常□，其电阻为：__________，由此判断该扬声器是：好□，坏□。

4. 经过检测，电解电容 C_{17}、C_{19}、C_{22}充放电是否正常：正常□，不正常□，其漏电电阻为：__________，由此判断这些电容器是：好□，坏□。

5. 对发光二极管 LED 进行检测，发光二极管是否正常：正常□，不正常□，正向电阻__________，反向电阻__________。

6. 对 11 种不同类型的贴片电容进行检测，将检测结果填写在下表。

贴片电容编号	漏电电阻/Ω	充放电		判断结果	
		正常	不正常	好	坏
C_2					
C_3					
C_4					
C_5、C_9、C_{11}					
C_6					
C_7					
C_8					
C_{12}					
C_1、C_{13}、C_{18}					
C_{14}、C_{21}、C_{23}					
C_{10}、C_{15}、C_{16}、C_{20}					

学生自评		老师评价		指导老师签字	

任务工作单 5-3

任务名称					
学生姓名		所在班级		学　　号	
实施场所		实施时间		指导老师	

一、观察你所领的电路板上有哪些贴片元器件，写出它们的型号规格和封装形式。

1. SMC 元器件：

2. SMD 分立元器件：

3. SMD 集成电路：

二、在进行本任务练习时，你用到了哪些工具？

三、请简述你拆卸 SMC 元器件的步骤。

四、完成本任务的训练，你有何体会，对本任务的教学有何意见和建议？

学生自评		老师评价		指导老师签字	

任务工作单 5-4

任务名称					
学生姓名		所在班级		学　　号	
实施场所		实施时间		指导老师	

一、装配前，根据装配图和原理图制作调频收音机装配表。

序号	元器件编号	名称	型号/规格	数量	备注
1	IC1				
2	IC2				
3	L_1				
4	VC1				
5	LED				
6	J2				
7	VR				
8	R_1				
9	R_2				
10	R_3				
11	R_4				
12	R_5				
13	C_1、C_{13}、C_{18}				
14	C_2				
15	C_3				
16	C_4				
17	C_5、C_9、C_{11}				
18	C_6				
19	C_7				
20	C_8				
21	C_{10}、C_{15}、C_{16}、C_{20}				
22	C_{12}				
23	C_{14}、C_{21}、C_{23}				
24	C_{17}				
25	C_{19}				
26	C_{22}				

二、谈谈你对调频收音机的装配心得与体会。

学生自评		老师评价		指导老师签字	

任务工作单 5-5

任务名称					
学生姓名		所在班级		学　号	
实施场所		实施时间		指导老师	

一、调频接收电路调试结果记录

1. 在调频收音机刚上电时，使用示波器测量 SP 7021 引脚 5 并画出其输出波形。

该波形的频率为：______ Hz。

2. 让调频收音机上电并接收到第一个电台，使用示波器测量 SP 7021 引脚 12 并画出其输出波形。

该波形的频率为：______ Hz。

3. 经过调节四联电容，测得收到第一个电台时的谐振频率为：______ Hz，收到最后一个电台时的谐振频率为：______ Hz。

二、功放电路调试结果记录

1. 测量喇叭两引脚之间的电压为：______ V。

2. 让调频收音机上电并接收到第一个电台，使用示波器测量 TDA2822 引脚 3 并画出其输出波形。

该波形的频率为：______ Hz。

三、谈谈自己对调频收音机整个装配调试过程的体会。

学生自评		老师评价		指导老师签字	

附录 B　常用电子仪表与电工工具的使用

B.1　常用电子仪表的使用

B.1.1　万用表

1. 模拟式万用表

模拟式万用表的型号繁多，图 B-1 为常用的 MF-47 型万用表的外形。

（1）使用前的检查与调整

在使用万用表进行测量前，应进行下列检查、调整：

1）外观应完好无损，当轻轻摇晃时，指针应摆动自如。

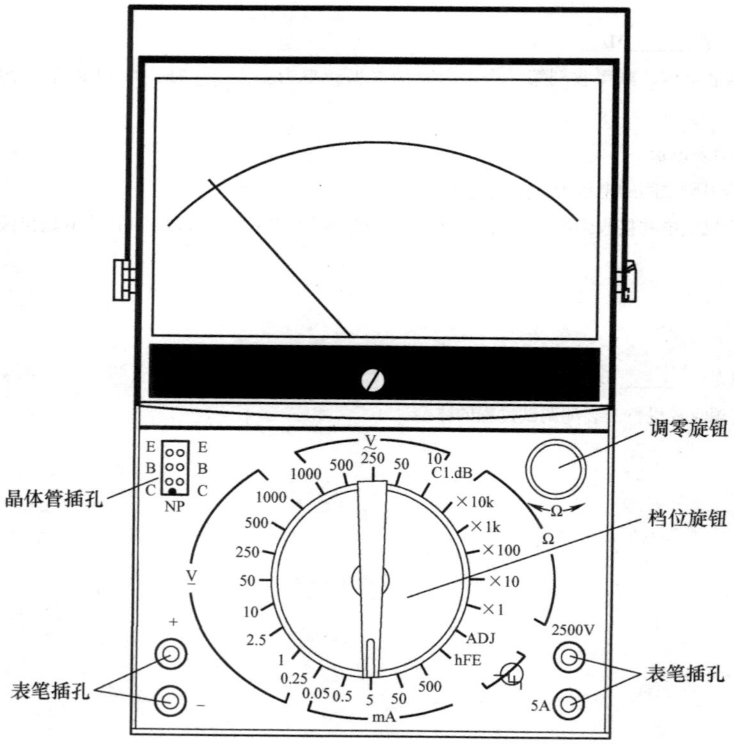

图 B-1　MF-47 型万用表面板图

2）旋动转换开关，应切换灵活无卡阻，档位应准确。

3）水平放置万用表，转动表盘指针下面的机械调零螺钉，使指针对准标度尺左边的0位线。

4）测量电阻前应进行电调零（每换档一次，都应重新进行电调零），即将转换开关置于电阻档的适当位置，两支表笔短接，旋动欧姆调零旋钮，使指针对准欧姆标度尺右边的0位线。如指针始终不能指向0位线，则应更换电池。

5）检查表笔插接是否正确。黑表笔应接“-”极或“*”插孔，红表笔应接“+”极。

6）检查测量机构是否有效，即应用电阻档，短时碰触两表笔，指针应偏转灵敏。

（2）电阻的测量

1）首先应断开被测电路的电源及连接导线。若带电测量，将损坏仪表；若在路测量，将影响测量结果。

2）合理选择量程档位，以指针居中或偏右为最佳。测量半导体器件时，不应选用$R\times1$档和$R\times10\text{k}$档。

3）测量时表笔与被测电路应接触良好；双手不得同时触及表笔的金属部分，以防将人体电阻并入被测电路造成误差。

4）正确读数并计算出实测值。

5）切不可用电阻档直接测量微安表头、检流计、电池内阻。

（3）电压的测量

1）测量电压时，表笔应与被测电路并联。

2）测量直流电压时，应注意极性。若无法区分正、负极，则先将量程选在较高档位，用表笔轻触电路，若指针反偏，则调换表笔。

3）合理选择量程。若被测电压无法估计，应先选择最大量程，视指针偏摆情况再做调整。

4）测量时应与带电体保持安全间距，手不得触及表笔的金属部分。测量高电压（500～2500V）时，应戴绝缘手套且站在绝缘垫上使用高压测试笔进行。

（4）电流的测量

1）测量电流时，应与被测电路串联，切不可并联！

2）测量直流电流时，应注意极性。

3）合理选择量程。

4）测量较大电流时，应先断开电源然后再撤表笔。

（5）注意事项

1）测量过程中不得换档。

2）读数时，应三点成一线（眼睛、指针、指针在刻度中的影子）。

3）根据被测对象，正确读取标度尺上的数据。

4）测量完毕应将转换开关置空档、OFF档或电压最高档。若长时间不用，应取出内部电池。

2. 数字万用表

数字万用表具有测量精度高、显示直观、功能全、可靠性好、小巧轻便以及便于操作等优点。

(1) 面板结构与功能

图 B-2 为 DT-830 型数字万用表的面板图，包括 LCD 液晶显示器、电源开关、量程选择开关、表笔插孔等。

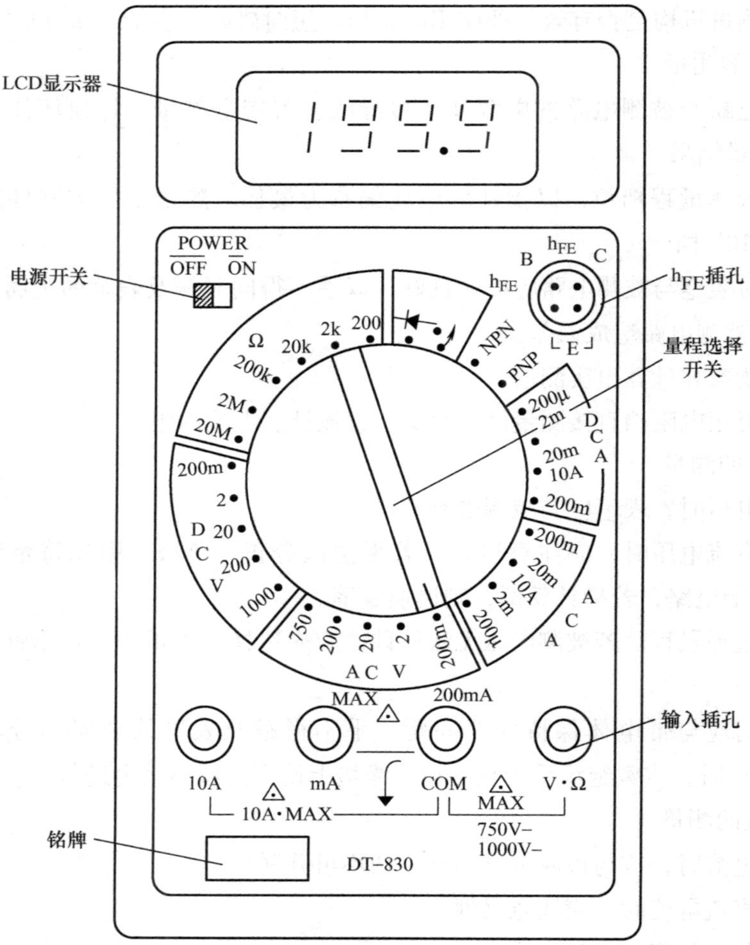

图 B-2　DT-830 型数字万用表

液晶显示器最大显示值为 1999，且具有自动显示极性功能。若被测电压或电流的极性为负，则显示值前将带“－”号。若输入超量程，显示屏左端出现“1”或“－1”的提示字样。

电源开关（POWER）可根据需要，分别置于“ON”（开）或“OFF”（关）状态。测量完毕，应将其置于“OFF”位置，以免空耗电池。数字万用表的电池盒位于后盖的下方，采用9V叠层电池。电池盒内还装有熔丝管，以起过载保护作用。旋转式量程开关位于面板中央，用以选择测试功能和量程。若用表内蜂鸣器做通断检查，量程开关应停放在标有“·)))”符号的位置。

h_{FE}插孔用以测量晶体管的h_{FE}值时，将其B、C、E极对应插入。

输入插孔是万用表通过表笔与被测量连接的部位，设有“COM”“V·Ω”“mA”“10A”四个插口。使用时，黑表笔应置于“COM”插孔，红表笔依被测种类和大小置于“V·Ω”“mA”或“10A”插孔。在“COM”插孔与其他三个插孔之间分别标有最大（MAX）测量值，如10A、200mA、交流750V、直流1000V。

（2）使用方法

测量交、直流电压（ACV、DCV）时，红、黑表笔分别接“V·Ω”与“COM”插孔，旋动量程选择开关至合适位置（200mV、2V、20V、200V、700V或1000V），红、黑表笔并接于被测电路（若是直流，注意红表笔接高电位端，否则显示屏左端将显示“-”）。此时显示屏显示出被测电压数值。若显示屏只显示最高位“1”，表示溢出，应将量程调高。

测量交、直流电流（ACA、DCA）时，红、黑表笔分别接“mA”（大于200mA时应接“10A”）与“COM”插孔，旋动量程选择开关至合适位置（2mA、20mA、200mA或10A），将两表笔串接于被测回路（直流时，注意极性），显示屏所显示的数值即为被测电流的大小。

测量电阻时，无须调零。将红、黑表笔分别插入“V·Ω”与“COM”插孔，旋动量程选择开关至合适位置（200、2k、200k、2M、20M），将两表笔跨接在被测电阻两端（不得带电测量！），显示屏所显示数值即为被测电阻的数值。当使用200MΩ量程进行测量时，先将两表笔短路，若该数不为零，仍属正常，此读数是一个固定的偏移值，实际数值应为显示数值减去该偏移值。

进行二极管和电路通断测试时，红、黑表笔分别插入“V·Ω”与“COM”插孔，旋动量程开关至二极管测试位置。正向情况下，显示屏即显示出二极管的正向导通电压，单位为mV（锗管应在200~300mV之间，硅管应在500~800mV之间）；反向情况下，显示屏应显示“1”，表明二极管不导通，或者，表明此二极管反向漏电流大。正向状态下，若显示“000”，则表明二极管短路；若显示“1”，则表明断路。在用来测量线路或器件的通断状态时，若检测的阻值小于30Ω，则表内发出蜂鸣声以表示线路或器件处于导通状态。

进行晶体管测量时，旋动量程选择开关至“h_{FE}”位置（或“NPN”、“PNP”），将被测晶体管依NPN型或PNP型将B、C、E极插入相应的插孔中，显示屏所显示的数值即为被测晶体管的h_{FE}值。

进行电容测量时，将被测电容插入电容插座，旋动量程选择开关至“CAP”位置，显示屏所示数值即为被测电容量。

（3）注意事项

1）当显示屏出现“LOBAT”或“←”时，表明电池电压不足，应予更换。

2）若测量电流时，没有读数，应检查熔丝是否熔断。

3）测量完毕，应关上电源；若长期不用，应将电池取出。

4）不宜在日光及高温、高湿环境下使用与存放（工作温度为0～40℃，温度为80%）。使用时应轻拿轻放。

操作视频 B-1 数字万用表介绍

B.1.2 示波器

目前示波器的型号和类型有很多，但几乎都已经使用数字示波器，因此下面主要介绍一款DS5062型数字示波器。

DS5062型示波器向用户提供简单而功能明晰的前面板，如图B-3所示，以进行基本的操作。面板上包括旋钮和功能按键。通过它们，可以设置当前菜单的不同选项。其他按键（包括彩色按键）为功能键，通过它们，可以进入不同的功能菜单或直接获得特定的功能应用。

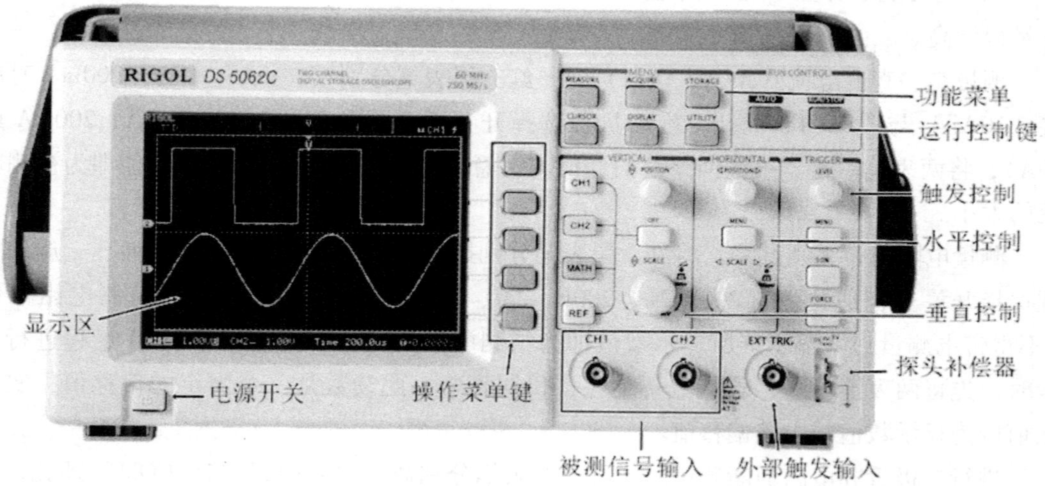

图 B-3 DS5062型示波器面板操作说明图

图B-4为示波器显示界面各个部分的说明。

1. 信号输入

第一步：打开电源开关，将探头上的开关设定为×10（见图B-5），并将示波器探头与通道1（CH1）连接。

第二步：示波器需要输入探头衰减系数。此衰减系数改变仪器的垂直档位比例，从而使得测量结果正确反映被测信号的电平（默认的探头菜单衰减系数设定值为10X）。设置探头衰减系数的方法如下：按CH1功能键显示通道1的操作菜单，应用与探头项目平行的3号菜单操作键，选择与所使用的探头同比例的衰减系数。此时设定应为10X，如图B-6所示。

第三步：把探头端部和接地夹接到探头补偿器的连接器上，如图 B-7 所示。按 AUTO（自动设置）按钮。几秒钟内，可见到方波显示（1kHz，约 3V，峰峰值）。

第四步：以同样的方法检查通道 2（CH2）。按 OFF 功能按钮以关闭通道 1，按 CH2 功能按钮以打开通道 2，重复步骤 2 和步骤 3。

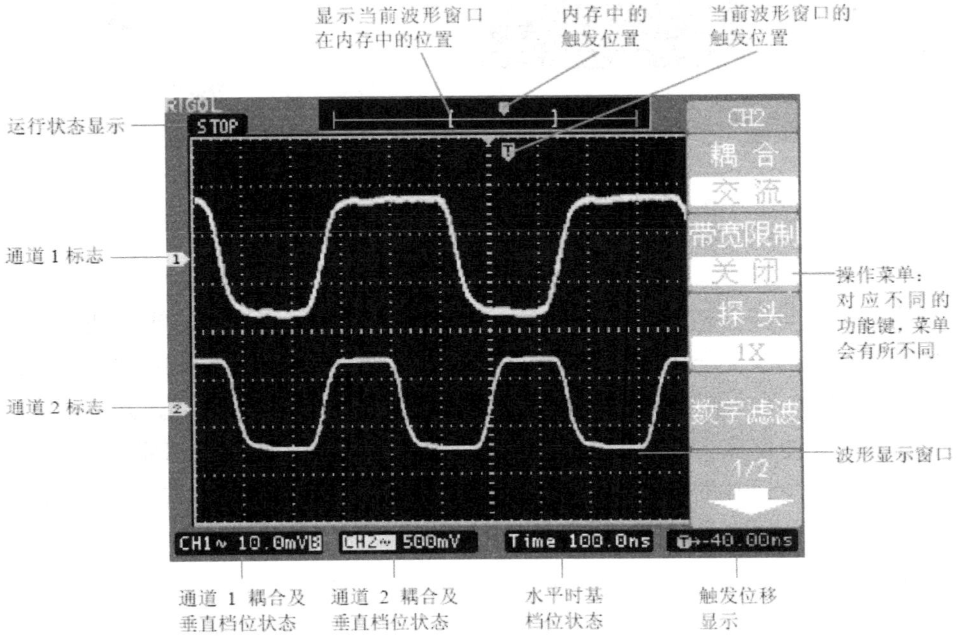

图 B-4　示波器显示界面说明图

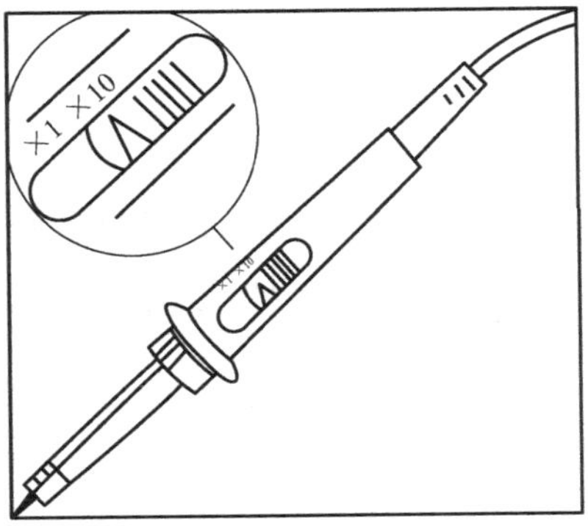

图 B-5　探头开关设置为 ×10

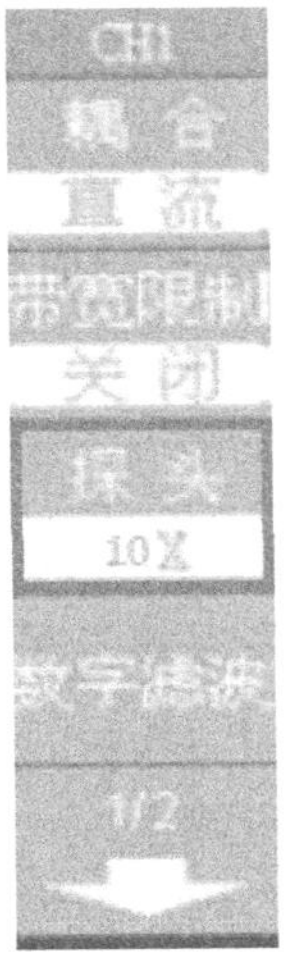

图 B-6　探头衰减系数设定为 10X

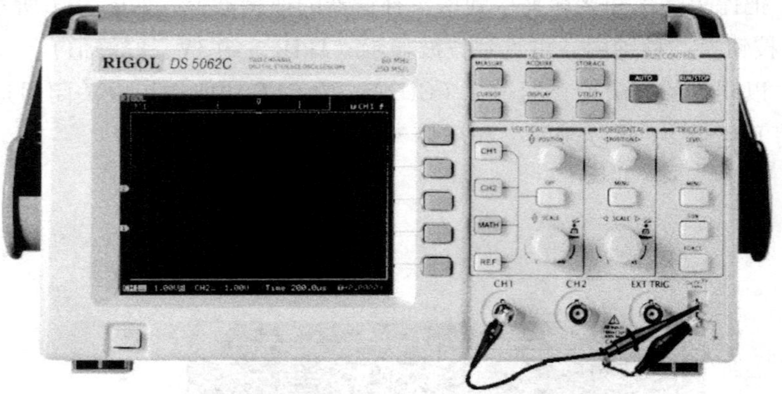

图 B-7　探头端部与探头补偿器的连接示意图

2. 探头补偿

在首次将探头与任一输入通道连接时，进行此项调节，使探头与输入通道相配。未经补偿或补偿偏差的探头会导致测量误差或错误。若调整探头补偿，请按如下步骤：

1）将探头菜单衰减系数设定为10X，将探头上的开关设定为×10，并将示波器探头与通道1连接。如使用探头钩形头，应确保与探头接触紧密。将探头端部与探头补偿器的信号输出连接器相连，基准导线夹与探头补偿器的地线连接器相连，打开通道1，然后按AUTO。

2）检查所显示波形的形状，图 B-8 显示三种补偿结果的波形。

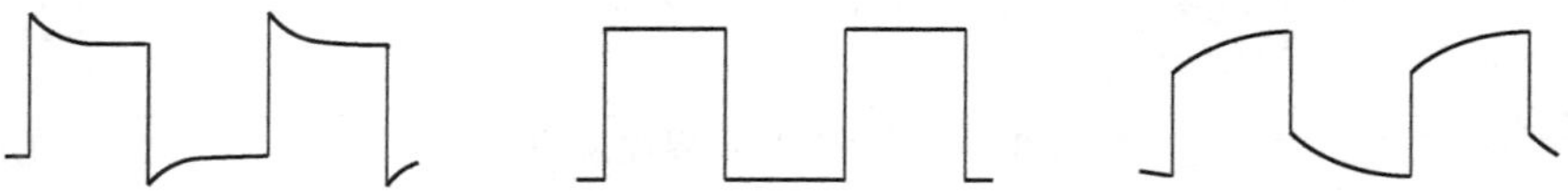

a)　　b)　　c)

图 B-8　三种补偿结果的波形
a）补偿过度　b）补偿正确　c）欠补偿

3）如必要，用非金属质地的螺钉旋具调整探头上的可变电容，直到屏幕显示的波形如图 B-8b“补偿正确”的形状。

4）必要时，重复以上步骤。

3. 波形显示的自动设置

DS 5022 型数字存储示波器具有自动设置的功能。根据输入的信号，可自动调整电压倍率、时基以及触发方式至最好形态显示。应用自动设置要求被测信号的频率大于或等于50Hz，占空比大于1%。

使用自动设置步骤：

1）将被测信号连接到信号输入通道。

2）按下 AUTO 按钮。示波器将自动设置垂直、水平和触发控制。如需要，可手工调整这些控制使波形显示达到最佳。

4. 垂直系统的设置

如图 B-9 所示，在垂直控制区（VERTICAL）有一系列的按键、旋钮。

1）使用垂直 POSITION 旋钮在波形窗口居中显示信号。

垂直 POSITION 旋钮控制信号的垂直显示位置。当转动垂直 POSITION 旋钮时，指示通道地（GROUND）的标志跟随波形而上下移动。

2）改变垂直设置，并观察因此导致的状态信息变化。

可以通过波形窗口下方的状态栏显示的信息，确定任何垂直档位的变化。

转动垂直 SCALE 旋钮改变“Volt/div（伏/格）”垂直档位，可以发现状态栏对应通道的档位显示发生了相应的变化。

按 CH1、CH2、MATH、REF，屏幕显示对应通道的操作菜单、标志、波形和档位状态信息。按 OFF 按键关闭当前选择的通道。

注意：OFF 按键具备关闭菜单的功能。当菜单未隐藏时，按 OFF 按键可快速关闭菜单。如果在按 CH1 或 CH2 后立即按 OFF，则同时关闭菜单和相应通道。

5. 水平系统的设置

如图 B-10 所示，在水平控制区（HORIZONTAL）有一个按键、两个旋钮。

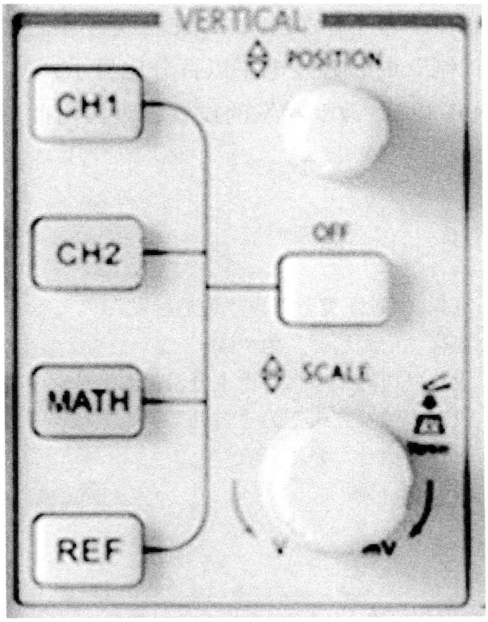

图 B-9　垂直控制区面板

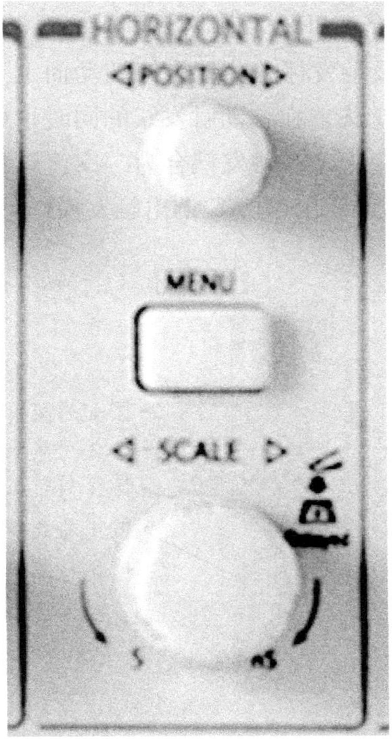

图 B-10　水平控制区面板

1）使用水平 SCALE 旋钮改变水平档位设置，并观察因此导致的状态信息变化。转动水平 SCALE 旋钮改变“s/div（秒/格）”水平档位，可以发现状态栏对应通道的档位显示发生了相应的变化。水平扫描速度从 1ns 至 50s，以 1-2-5 的形式步进，在延迟扫描状态可达到 10ps/div。

2）使用水平 POSITION 旋钮调整信号在波形窗口的水平位置。水平 POSITION 旋钮控制信号的触发位移或其他特殊用途。当应用于触发位移时，转动水平 POSITION 旋钮，可以观察到波形随旋钮而水平移动。

3）按 MENU 按钮，显示 TIME 菜单。在此菜单下，可以开启/关闭延迟扫描或切换 Y—T、X—Y 显示模式。此外，还可以设置水平 POSITION 旋钮的触发位移或触发释抑模式。

触发位移：指实际触发点相对于存储器中点的位置。转动水平 POSITION 旋钮，可水平移动触发点。

触发释抑：指重新启动触发电路的时间间隔。转动水平 POSITION 旋钮，可设置触发释抑时间。

6. 触发系统的设置

如图 B-11 所示，在触发控制区（TRIGGER）有一个旋钮、三个按键。下面逐个介绍触发系统的设置。

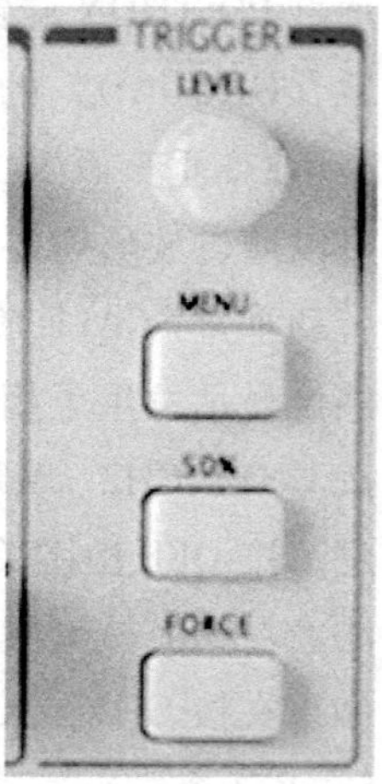

图 B-11　触发控制区面板

1）使用 LEVEL 旋钮改变触发电平设置。

转动 LEVEL 旋钮，可以发现屏幕上出现一条橘红色（单色液晶系列为黑色）的触发线以及触发标志，随旋钮转动而上下移动。停止转动旋钮，此触发线和触发标志会在约 5s 后消失。在移动触发线的同时，可以观察到在屏幕上触发电平的数值或百分比显示发生了变化（在触发耦合为“交流”或“低频抑制”时，触发电平以百分比显示）。

2）使用 MENU 调出触发操作菜单（见图 B-12），改变触发的设置，观察由此造成的状态变化。

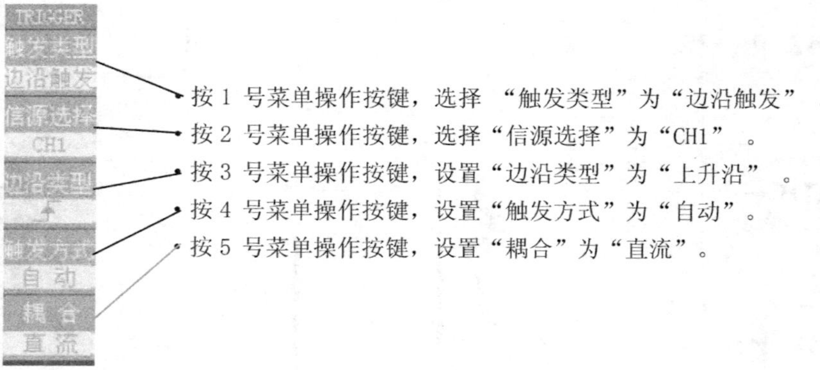

图 B-12　触发操作菜单

3）按 50% 按钮，设定触发电平在触发信号幅值的垂直中点。

4）按 FORCE 按钮：强制产生一触发信号，主要应用于触发方式中的“普通”和“单次”模式。

7. 测量系统介绍

如图 B-13 所示，MENU 控制区的 MEASURE 为自动测量功能按键。下面逐个介绍 DS 5000 型示波器的强大测量功能。

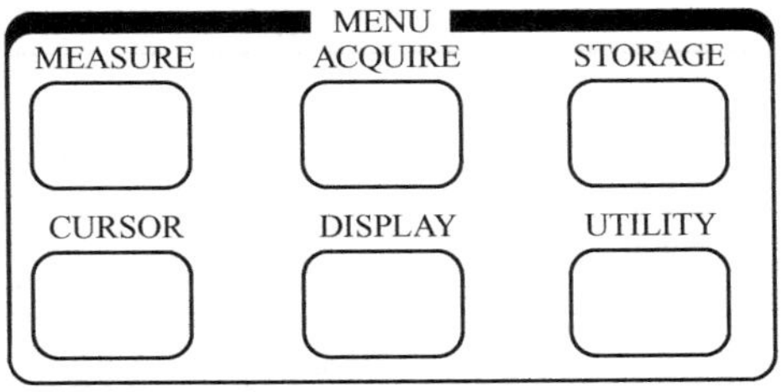

图 B-13　MENU 控制区菜单

按 MEASURE 自动测量功能键，系统显示自动测量操作菜单，如图 B-14 所示。本示波器具有 20 种自动测量功能，包括峰峰值、最大值、最小值、顶端值、底端值、幅值、平均值、方均根值、过冲、预冲、频率、周期、上升时间、下降时间、正占空比、负占空比、延迟 1→2 ↑、延迟 1→2 ↓、正脉宽、负脉宽的测量，共 10 种电压测量和 10 种时间测量。

操作说明：

1）选择被测信号通道：根据信号输入通道不同，选择 CH1 或 CH2。按钮操作顺序为：MEASURE→信源选择→CH1 或 CH2。

2）获得全部测量数值：如图 B-14 所示，按 5 号菜单操作键，设置“全部测量”项状态为“打开”。18 种测量参数值显示于屏幕中央。

3）选择参数测量：按 2 号或 3 号菜单操作键选择测量类型，查找感兴趣的参数所在的分页。按钮操作顺序为：MEASURE→电压测量、时间测量→电压 1/3、电压 2/3……

4）获得测量数值：应用 2、3、4、5 号菜单操作键选择参数类型，并在屏幕下方直接读取显示的数据。若显示的数据为“ * * * * * ”，表明在当前的设置下，此参数不可测。

5）清除测量数值：如图 B-14 所示，按 4 号菜单操作键选择“清除测量”。此时，所有的自动测量值从屏幕消失。

操作视频 B-2　示波器的使用

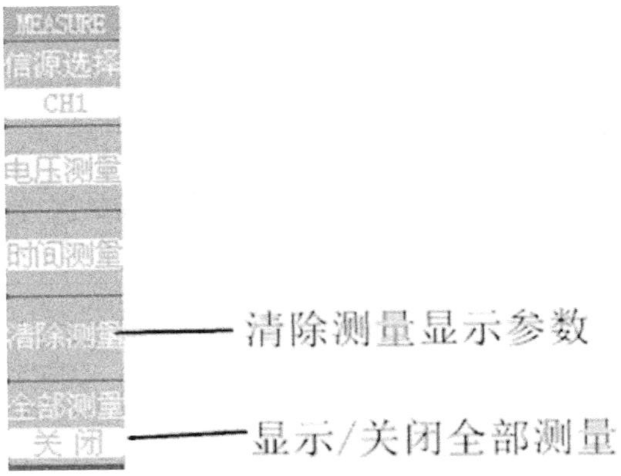

图 B-14　自动测量操作菜单

操作视频 B-3　示波器信号的调节

B.1.3　函数信号发生器

下面以固纬公司生产的 GFG-8255A 型函数信号发生器为

例，介绍函数信号发生器的使用方法。

1. 面板介绍

GFG-8255A 型函数信号发生器的前后面板如图 B-15 所示，各部分功能说明见表B-1。

表 B-1　GFG-8255A 各部分功能说明表

标　号	名　称	功 能 说 明
1	Power Switch 电源开关	按下此键接通电源
2	Gate Time Indicator 闸门时间指示	电源开关一按下，此指示灯就会开始闪动，在内部计数时的 Gate Time 时间为 0.01s
2a	Gate Time Selector 闸门时间选择	在使用外部计数模式时，按此键来改变 Gate Time，其改变顺序以 0.01s、0.1s、1s、10s 的周期进行
3	Over Indicator 超出计数范围指示	在外部计数时，假如输入信号频率大于计数范围，Over Indicator 的灯会亮
4	Counter Display 数字显示	以 6 × 0.3″绿色的 LED 显示出外部的频率，内部则以 5 × 0.3″绿色的 LED 显示
5	Frequency Indicator 频率指示	显示出频率的值
6	Gate Time Indicator 闸门时间指示	显示出目前电流的 Gate Time（只用于外部计数模式）
7	Frequency Range Selector 频率范围选择	在面板中选择所需频率范围的键，各按键的频率范围表示见表 B-2
8	Function Selector 波形选择	按下三个键其中之一，可选择适当的波形输出
9	Duty Function 占空比调整功能	拉起此旋钮并旋转可以调整输出波形的工作周期
10	TTL/CMOS Selector TTL 或 CMOS 输出选择	按下此旋钮，BNC 接头⑳可输出与 TTL 兼容的波形。若拉起并旋转此旋钮，可从输出 BNC 接头⑳调整 5 ~ 15Vpp CMOS 输出
11	DC Offset Control 直流偏移控制	拉起此旋钮时，可在 ±10V 之间选择任何直流准位加于信号的输出。以顺时针转此旋钮，可设定正直流准位；逆时针旋转时，可设定负直流准位
12	Output amplitude Control with Attenuation operation 输出信号衰减	顺时针旋转时可获得其最大输出值，逆时针旋转时可取得 -20dB 的输出。拉起此旋钮时也可观察到 20dB 衰减输出

（续）

标　号	名　称	功能说明
12a	20dB Attenuation -20dB 衰减输出	按下此旋钮，可取得 -20dB 的输出
13	Sweep On Selector and Frequency Adjustment (Sweep On/Off) 扫描开关和频率调整	按下此旋钮顺时针旋转可得频率最大值，逆时针旋转可得频率最小值（保持旋钮指在前面板标示刻度内） 拉起旋钮，开始自动扫描的功能，最高扫描频率的限制由旋钮的旋转位置来决定
14	Sweep Time Control and LIN/LOG Selector 扫描时间控制/对数扫描开关	（1）顺时针旋转旋钮，可获得扫描时间的最大值，逆时针旋转时可获得其最小值 （2）按下旋钮，以执行线性扫描；拉起时，为对数扫描
15	Control Mod On/Off Selector 控制调制开关	拉起此旋钮，由内部 400Hz 正弦波调变输出或经 VCF/MOD㉑外部输入信号加以调变
16	Sweep Width & Modulation Carrier & AM/FM Selector 扫描宽度和 AM/FM 调制波选择	（1）扫描宽度控制在 0～1000 （2）顺时针旋转调整调变率以取得最大值，逆时针旋转时可得最小值 （3）按下此钮可得调幅波（AM），拉起时可得调频波（FM）
17	INT/EXT MOD Selector 内外调制信号选择	按一次按键，指示灯会亮，为外部调变；再按一次按键，指示灯熄灭，为内部调变模式
18	INT/EXT Counter Selector 内外计数器选择	选择内部计数模式或外部计数模式（待测信号由 BNC 接头⑲输入）等用以计数的选择钮
19	EXT Counter Input Terminal 外部计数器信号输入	外部计数器信号输入端
20	TTL/CMOS Output Terminal TTL/CMOS 信号输出	TTL/CMOS 兼容的信号输出端
21	VCF/MOD Input Terminal 压控/调制信号输入	VCF 所需的控制电压输入或外部调变之输入端
22	Main Output Terminal 主要信号波形输出	主要信号波形的输出端
23	GCV Output 直流电压输出	此为直流电压输出，其电压量随频率的改变而不同
24	电源电压选择开关	可选 115V 和 230V

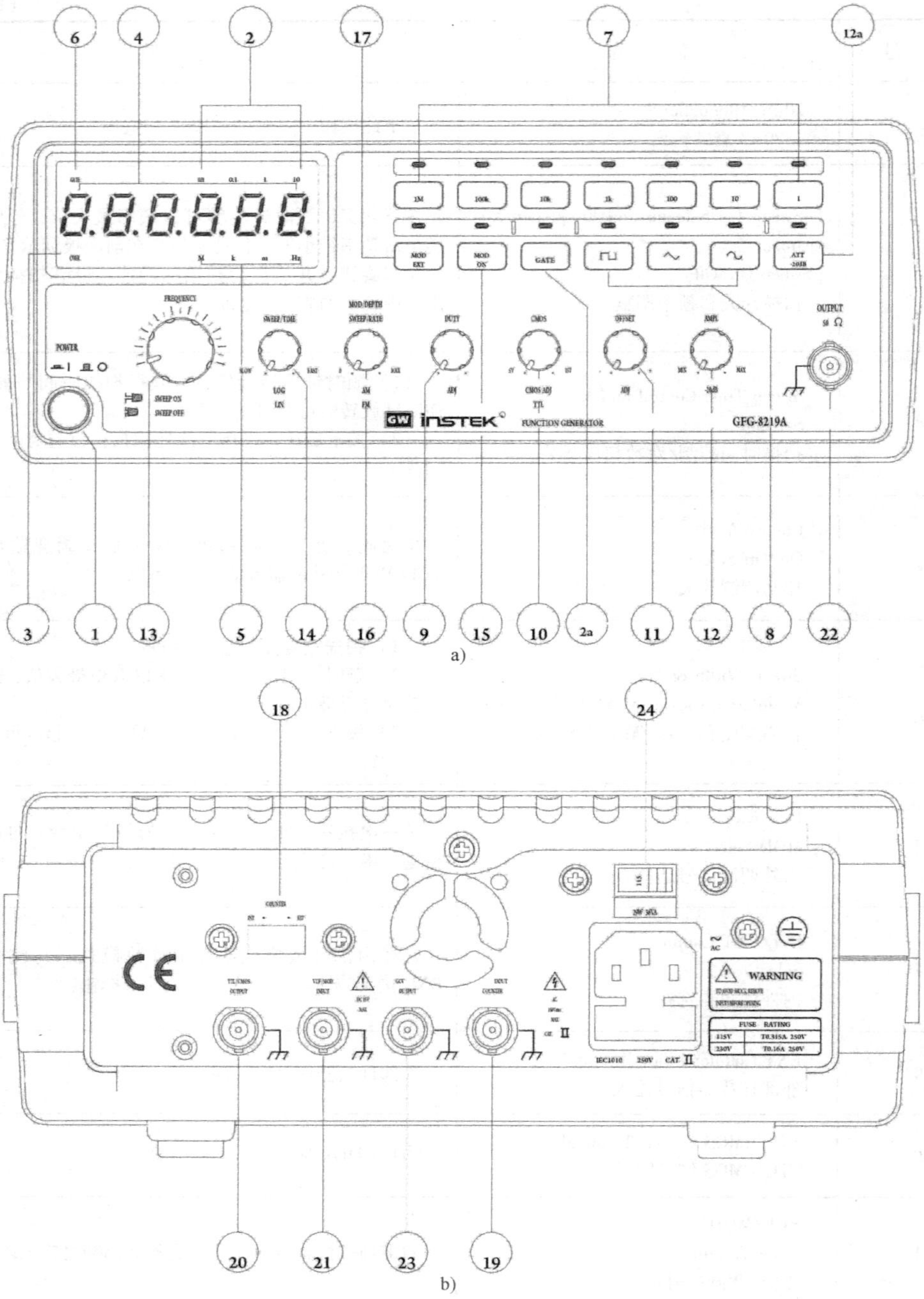

图 B-15 GFG-8255A 面板图

a）前面板 b）后面板

表 B-2 ⑦中各按钮的频率范围

按键	1	10	100	1k	10k	100k	1M
频率范围	0.5 ~ 5Hz	5 ~ 50Hz	50 ~ 500Hz	500Hz ~ 5kHz	5 ~ 50kHz	50 ~ 500kHz	500kHz ~ 5MHz

2. 操作说明

函数信号发生器能够提供多种高效率、多功能的信号，能直接产生正弦波、三角波、方波、斜波、脉冲波等多种波形。用示波器观测波形是最好的方法之一。以下操作应使用示波器配合观察各种波形。

（1）开机检测

1）从机器后面的 AC 电源座连接 AC 电源时，注意其电压应与所标示值相同。

2）用电源线将仪器连接到主电源供应器上。

3）按 PWR 键①，并确认其他各个旋钮全都被按下，然后旋转 AMPL⑫旋钮，使指示器向上。

4）将 FREQ⑬旋钮朝逆时针方向旋转到底。

（2）三角波、方波及正弦波的产生

1）首先选择功能键⑧的其中之一，并选择 Range⑦键，转动 FREQ⑬旋钮，设定所需频率（可由频率显示窗读取）。

2）此时，连接 OUTPUT㉒至示波器或其他实验电路以观察其输出信号。

3）再次转动 AMPL⑫旋钮，可控制波形振幅的大小。

4）假如欲衰减输出信号，可拉起 AMPL⑫旋钮而获得 20dB 的衰减，或按下⑫a键以取得另一个 20dB 的衰减。

5）输出波形的相位关系，如图 B-16 所示。

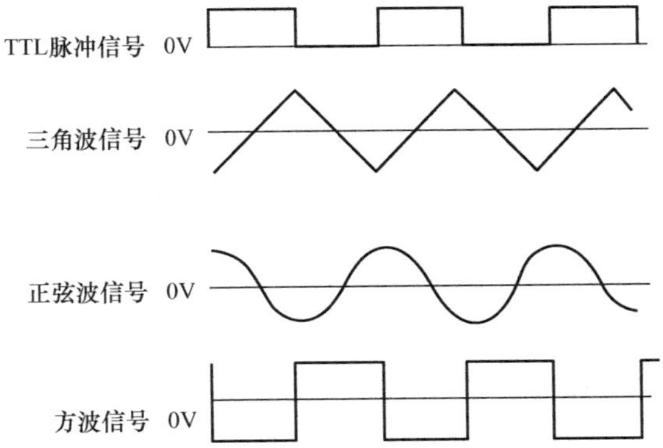

图 B-16　输出波形的相位关系

（3）脉冲产生

1）首先按下 Function⑧中的方波键，此时选择 Range⑦中的适当值，转动 FREQ⑬，设定所需的频率。

2）连接 OUTPUT㉒到示波器用以观察其输出信号。

3）拉起 DUTY⑨并旋转以调整脉冲宽度。

4）调整 AMPL⑫旋钮，控制脉冲振幅的大小。

5）拉起 AMPL⑫旋钮，取得 20dB 的输出衰减波形。

（4）斜波产生

1）首先从 Function⑧选择三角波，然后由 Range⑦选择频率值，旋转 FREQ⑬设定所需的频率。

2）连接 OUTPUT㉒到示波器以观察输出信号。

3）拉起 DUTY⑨并旋转以调整斜波倾斜变化。

4）调整 AMPL⑫钮可控制斜波输出的振幅大小。

5）拉起 AMPL⑫钮，取得 20dB 的输出衰减波形。

（5）TTL/CMOS 信号的输出

1）首先选择 Range⑦键其中之一，旋转 FREQ⑬设定所需的频率。

2）连接 TTL/CMOS 的 BNC 接头⑳至示波器或其他实验电路加以观察输出信号。

3）此时输出波形被设定为 TTL 准位的方波输出，适用于一般 TTL 的整体线路。

4）假使输出为 CMOS 的方波输出信号时，只要拉起 CMOS⑩旋钮即可调整其电压准位。

（6）外部电压控制频率的变化

1）选择 Function⑧中之一的波形，然后再选择 Range⑦，转动 FREQ⑬设定所需的频率范围。

2）从 VCF㉑输入外部电压控制值（0 ± 10V），并由 OUTPUT㉒产生信号。

3）其他调整如 AMPL⑫旋钮，可改变信号振幅的大小，或得到衰减。调整 OFFSET⑪旋钮可改变信号的直流准位。旋转 DUTY⑨旋钮可改变脉冲波和斜波的输出信号。

（7）自动扫描

1）首先按 Function⑧，选择所需的波形，然后按 Range⑦键选择所需的频率档位。

2）连接 OUTPUT㉒。到示波器加以观察输出波形。

3）旋转 FREQ⑬，决定频率扫描范围。

4）拉起 FREQ⑬，执行自动扫描的功能。

5）旋转 SWEEP/TIME⑭钮及 SWEEP/RATE⑯钮，以调整扫描时基及比率。

6）拉起（或按下）LIN/LOG⑭，以取得 LOG（或 LIN）的扫描模式。

备注：只有在扫描周期时，才可调整扫描的宽度。

（8）AM/FM 工作形态

1）按 Function⑧，选择所需的波形，然后选择 Range⑦键，旋转 FREQ⑬设定所需的频率范围。

2）连接 OUTPUT㉒到示波器加以观察其输出信号。

3）按下 MOD⑮和拉起（按下）MOD⑯旋钮可取得 FM/AM 的调变模式。

4）调整 MOD⑯旋钮调整所需的调变率。

3. 注意事项

1）调整 DC OFFSET 以提供 ± 10V（无载）或 ± 5V（50Ω 负载）范围内电压的改变。

而信号加上直流偏置仍被限制在±20V（无载）或±10V（50Ω负载），若超过此电压值，将产生截割的现象，如图B-17所示。

2）输出接头标示之50Ω，显示信号源的电阻为50Ω连接至任何阻抗电路。不过输出电压将与终端阻抗成比例改变。使用高频率输出及方波输出时，端点应接50Ω以减少振荡，并尽量缩短连接线。

3）向左旋转DUTY钮，调整其正半周与负半周的周期比率为80∶20。方波可扩充为脉冲波，三角波可扩充为斜波，正弦波可扩充为不对称的正弦波。图B-18所示为调整DUTY旋钮而获得所需的波形。

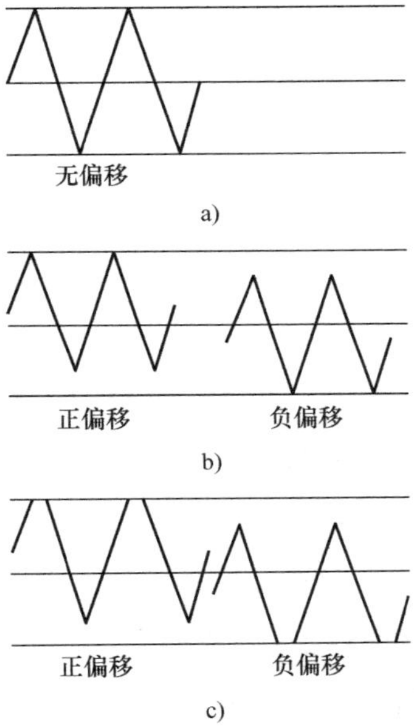

图B-17　偏置电压太大导致波形截割现象
a）无直流偏移量，输出最大幅值信号
b）偏移量极限，刚好波峰没被切掉
c）过多的偏移量导致波峰被切割

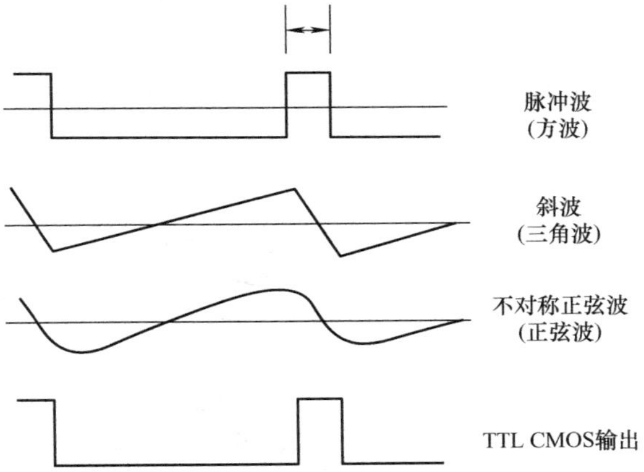

图B-18　调整DUTY旋钮得到各种变形的波形

B.2　常用电工工具的使用

B.2.1　试电笔的使用

试电笔是常用的低压验电器，又称验电笔，是用来检查导线或电器设备是否带电的工具。常用的试电笔有氖管式试电笔和感应数显试电笔。

1. 氖管式试电笔

氖管式试电笔的检测电压范围一般为60～500V，常做成钢笔式或螺钉旋具式，如图B-19所示。当用试电笔测试带电体时，电流经带电体、试电笔、人体及大地形成通电回路，只要带电体与大地之间的电位差超过60V时，试电笔中的氖管就会发光。

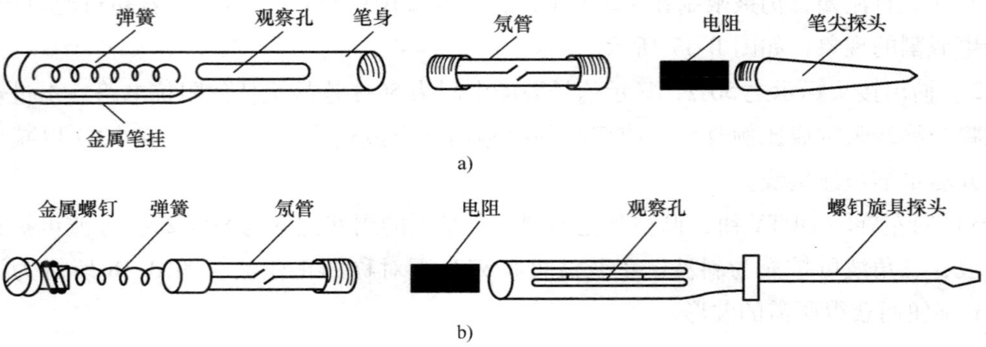

图 B-19 氖管式试电笔
a）钢笔式试电笔 b）螺钉旋具式试电笔

（1）使用方法

氖管式试电笔使用时，正确的握笔方法如图 B-20 所示。手指触及其尾部金属体，氖管背光朝向使用者，以便验电时观察氖管发光情况。当被测带电体与大地之间的电位差超过 60V 时，用试电笔测试带电体，试电笔中的氖管就会发光。

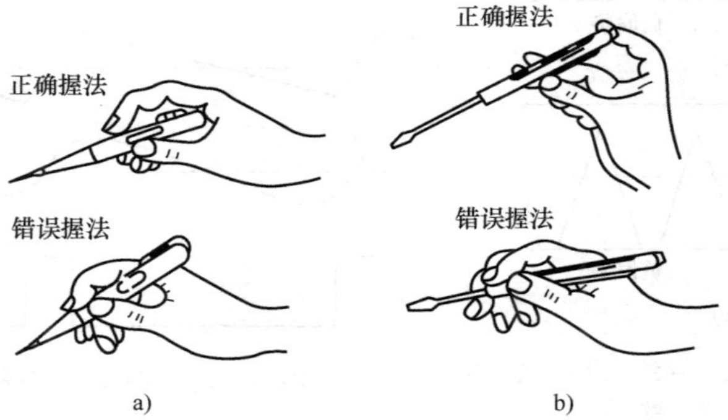

图 B-20 氖管式试电笔的握法
a）笔式握法 b）螺钉旋具式握法

（2）氖管式试电笔的检测功能

1）区别电源相线和中性线，相线发光，中性线、地线不发光。

2）区别直流与交流，被测电压为直流时，氖灯里的两个极只有一个发光，而交流为两个极都发光。

3）区别电压高低，被测导电体电压越高，氖管发光亮度越大。如果氖管灯光发亮至黄红色，则电压较高；如氖管发暗微亮至暗红，则电压较低。

4）检查电源相线对地漏电，对地漏电的那一相电源测试时亮度较弱。

5）判断交流电的同相和异相。两手各持一支试电笔，站在绝缘体上，将两支笔同时触及待测的两条导线，如果两支试电笔的氖泡均不太亮，则表明两条导线是同相；若发出很亮的光说明是异相。

（3）注意事项

1）使用前，必须在有电源处对试电笔进行测试，以证明该试电笔确实良好，方可使用。

2）验电时，应使试电笔逐渐靠近被测物体，直至氖管发亮，不可直接接触被测体。

3）验电时，手指必须触及笔尾的金属体，否则带电体也会误判为非带电体。

4）验电时，要防止手指触及笔尖的金属部分，以免造成触电事故。

2. 感应数显试电笔

感应数显试电笔是一款新型的试电笔，其外观如图 B-21所示。它适用于直接检测 12 ~250V 的交直流电压，和间接检测交流电的中性线、相线和断点，还可测量不带电导体的通断，读数直观，功能齐全，价格便宜。

当试电笔前端的金属触头直接接触线路进行测量时，应按下直接测量按钮（A 键）；当要进行的是感应测量（则金属触头不是直接接触线路）时，应按下感应测量按钮（B 键）。不管电笔上文字如何印刷，通常而言，离液晶屏较远的为直接测量键，离液晶屏较近的为感应/断点测量键。

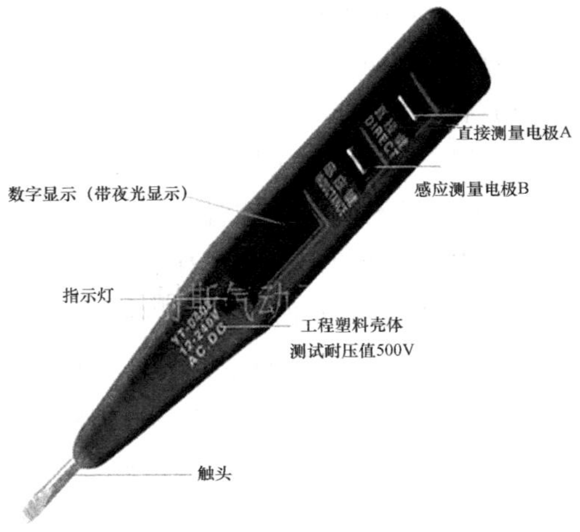

图 B-21　感应数显试电笔

（1）直接检测方法

1）轻触直接测量（DIRECT）键，试电笔金属前端直接接触被检测物。

①最后数字为所测电压值（本试电笔分 12V、36V、55V、110V、220V 五段电压值，通常≤36V 的不至于有生命危险）。

②未到高段显示值 70% 时，显示低段值。

③测量非对地的直流电时，应手碰另一极（如正极或负极）。

2）试电笔直接接触到相线时，无论手有没有碰到任一测量键，指示灯都会立刻亮起。

①手没碰到任一测量键时，指示灯亮起，并显示 12V，此数值不准。

②手碰到感应测量键时，指示灯亮起，并显示 110V，此数值不准。

③手碰到直接测量键时，指示灯亮起，并显示 220V，此数值准确。

综上所述，在手没有碰到任一测量键的情况下，一旦指示灯亮起，就表明有交流电的相线 220V，切记切记！

3）手碰到直接测量键时，试电笔直接接触人体、相线、中性线、地线、金属等导电物体时，指示灯都可能会亮起，此时实际电压以读数为准，若无读数则表明无电压。

（2）间接检测（又称感应检测）

1）感应检测：轻触感应测量（INDUCTANCE）键，试电笔金属前端靠近（注意是靠近，而不是直接接触）被检测物，若显示屏出现“高压符号”，则表示被检测物内部带交流电。

2）断点检测：测量有断点的电线时，轻触感应测量（INDUCTANCE）键，试电笔金属前端靠近（注意是靠近，而不是直接接触）该电线，或者直接接触该电线的绝缘外层，若“高压符号”消失，则此处即为断点处。

3）手碰到感应测量键时，试电笔直接接触被检测物时，有两种情况：

① 指示灯亮起，并显示110V，就表明有交流电的相线220V，切记切记！

② 指示灯不亮，但出现“高压符号”，则表示被检测物内部带交流电。

4）利用此功能可方便地分辨中性、相线（测并排线路时要增大线间距离），检测微波的辐射及泄漏情况等。

（3）注意事项

1）按键不需用力按压。

2）测试时不能同时接触两个测量键，否则会影响灵敏度及测试结果。

B.2.2 螺钉旋具的用途及操作方法

螺钉旋具也称为螺丝起子、螺丝刀、旋凿、改锥等，用来紧固或拆卸螺钉。它的种类很多，按照头部形状的不同，常见的可分为一字和十字两种；按照手柄的材料和结构的不同，可分为木柄、塑料柄、夹柄和金属柄四种；按照操作形式可分为自动、电动和风动等形式。图B-22为常用螺钉旋具汇总图。

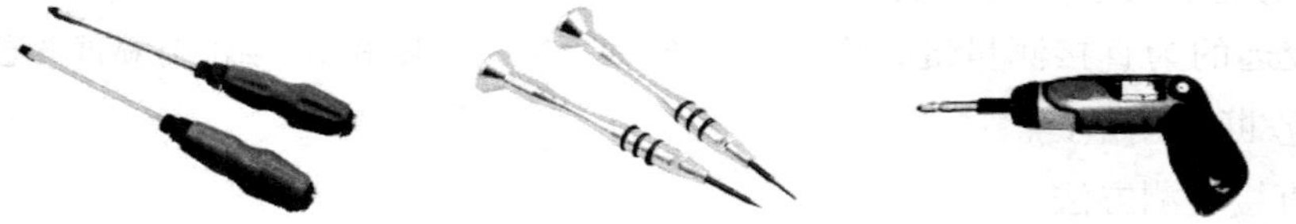

图B-22 常用的螺钉旋具汇总图

1. 常用螺钉旋具的规格与用途

（1）十字螺钉旋具

十字螺钉旋具的实物图如图B-23所示，主要用来旋转十字槽形的螺钉、木螺钉和自攻螺钉等。产品有多种规格，通常说的大、小螺钉旋具是用手柄以外的刀体长度来表示的，常用的有100mm、150mm、200mm、300mm和400mm等几种。

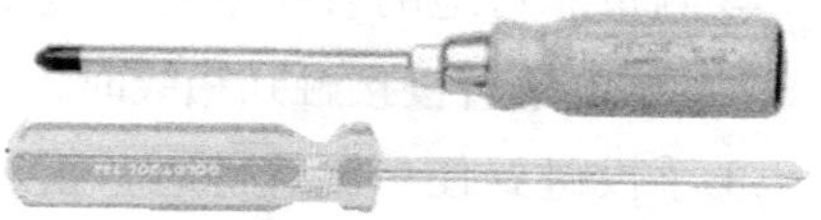

图B-23 十字螺钉旋具的实物图

使用时应注意根据螺钉的大小选择不同规格的螺钉旋具。使用十字螺钉旋具时，应注意使旋杆端部与螺钉槽相吻合，否则容易损坏螺钉的十字槽。

（2）一字螺钉旋具

一字螺钉旋具的实物图如图B-24所示，主要用来旋转一字槽形的螺钉、木螺钉和自攻螺钉等。产品规格与十字螺钉旋具类似，常用的也是100mm、

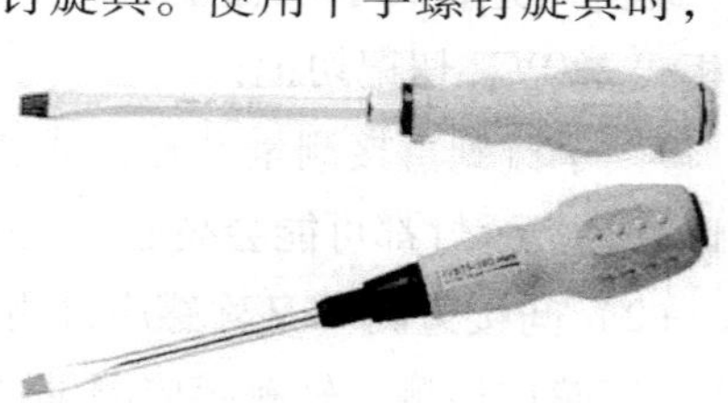

图B-24 一字螺钉旋具的实物图

150mm、200mm、300mm 和 400mm 等几种。

使用时应注意根据螺钉的大小选择不同规格的螺钉旋具。若用型号较小的螺钉旋具来旋拧大号的螺钉很容易损坏螺钉旋具。

2. 螺钉旋具的操作方法

当所旋螺钉不需用太大力量时，握法如图 B-25a 所示；若旋转螺钉需较大力气，握法如图 B-25b 所示。上紧螺钉时，手紧握柄，用力顶住，使刀紧压在螺钉上，以顺时针方向旋转为上紧，逆时针方向为下卸。穿心柄式螺钉旋具，可在尾部敲击，但禁止用于有电的场合。

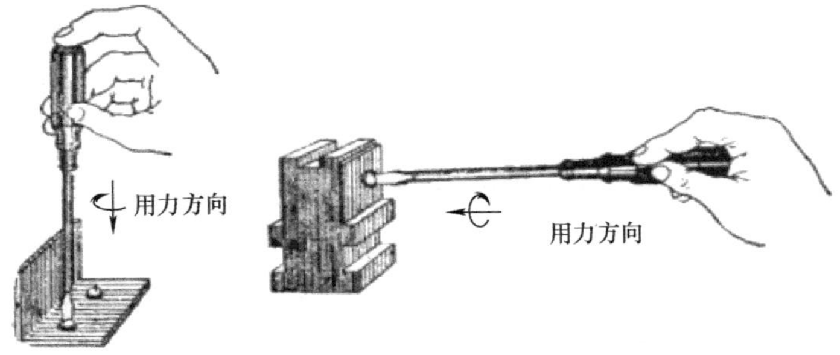

图 B-25　螺钉旋具的握法

当使用较长螺钉旋具时，用右手压紧手柄并转动，同时左手握住螺钉旋具的中间部分（不可放在螺钉周围，以免将手划伤），以防止螺钉旋具滑脱。

3. 使用螺钉旋具的注意事项

1）不得使用金属杆直通柄顶的螺钉旋具进行电工操作，否则易造成触电事故。

2）为避免螺钉旋具的金属杆触及皮肤或邻近带电体，应在金属杆上套绝缘管。

3）螺钉旋具头部厚度应与螺钉尾部槽形相配合，斜度不宜太大，头部不应该有倒角，否则容易打滑。

4）使用时应将头部顶牢螺钉槽口，防止打滑而损坏槽口。

5）不用小号螺钉旋具拧旋大螺钉，否则不易旋紧，或将螺钉尾槽拧豁，或损坏螺钉旋具头部。反之，也不能用大号螺钉旋具拧旋小螺钉，防止因力矩过大而导致小螺钉滑丝。

B.2.3　电工刀

电工刀实物图如图 B-26 所示，主要用来剖切导线绝缘层、电缆的绝缘层，切割木台缺口，削制木枕的专用工具。普通的电工刀由刀片、刀刃、刀把、刀挂等构成。电工刀有普通型和多用型两种，多用电工刀上带有锯片和锥子，可用来锯小木片和锥孔。按刀片尺寸可分为大号（112mm）和小号（88mm）两种。

1. 电工刀的作用

1）电工刀是电工常用的一种切削工具。

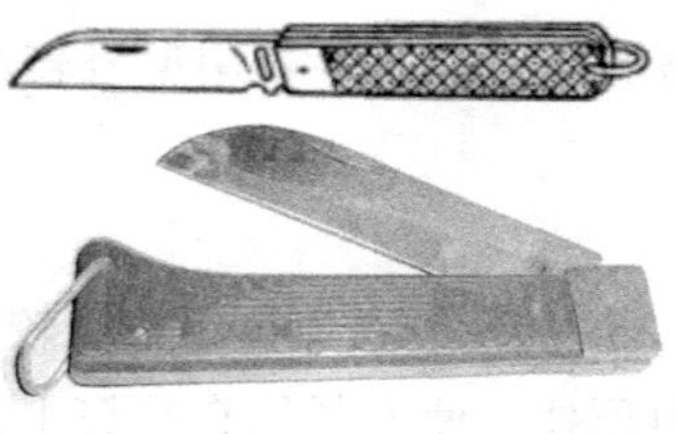
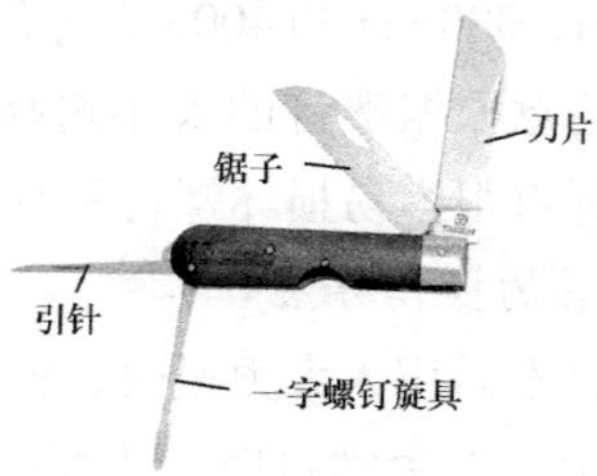

图 B-26　电工刀实物图

2）电工刀可以剖削电线绝缘层。

3）电工刀可以削制木榫、竹榫。

4）多功能电工刀除了刀片外，还有锯片、锥子、扩孔锥等，有些还带有尺子、锯子、剪子和开酒器。

5）多功能电工刀的锯片，可用来锯割木条、竹条，制作木榫、竹榫。

2. 电工刀的使用方法

使用电工刀时，切忌面向人体切削，应如图 B-27 所示操作。用电工刀剖削电线绝缘层时，可把刀略微翘起一些，用刀刃的圆角抵住线芯。切忌把刀刃垂直对着导线切割绝缘层，因为这样容易割伤电线线芯，刀面与导线成 45°倾角，以免削伤导线。电工刀刀柄无绝缘保护，不能接触或剖削带电导线及器件。新电工刀刀口较钝，应先开启刀口然后再使用。电工刀使用后应随即将刀身折进刀柄，注意避免伤手。

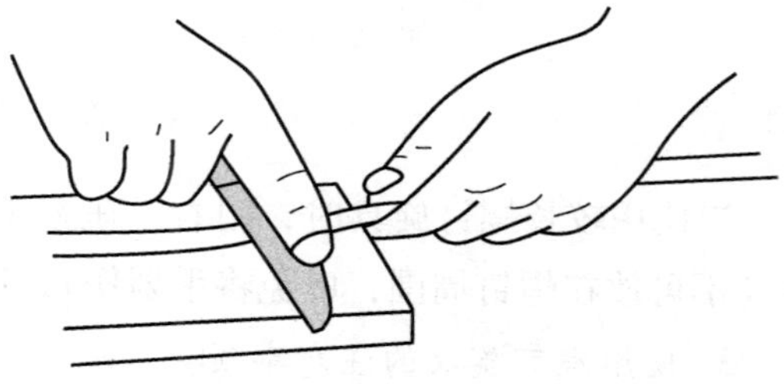

图 B-27　电工刀的操作方法

电工刀在使用时应避免切割坚硬的材料，以保护刀口。刀口用钝后，可用油石磨。如果刀刃部分损坏较重，可用砂轮磨，但须防止退火。

B. 2. 4　电工钳

一般电工用的钳子有钢丝钳、尖嘴钳、斜口钳和剥线钳。

1. 钢丝钳

钢丝钳是一种用来夹持或折断金属薄片，切断金属丝、工件的常用钳类工具。电工用钢丝钳的柄部套有绝缘套管（耐压 500V），只适合在低压带电设备上使用，其规格用钢丝钳全长表示，常用的有 150mm、175mm、200mm 等。钢丝钳的应用如图 B-28 所示。

（1）钢丝钳的作用

钢丝钳的结构如图 B-29 所示，各部分的作用如下：

1）钳口：弯铰或钳夹导线线头。

2）齿口：紧固或起松螺母。

3）刀口：剪切导线或剖削导线绝缘层。

4）铡口：铡切电线线芯、钢丝或铅丝等硬金属。

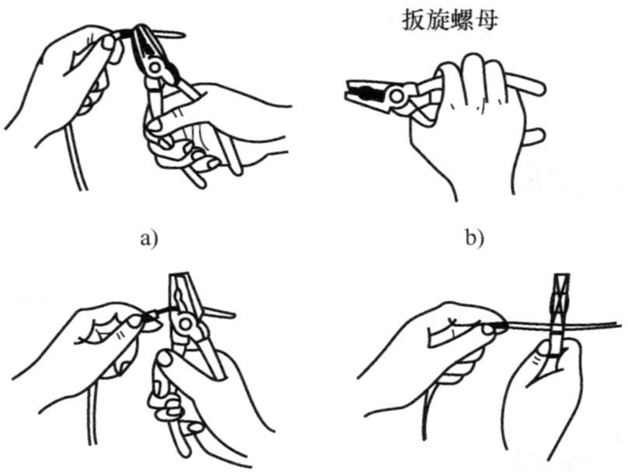

a)　　b)　　c)　　d)

图 B-28　钢丝钳的应用

a）弯绞导线　b）紧固螺母　c）剪切导线　d）铡切钢丝

（2）注意事项

1）使用前，检查钢丝钳绝缘是否良好，以免带电作业时造成触电事故。

2）在带电剪切导线时，不得用刀口同时剪切不同电位的两根线（如相线与中性线、相线与相线等），以免发生短路事故。

3）使用钢丝钳时，切勿将绝缘手柄碰伤、损伤或烧伤，并注意防潮。

4）钳轴要经常加油，防止生锈，保持操作灵活。

5）带电操作时，手与钢丝钳的金属部分要保持 2cm 以上间距。

6）根据不同用途，选用不同规格的钢丝钳。

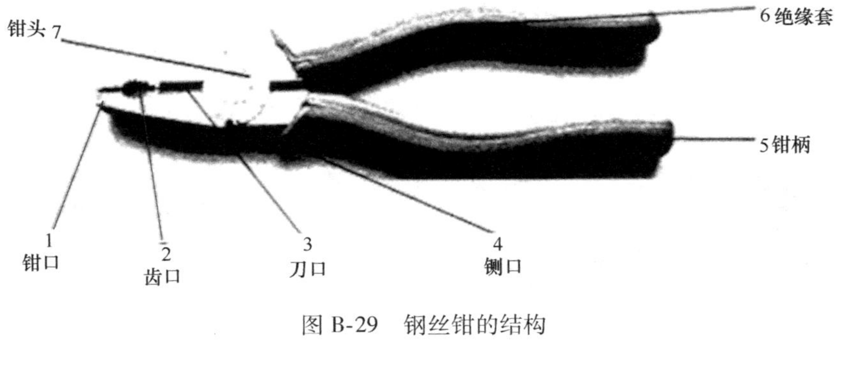

图 B-29　钢丝钳的结构

2. 尖嘴钳

尖嘴钳的头部尖细，用法与钢丝钳相似，使用灵活方便。它适用于狭小的工作空间或带电操作低压电气设备，也可用于电气仪表制作或维修，剪断细小的金属丝，切断较细的导线与多股线，夹持小螺钉、螺母、垫圈，并可将导线端头弯曲成线端子（线鼻子）等，有刀口的尖嘴钳还可剪断导线，剥削绝缘层。

尖嘴钳外形如图 B-30 所示。电工维修时，应选用带有耐酸塑料套管绝缘手柄、耐压在500V以上的尖嘴钳，常用规格有130mm、160mm、180mm、200mm四种。

图B-30　尖嘴钳外形

尖嘴钳的握法如图B-31所示，使用时应注意以下几点：

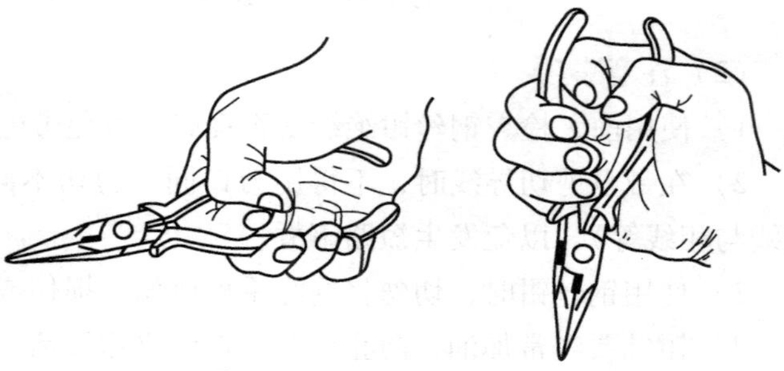

图B-31　尖嘴钳的握法
a）平握法　b）立握法

1）不可使用绝缘手柄已损坏的尖嘴钳切断带电导线。

2）操作时，手离金属部分的距离应不小于2cm，以保证人身安全。

3）因钳头尖细，又经过热处理，钳夹物不可太大，用力切勿过猛，以防损坏钳头。

4）钳子使用后应清洁干净。钳轴要经常加油，以防生锈。

3. 斜口钳

斜口钳专用于剪断各种电线电缆，其外形如图B-32所示。

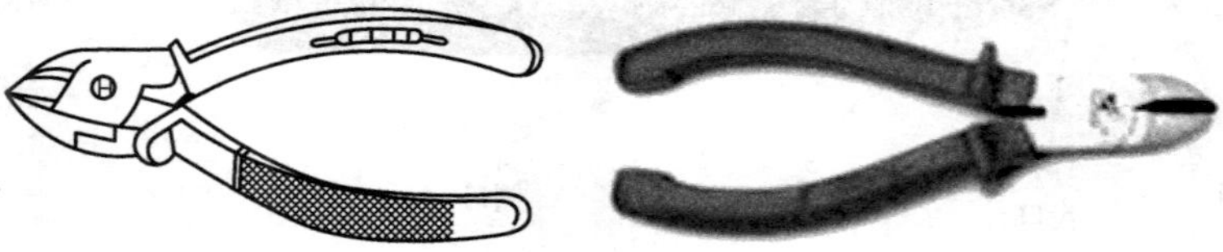

图B-32　斜口钳的外形

斜口钳的刀口可用来剖切软电线的橡胶或塑料绝缘层。钳子的刀口也可用来切剪电线、铁丝。剪8号镀锌铁丝时，应用刀刃绕表面来回割几下，然后只需轻轻一扳，铁丝即断。铡口也可以用来切断电线、钢丝等较硬的金属线。电工常用的有150mm、175mm、200mm及250mm等多种规格，可根据内线或外线工种需要选购。钳子的齿口也可用来紧固或拧松螺母。

使用时，根据个人习惯选择左手或右手进行操作，都需将钳口朝内侧，便于控制钳切部位，用小指伸在两钳柄中间来抵住钳柄，张开钳头，这样分开钳柄灵活。对粗细不同、硬度不同的材料，应选用大小合适的斜口钳。使用时应注意以下几点：

1）普通斜口钳不宜剪切2.5mm直径以上的单股铜线和铁丝。

2）使用钳子要量力而行，不可以用来剪切钢丝、钢丝绳和过粗的铜导线和铁丝，否则容易导致钳子崩牙和损坏。

3）斜口钳主要用于剪切导线、元器件多余的引线，还常用来代替一般剪刀剪切绝缘套管、尼龙扎线卡等。

4）钳子使用后应清洁干净。钳轴要经常加油，以防生锈。

4. 剥线钳

剥线钳是用来剥落小直径导线绝缘层的专用工具，是内线电工、电机修理、仪器仪表电工常用的工具之一。它由钳口和手柄两部分组成，其外形如图B-33所示。它的钳口部分设有几个刃口，用以剥落不同线径的导线绝缘层，适用于直径3mm及以下（小的为0.5mm）的塑料或橡胶绝缘电线、电缆芯线的剥皮。剥线钳钳口有0.5～3mm的多个直径切口，用于不同规格线芯线直径相匹配，其柄部是绝缘的，耐压为500V。

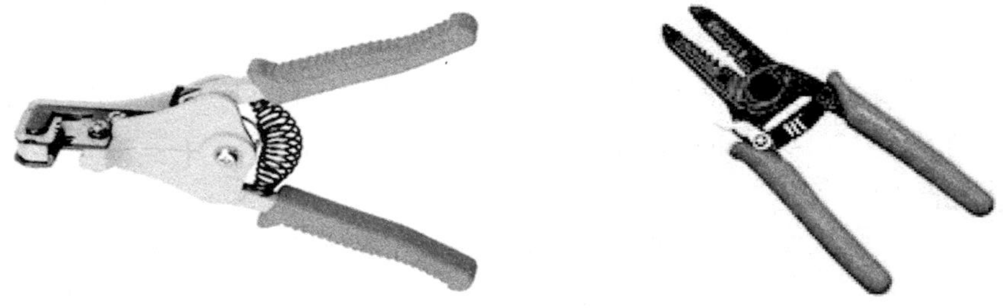

图B-33　剥线钳的外形

剥线钳使用的方法是，将待剥皮的线头置于钳头的某相应刃口中，用手将两钳柄果断地一捏，随即松开，绝缘皮便与芯线脱开。

一般的使用步骤如下：

1）根据缆线的粗细型号，选择相应的剥线刀口。

2）将准备好的电缆放在剥线工具的刀刃中间，选择好要剥线的长度。

3）握住剥线工具手柄，将电缆夹住，缓缓用力使电缆外表皮慢慢剥落。

4）松开工具手柄，取出电缆线，这时电缆金属整齐露出外面，其余绝缘塑料完好无损。

剥线钳在使用时要注意选好刀刃孔径，当刀刃孔径选大时难以剥离绝缘层，若刀刃孔径选小时又会切断芯线，只有选择合适的孔径才能达到剥线钳的使用目的。

B.2.5　镊子

镊子主要用于夹持导线线头、元器件、螺钉等小型工件或物品，多用不锈钢材料制成，弹性较强。常用类型有尖头镊子和宽口镊子，如图B-34所示。一般尖头镊子是用铝合金制成的，它不易磁化，可用来夹持怕磁化的小元器件；而平头镊子是用不锈钢制成的，它的硬度较大，除了可用来夹持元器件引脚外，还可以帮助加工元器件引脚，做简单的成形工作。使用镊子进行协助焊接时，还有助于电极的散热，从而起到保护元器件的作用。

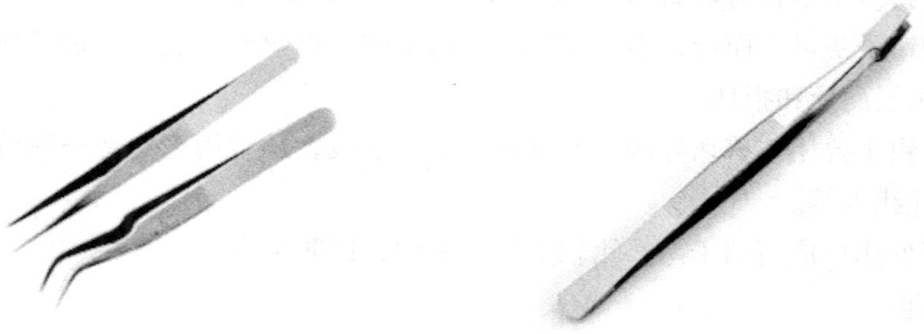

图 B-34　常用镊子的外形

在焊接过程中，镊子是配合使用不可缺少的工具，特别是在焊接小零件时，用手扶拿会烫手，既不方便，有时还容易引起短路。有了镊子，可用它接引线、送引脚，灵活得很。

正确使用镊子的方法：用大拇指和食指夹住镊子，使镊子后柄位于掌心，视需要而加上中指；注意不要太用力，以避免手发抖。

在选用镊子时，选择的镊子要求其弹性要适中。镊子口应对齐、严实，但不发软。比较适用的规格是 100 ~ 150mm 的医用镊子或修钟表的小镊子。

B. 2. 6　电钻的使用

电钻可分为三类：手电钻、冲击钻、锤钻，其外形如图 B-35 所示。其中根据速度有无级变速与定档变速的区别。这三类电钻价格由低到高排列，功能也随之增多，选用需要结合各自的适用范围及要求。

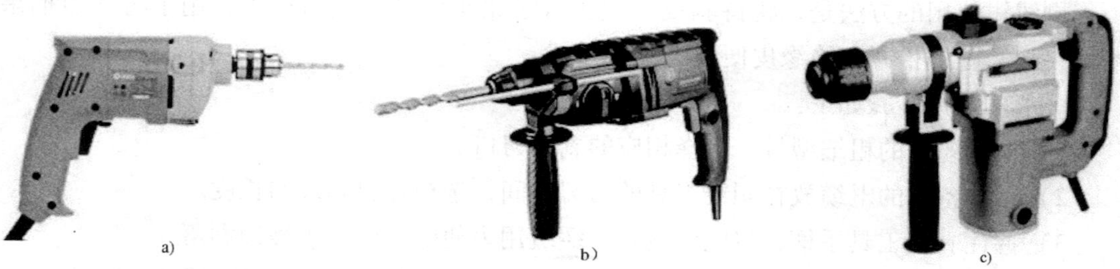

a)　b)　c)

图 B-35　三类电钻的外形

a）手电钻　b）冲击钻　c）电锤

手电钻：功率最小，使用范围仅限于钻木和当电动螺钉旋具用，在电子装配中经常用来给自制电路板钻孔或装配螺钉。

冲击钻：可以钻木、钻铁和钻砖，但不能钻混凝土，有的冲击钻上说明了可钻混凝土，其实并不可行，但对于钻瓷砖和砖头外层很薄的水泥是绝对没有问题的。

锤钻（电锤）：可在任何材料上钻洞，使用范围最广。

在电子装配中，主要用到的电钻是手电钻，下面主要介绍手电钻的原理及使用方法。

1. 手电钻的工作原理

手电钻的基本结构如图 B-36 所示。它主要由电动机、减速器、手柄、钻夹头或圆锥套筒及电源连接装置等部件组成。

手电钻中采用的电动机一般有单相串励电动机、三相工频笼型异步电动机和三相 200Hz 中频笼型异步电动机三种基本类型。

手电钻在工作时，需要有一定的轴向推压力，使用时可借助于手柄来加力。手柄的结构随电钻的规格大小而有所不同，但也有利用电动机外壳作手柄的电钻。6mm 的电钻一般采用手枪式结构，10mm 电钻采用环式后手柄结构，有的在左侧再加一个螺纹连接的侧手柄。

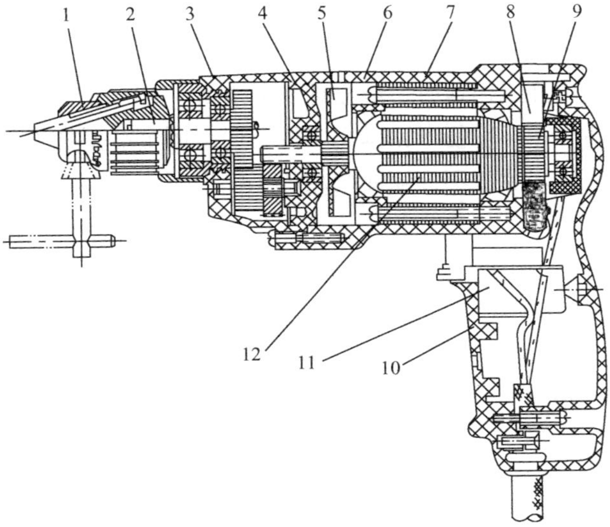

图 B-36　手电钻的基本结构

1—钻夹头　2—钻轴　3—减速器　4—中间盘　5—风扇　6—机壳
7—定子　8—电刷　9—换向器　10—手柄　11—开关　12—转子

2. 手电钻的使用方法

（1）选用

在钻孔时，对不同的钻孔直径应该尽可能选择相应的电钻规格，以充分发挥各规格电钻的性能结构特点，达到良好的切削效率，避免不必要的过载而烧坏电钻。

（2）接地

橡胶软线中黑色的一根为接地线，应牢固地接在机壳上。

（3）通风

电钻必须保持清洁、畅通，应经常清除尘埃和油污，并注意防止铁屑等杂物进入电钻内而损坏零件。

（4）空转

电钻使用前，先空转 1min，听声音判断、检查传动部分是否运转正常。如果出现杂音或钻头不转，则需断电停止使用。

3. 使用电钻的注意事项

1）使用电钻时，首先到工具库领取电钻及橡皮手套，然后找电工接线，严禁私自乱接。

2）电钻外壳必须有接地线或者接中性线保护。

3）电钻导线要保护好，严禁乱拖防止轧坏、割破。更不准把电线拖到油水中，防止油水腐蚀电线。

4）使用时一定要带胶胶手套，穿胶皮鞋。在潮湿的地方工作时，必须站在橡胶垫或干燥的木板上工作，以防触电。

5）使用当中如发现电钻漏电、振动、高热或有异声时，应立即停止工作，找电工检查修理。

6）钻未完全停止转动时，不能卸、换钻头。

7）停电、休息或离开工作地时，应立即切断电源。

8）如用力压电钻时，必须使电钻垂直工件，而且固定端要特别牢固。

9）橡胶手套等绝缘用品，不许随便乱放。工作完毕时，应将电钻及绝缘用品一并放到指定地方。

附录 C　实用电子电路图例

1. 集成可调直流稳压电源

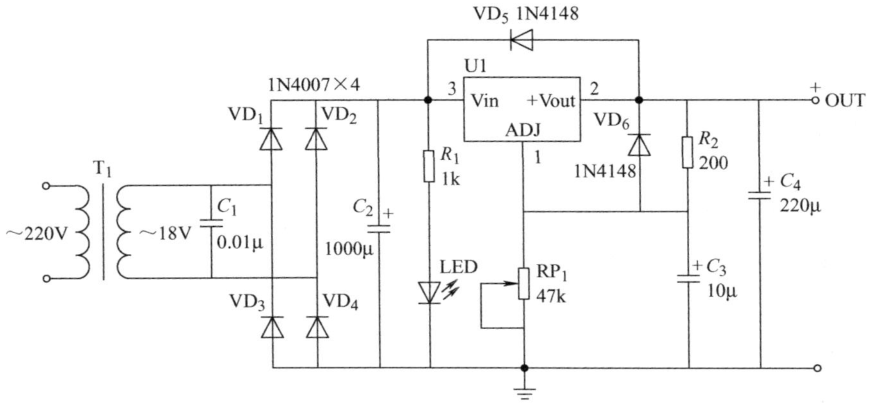

图　C-1

2. 集成功率放大器

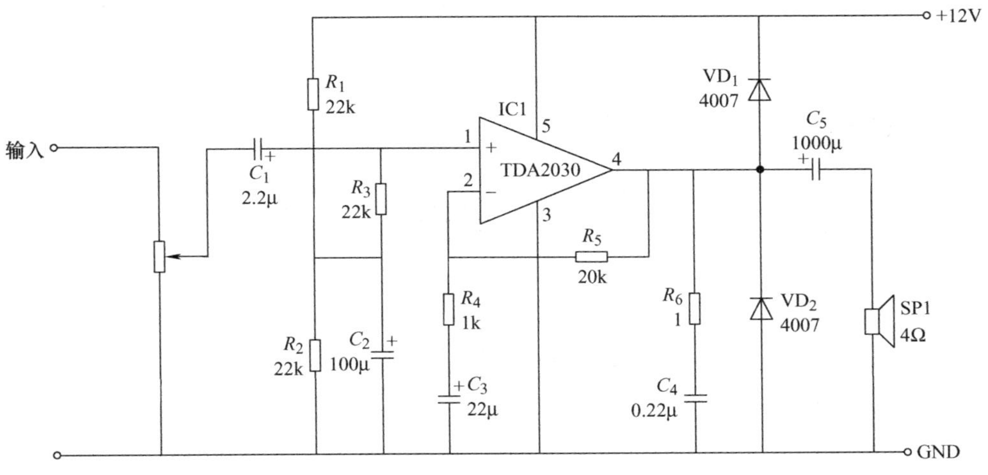

图　C-2

3. 单相调光电路

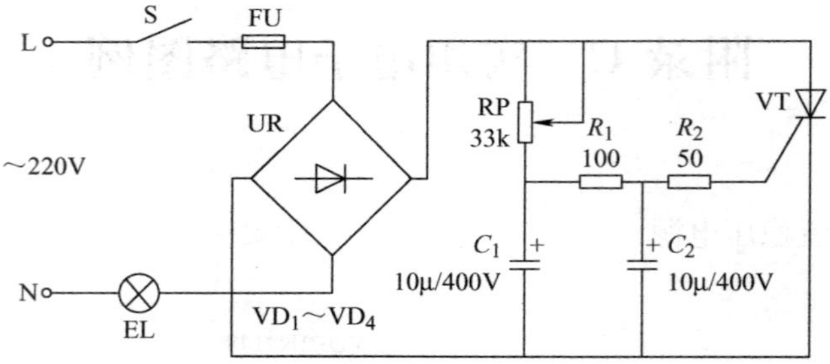

图　C-3

4. 简易应答器

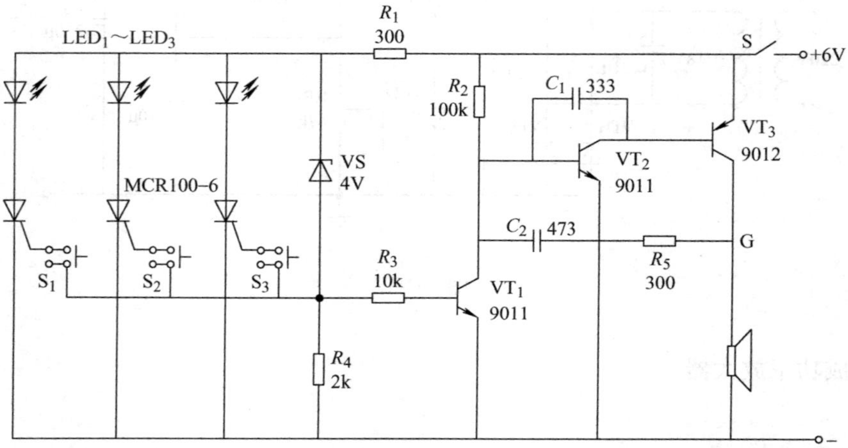

图　C-4

5. 水位报警器

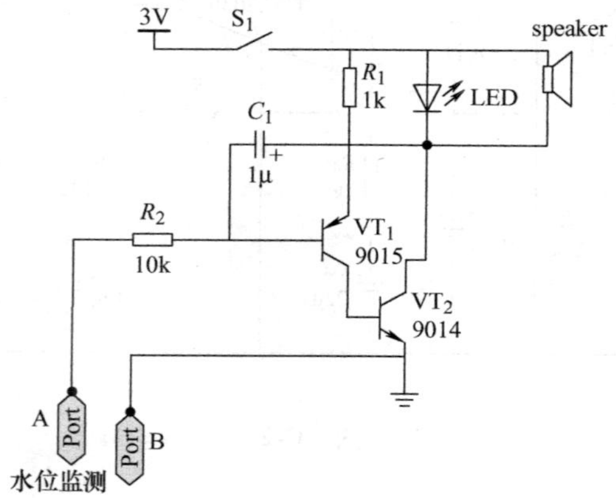

图　C-5

附录 C　实用电子电路图例

1. 集成可调直流稳压电源

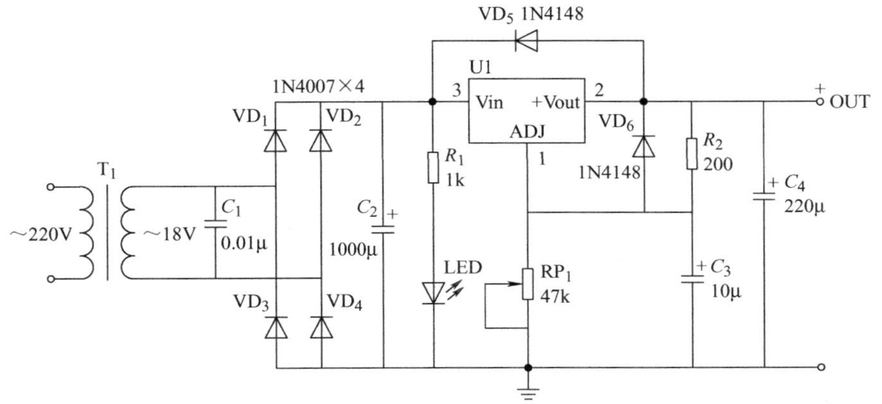

图　C-1

2. 集成功率放大器

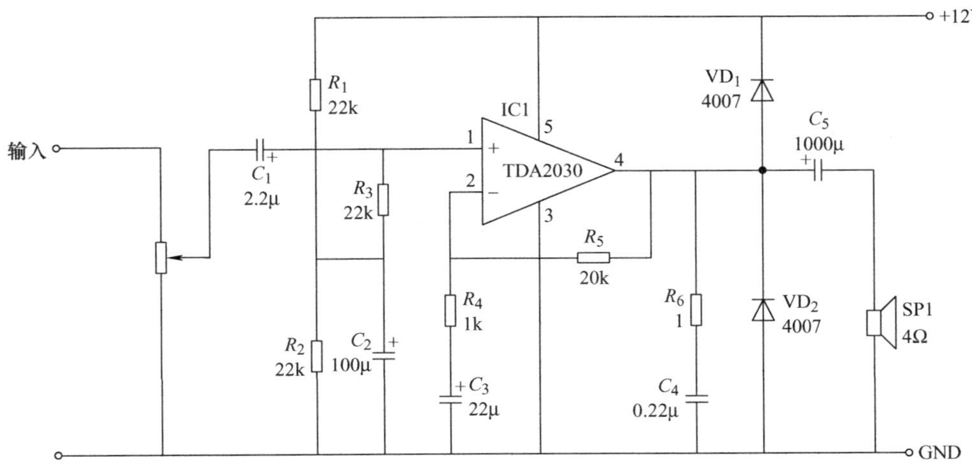

图　C-2

3. 单相调光电路

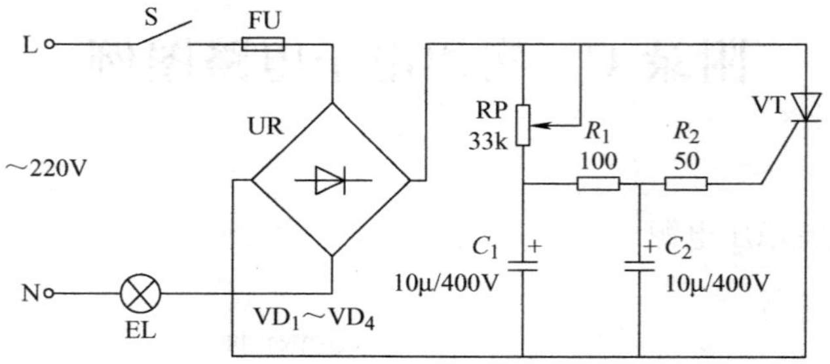

图　C-3

4. 简易应答器

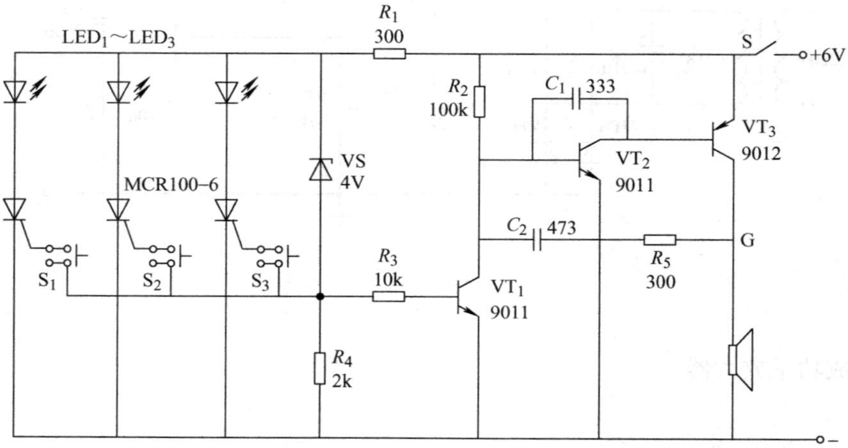

图　C-4

5. 水位报警器

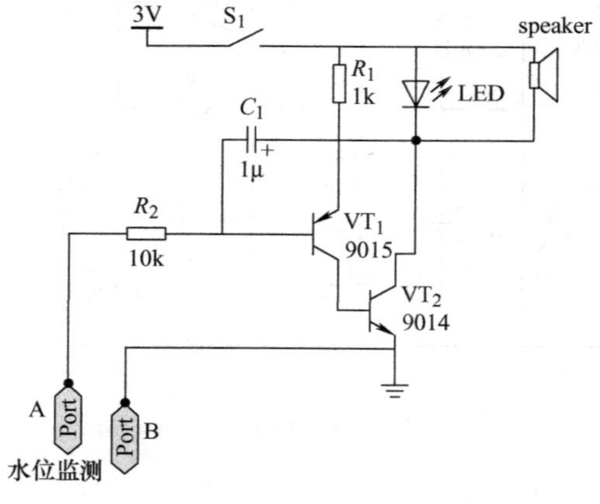

图　C-5

6. 具有恒流源的 LED 照明灯

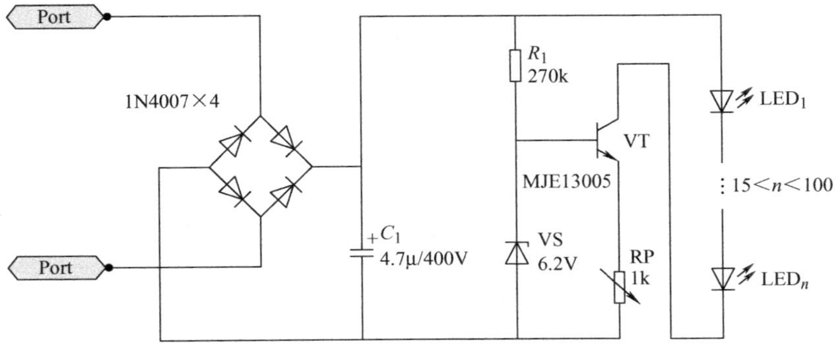

图　C-6

7. 声光双控延时节电开关

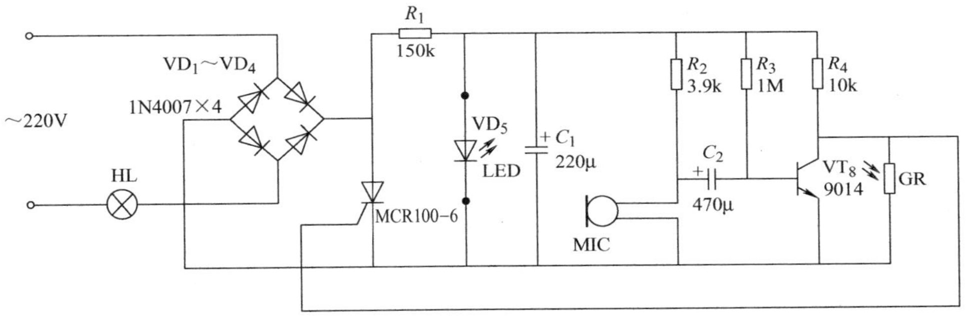

图　C-7

8. 触摸定时开关

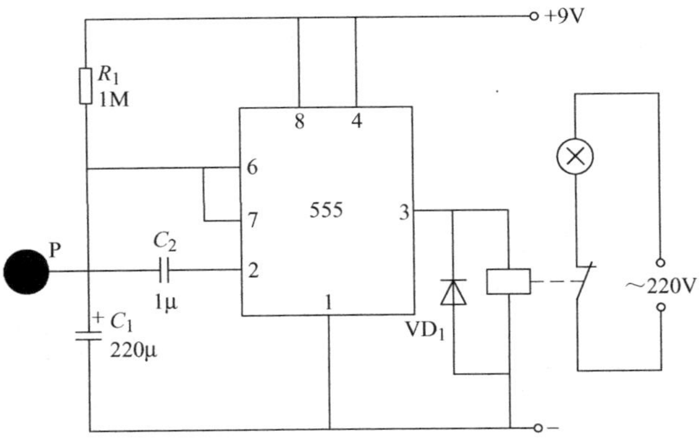

图　C-8

9. 8 路数显抢答器

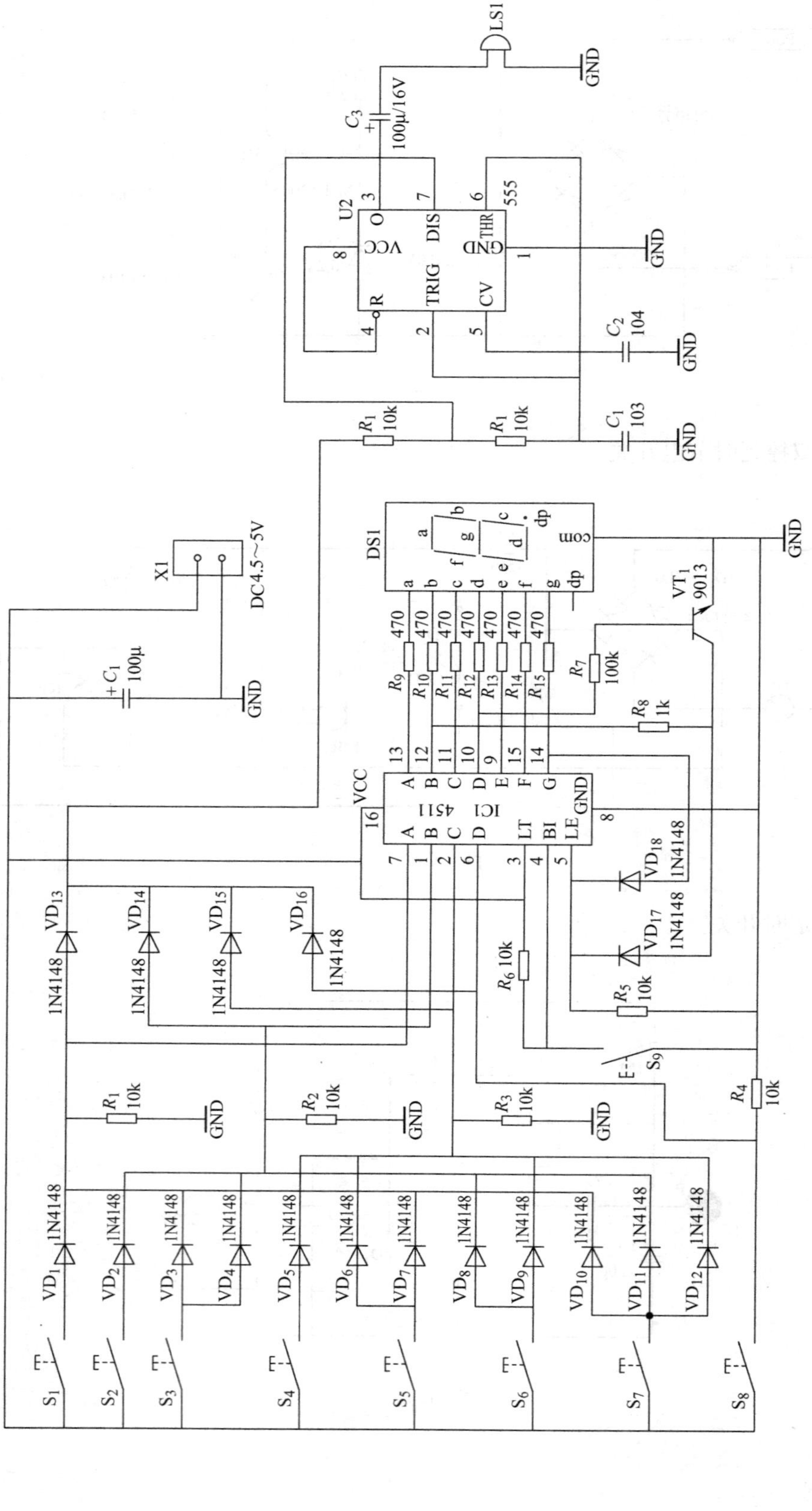

图 C-9

10. 函数信号发生器

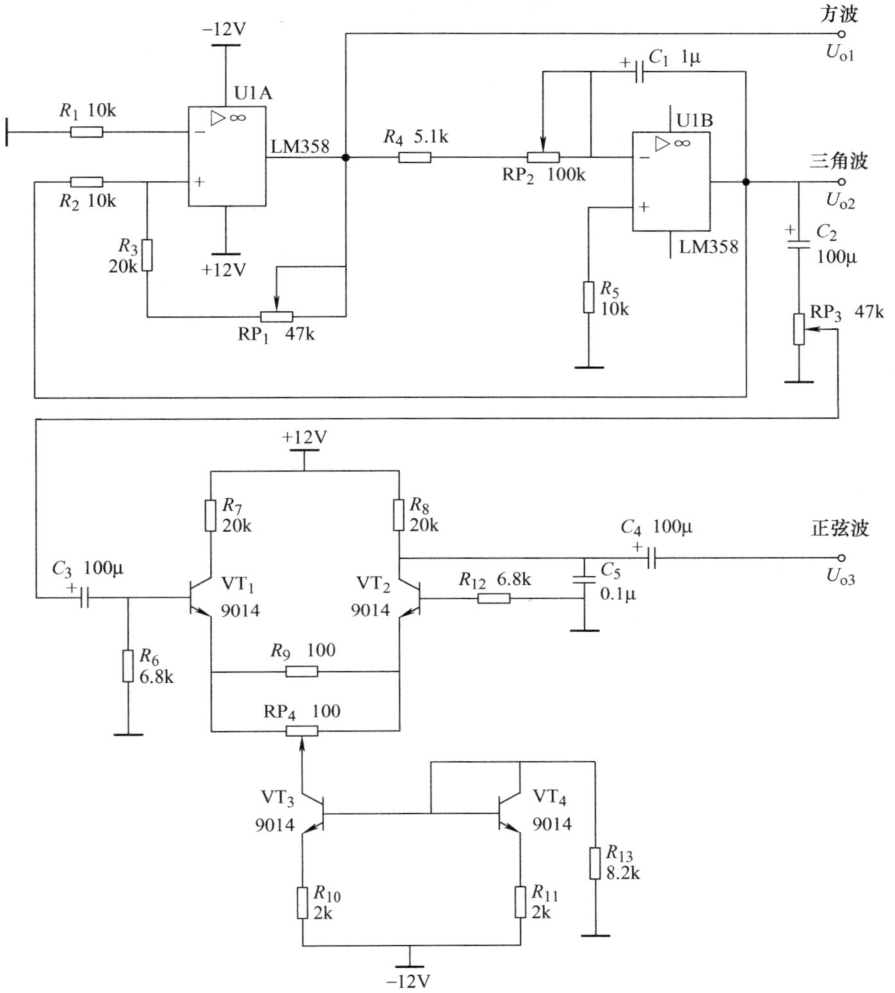

图 C-10

参 考 文 献

[1] 王成安，刘海东. 电子整机装配与调试［M］. 北京：人民邮电出版社，2009.

[2] 陈粟宋，肖文平，王卫平. 电子产品制造工艺［M］. 3版. 北京：高等教育出版社，2016.

[3] 王天曦，李鸿儒，王豫明. 电子技术工艺基础［M］. 2版. 北京：清华大学出版社，2009.

[4] 韩广兴，韩雪涛，吴瑛. 电子产品调试技能上岗实训［M］. 北京：电子工业出版社，2008.

[5] 吴劲松. 电子产品工艺实训［M］. 北京：电子工业出版社，2009.

[6] 邓木生，张文初. 电子技能训练［M］. 3版. 北京：机械工业出版社，2016.

[7] 杨清学. 电子产品组装工艺与设备［M］. 北京：人民邮电出版社，2007.

[8] 边长禄. 电工技能与训练［M］. 北京：人民邮电出版社，2008.

[9] 王振红，张常年，张萌萌. 电子产品工艺［M］. 北京：化学工业出版社，2008.

[10] 全国电气安全标准化技术委员会. GB/T 13869—2008 用电安全导则［S］. 北京：中国标准出版社，2008.

[11] 王玫. 电子装配工艺［M］. 2版. 北京：高等教育出版社，2010.

[12] 张秀竹，邓来信. 电子装配工艺［M］. 北京：人民邮电出版社，2014.

[13] 侯立芬. 电子装配工艺项目教程［M］. 北京：机械工业出版社，2014.

[14] 金明. 电子装配与调试工艺［M］. 南京：东南大学出版社，2009.

[15] 王奎英. 电子整机装配工艺与调试［M］. 北京：电子工业出版社，2012.

[16] 张越，刘海燕. 电子装配工艺实训——项目教程［M］. 北京：电子工业出版社，2013.